水文水资源管理与科技发展研究

江仓明　左超　蓝云龙◎主编

吉林科学技术出版社

图书在版编目（ＣＩＰ）数据

水文水资源管理与科技发展研究 / 江仓明，左超，蓝云龙主编. -- 长春：吉林科学技术出版社，2022.9
　　ISBN 978-7-5578-9717-8

　　Ⅰ．①水… Ⅱ．①江… ②左… ③蓝… Ⅲ．①水文学－研究②水资源管理－研究 Ⅳ．①P33②TV213.4

　　中国版本图书馆CIP数据核字(2022)第 181214 号

水文水资源管理与科技发展研究

主　　编　江仓明　左　超　蓝云龙
出 版 人　宛　霞
责任编辑　周振新
封面设计　南昌德昭文化传媒有限公司
制　　版　南昌德昭文化传媒有限公司
幅面尺寸　185mm×260mm
开　　本　16
字　　数　300千字
印　　张　14
印　　数　1-1500 册
版　　次　2022 年 9 月第 1 版
印　　次　2023 年 3 月第 1 次印刷

出　　版　吉林科学技术出版社
发　　行　吉林科学技术出版社
地　　址　长春市福祉大路 5788 号
邮　　编　130118
发行部电话/传真　0431—81629529　　81629530　　81629531
　　　　　　　　　　81629532　　81629533　　81629534

储运部电话　0431-86059116
编辑部电话　0431-81629510
印　　刷　三河市嵩川印刷有限公司

书　　号　ISBN 978-7-5578-9717-8
定　　价　120.00 元

前言
PREFACE

　　水是人类及其他生物赖以生存的不可缺少的重要物质，也是工农业生产、社会经济发展和生态环境改善不可替代的极为宝贵的自然资源。然而，自然界中的水资源是有限的，人口增长与经济社会发展对水资源需求量不断增加，水资源短缺和水环境污染问题日益突出，严重地困扰着人类的生存和发展。水资源的合理开发与利用，加强水资源管理与保护已经成为当前人类为维持环境、经济和社会可持续发展的重要手段和保证措施。因此，编写能够全面系统介绍水资源利用与保护的基本原理、方法和原则及新技术、新发展的著作具有重要的现实意义。

　　水资源水环境问题正受到各界的关注和重视。合理开发与利用水资源，科学治理污水，加强水资源管理与保护已经成为当前人类维持环境、经济和社会可持续发展的重要手段和保证措施。水资源的保护和水污染的治理都是十分重要的内容，因此，能够写作一本相关著作具有重要的现实意义。

　　本书主要对水文与水资源理论实践进行研究，总结了水文与水资源学的基本理论，具体包括水循环及径流形成、水文调查与水文统计、系统分析了地表水资源及地下水资源；阐述了水资源总量及其计算与水资源质量评价，以及居民幸福背景下的水资源管理模式创新思考。在此基础上，介绍了水资源的开发利用以及水资源的管理与保护。本书内容翔实，层次丰富，对有关教育、科研和生产、管理部门的科技人员具有参考价值。

　　本书是在调研了国内外相关水资源开发、利用、保护和管理等方面的著作、文献和政策法规的基础上写作而成的。书中引用了许多国内外相关文献和资料，在此谨向这些作者表示感谢，并在参考文献中列出，如有疏漏深表歉意。由于水环境水资源保护及水污染治理涉及的内容非常广泛，受作者的理论和实践所限，对这些方面有所取舍，谬误与不足在所难免，作者真心希望得到同行、专家的批评指正。

[illegible]

国家治水方针的变化，水文[illegible]……[illegible]保护的需要、现代水利的建设、经济社会发展的需要[illegible]。

多年来，水文为防汛抗旱减灾工作提供了大量的[illegible]……[illegible]做出贡献，在国民经济[illegible]水文资料是[illegible]重要依据[illegible]各方面做出了显著贡献[illegible]……

[illegible]

第二节 水文常用名词

一、水圈

地球表层水体的总称。水体是[illegible]……海洋、河流（运河）、湖泊（水库）、沼泽（湿地）、冰川、积雪、地下水和大气圈中的水等，这些水体形成一个围绕地球表层的水圈。水的总体积约为[illegible]km³，若其均匀平铺在地球表面水深约为2860m。

二、水文循环

地球上的水分通过蒸发、水汽输送、降水、下渗、径流等过程，周而复始、不停运转的现象，又称水分循环或水循环。

三、流域

地表水和地下水的分水线所包围的集水区域或汇水区域，习惯上指地表水的集水区域。流域面积，指流域分水线与河口断面之间所包围的平面面积。集水面积，是指河流某一断面以上汇集的降水面积，即河道在某个断面以上的流域面积。按照地表水的水线与地下水的水线是否重合，流域又可分为闭合流域与不闭合流域。闭合流域，指地表水分水线与地下水分水线重合的流域。不闭合流域，指地表水分水线与地下水分水线不重合的流域。

目录 CONTENTS

第一章 水文与水资源绪论

第一节 水文与水资源研究的对象和任务

水是人类及一切生物赖以生存的必不可少的重要物质，是工农业生产、经济发展和环境改善不可替代的极为宝贵的自然资源。

水文一词泛指自然界中水的分布、运动和变化规律以及与环境的相互作用。水资源（waterresource）一词虽然出现较早，随着时代进步其内涵也在不断丰富和发展。但是水资源的概念却既简单又复杂，其复杂的内涵通常表现在：水类型繁多，具有运动性，各种水体具有相互转化的特性；水的用途广泛，各种用途对其量和质均有不同的要求；水资源所包含的"量"和"质"在一定条件下可以改变；更为重要的是，水资源的开发利用受经济技术、社会和环境条件的制约。因此，人们从不同角度的认识和体会，造成对水资源一词理解的不一致和认识的差异。目前，关于水资源普遍认可的概念可以理解为人类长期生存、生活和生产活动中所需要的具有数量要求和质量前提的水量，包括使用价值和经济价值。一般认为水资源概念具有广义和狭义之分。

广义上的水资源是指能够直接或间接使用的各种水和水中物质，对人类活动具有使用价值和经济价值的水均可称为水资源。狭义上的水资源是指在一定经济技术条件下，人类可以直接利用的淡水。

研究水文规律的学科称为水文学，它是通过模拟和预报自然界中水量和水质的变化及发展动态，为开发利用水资源，控制洪水和保护水环境等方面的水利建设提供科学依据。而水资源作为一门学科是随着经济发展对水的需求和供给矛盾的不断加剧，伴随着水资源研究的不断深入而逐渐发展起来的。在这一发展过程中，水文

1

学的内容一直贯穿在水资源学的始终，是水资源学的基础。而水资源学始终是水文学的发展和深化，具体体现在：

20世纪60年代以来，用水问题在世界内已十分突出，加强对水资源开发利用、管理和保护的研究，已经提到议事日程上来，并且发展很快。联合国本部（UN）、粮农组织（FAO）、世界气象组织（WMO）、联合国教科文组织（UNESCO）、联合国工业发展组织（UNIDO）等均有对水资源方面的研究项目，并不断进行国际交流。

1965年联合国教科文组织成立了国际水文十年（IHD）（1965—1974）机构，120多个国家参加了水资源研究。在该水文机构中，组织了水量平衡、洪涝、干旱、地下水、人类活动对水循环的影响研究，特别是农业灌溉和都市化对水资源的影响等方面的大量研究，取得了显著成绩。1975年成立了国际水文规划委员会（IHP）（1975—1989）接替IHD。第一期IHP计划（1975—1980）突出了与水资源综合利用、水资源保护等有关的生态、经济和社会各方面的研究；第二期IHP计划（1981—1983）强调了水资源与环境关系的研究；第三期IHP计划（1984—1989）则研究"为经济和社会发展合理管理水资源的水文学和科学基础"，强调水文学与水资源规划与管理的联系，力求有助于解决世界水资源问题。

联合国地区经济委员会、粮农组织、世界卫生组织（WHO）、联合国环境规划署（UNEP）等都制定了配合水资源评价活动的内容。水资源评价成为一项国际协作的活动。

1977年联合国在阿根廷马尔德普拉塔召开的世界水会议上，第一项决议中明确指出：没有对水资源的综合评价，就谈不上对水资源的合理规划和管理。要求各国进行一次专门的国家水平的水资源评价活动。联合国教科文组织在制定水资源评价计划（1979—1980）中，提出的工作有：制定计算水量平衡及其要素的方法，估价全球、大洲、国家、地区和流域水资源的参考水平，确定水资源规划和管理的计算方法。

1983年第九届世界气象会议通过了世界气象组织和联合国教科文组织的共同协作项目：水文和水资源计划。它的主要目标是保证水资源量和质的评价，对不同部门毛用水量和经济可用水量的前景进行预测。

1983年国际水文科学协会修改的章程中指出：水文学应作为地球科学和水资源学的一个方面来对待，主要任务是解决在水资源利用和管理中的水文问题，以及由于人类活动引起的水资源变化问题。

1987年5月在罗马由国际水文科学协会和国际水力学研究会共同召开的"水的未来——水文学和水资源开发展望"讨论会，提出水资源利用中人类需要了解水的特性和水资源的信息，人类对自然现象的求知欲将是水文学发展的动力。

因此可以认为，水文与水资源学，不但研究水资源的形成、运动和赋存特征以及各种水体的物理化学成分及其演化规律，而且研究如何利用工程措施，合理有效地开发、利用水资源并科学地避免和防治各种水环境问题的发生。在这个意义上可以说，水文与水资源学研究的内容和涉及的学科领域，较水文学还要广泛。

前已述及，水资源是与人类生活、生产及社会进步密切相关的淡水资源，也可以理解为大陆上由降水补给的地表和地下的动态水量，可分别称为地表水资源和地下水资源。因此，水文与水资源学和人类生活及一切经济活动密切相关，如制定流域或较大地区的经济发展规划及水资源开发利用，抑或一个大流域的上中下游各河段水资源利用和调度以及工程建设都需要水文与水资源学方向的确切资料。一个违背了水文与水资源规律的流域或地区的规划、工程及灌区管理都将导致难以弥补的巨大损失。

第二节　水文与水资源的基本特征及研究方法

一、水文与水资源的基本特征

（一）时程变化的必然性和偶然性

水文与水资源的基本规律是指水资源（包括大气水、地表水和地下水）在某一时段内的状况，它的形成都具有其客观原因，都是一定条件下的必然现象。但是，从人们的认识能力来讲，和许多自然现象一样，由于影响因素复杂，人们对水文与水资源发生多种变化的前因后果的认识并非十分清楚。故常把这些变化中能够作出解释或预测的部分称之为必然性。例如，河流每年的洪水期和枯水期，年际间的丰水年和枯水年；地下水位的变化也具有类似的现象。由于这种必然性在时间上具有年的、月的甚至日的变化，故又称之为周期性，相应地分别称之为多年期间，月的或季节性周期等。而将那些还不能作出解释或难以预测的部分，称之为水文现象或水资源的偶然性的反映。任一河流不同年份的流量过程不会完全一致；地下水位在不同年份的变化也不尽相同，泉水流量的变化有一定差异。这种反映也可称之为随机性，其规律要由大量的统计资料或长系列观测数据分析。

（二）地区变化的相似性和特殊性

相似性，主要指气候及地理条件相似的流域，其水文与水资源现象则具有一定的相似性，湿润地区河流径流的年内分布较均匀，干旱地区则差异较大；表现在水资源形成、分布特征也具有这种规律。

特殊性，是指不同下垫面条件产生不同的水文和水资源的变化规律。如河谷阶地和黄土原区地下水赋存规律不同。

（三）水资源的循环性、有限性及分布的不均一性

水是自然界的重要组成物质，是环境中最活跃的要素。它不停地运动且积极参与自然环境中一系列物理的、化学的和生物的过程。

水资源与其他固体资源的本质区别在于其具有流动性，它是在水循环中形成的

一种动态资源，具有循环性。水循环系统是一个庞大的自然水资源系统，水资源在开采利用后，能够得到大气降水的补给，处在不断地开采、补给和消耗、恢复的循环之中，可以不断地供给人类利用和满足生态平衡的需要。

在不断的消耗和补充过程中，在某种意义上水资源具有"取之不尽"的特点，恢复性强。可实际上全球淡水资源的蓄存量是十分有限的。全球的淡水资源仅占全球总水量的 2.5%，且淡水资源的大部分储存在极地冰帽和冰川中，真正能够被人类直接利用的淡水资源仅占全球总水量的 0.796%。从水量动态平衡的观点来看，某一期间的水量消耗量接近于该期间的水量补给量，否则将会破坏水平衡，造成一系列不良的环境问题。可见，水循环过程是无限的，水资源的蓄存量是有限的，并非用之不尽、取之不竭。

水资源在自然界中具有一定的时间和空间分布。时空分布的不均匀是水资源的又一特性。全球水资源的分布表现为大洋洲的径流模数为 51.0L/（s•km²），亚洲为 10.5L/（s•km²），最高的和最低的相差数倍。

我国水资源在区域上分布不均匀。总的说来，东南多，西北少；沿海多，内陆少；山区多，平原少。在同一地区中，不同时间分布差异性很大，一般夏多冬少。

（四）利用的多样性

水资源是被人类在生产和生活活动中广泛利用的资源，不仅广泛应用于农业、工业和生活，还用于发电、水运、水产、旅游和环境改造等。在各种不同的用途中，有的是消耗用水，有的则是非消耗性或消耗很小的用水，而且对水质的要求各不相同。这是使水资源一水多用、充分发展其综合效益的有利条件。

此外，水资源与其他矿产资源相比，另一个最大区别是：水资源具有既可造福于人类，又可危害人类生存的两重性。

水资源质、量适宜，且时空分布均匀，将为区域经济发展、自然环境的良性循环和人类社会进步做出巨大贡献。水资源开发利用不当，又可制约国民经济发展，破坏人类的生存环境。如水利工程设计不当、管理不善，可造成垮坝事故，也可能引起土壤次生盐碱化。水量过多或过少的季节和地区，往往又产生各种各样的自然灾害。水量过多容易造成洪水泛滥，内涝渍水；水量过少容易形成干旱、盐渍化等自然灾害。适量开采地下水，可为国民经济各部门和居民生活提供水源，满足生产、生活的需求。无节制、不合理地抽取地下水，往往引起水位持续下降、水质恶化、水量减少、地面沉降，不仅影响生产发展，而且严重威胁人类生存。正是由于水资源利害的双重性质，在水资源的开发利用过程中尤其强调合理利用、有序开发，以达到兴利除害的目的。

二、水文与水资源学的研究方法

水文现象的研究方法，通常可分为以下 3 种，即成因分析法、数理统计法和地区综合法等。在这些方法基础上随着水资源的研究不断深入，要求利用现代化理论和方法识别、模拟水资源系统，规划和管理水资源，保证水资源的合理开发、有效利用，实现优化管理、可持续利用。经过近几十年多学科的共同努力，在水资源利用和管理的理论和方法方面取得了明显进展，主要为：

（一）水资源模拟与模型化

随着计算机技术的迅速发展以及信息论和系统工程理论在水资源系统研究中的广泛应用，水资源系统的状态与运行模型模拟已成为重要的研究工具。各类确定性、非确定性、综合性的水资源评价和科学管理数学模型的建立与完善，使水资源的信息系统分析、供水工程优化调度、水资源系统的优化管理与规划成为可能，加强了水资源合理开发利用、优化管理的决策系统的功能和决策效果。

（二）水资源系统分析

水资源动态变化的多样性和随机性，水资源工程的多目标性和多任务性，河川径流和地下水的相互转化，水质和水量相互联系的密切性，以及水需求的可行方案必须适应国民经济和社会的发展，使水资源问题更趋复杂化，它涉及到自然、社会、人文、经济等各个方面。因此，在对水资源系统分析过程中更注重系统分析的整体性和系统性。在20多年来的水资源规划过程中，研究者应用线性规划、动态规划、系统分析的理论力图寻求目标方程的优化解。总的来说，水资源系统分析正向着分层次、多目标的方向发展与完善。

（三）水资源信息管理系统

为了适应水资源系统分析与系统管理的需要，目前已初步建立了水资源信息分析与管理系统，主要涉及信息查询系统、数据和图形库系统、水资源状况评价系统、水资源管理与优化调度系统等。水资源信息管理系统的建立和运行，提高了水资源研究的层次和水平，加速了水资源合理开发利用和科学管理的进程。水资源信息管理系统已经成为水资源研究与管理的重要技术支柱。

（四）水环境研究

人类大规模的经济和社会活动对环境和生态的变化产生了极为深远的影响。环境、生态的变异又反过来引起自然界水资源的变化，部分或全部地改变原来水资源的变化规律。人们通过对水资源变化规律的研究，寻找这种变化规律与社会发展和经济建设之间的内在关系，以便有效地利用水资源，使环境质量向着有利于人类当今和长远利益的方向发展。

第三节 世界和中国水资源概况

一、世界水资源概况

从表面上看，地球上的水量是非常丰富的。地球71%的面积被水覆盖，其中97.5%是海水。如果不算两极的冰层、地下冰等，人们可以得到的淡水只有地球上水的很小一部分。此外，有限的水资源也很难再分配，巴西、俄罗斯、中国、加拿大、印度尼西亚、美国、印度、哥伦比亚和扎伊尔等9个国家已经占去了这些水资源的6%。从未来的发展趋势看，由于社会对水的需求不断增加，而自然界所能提供的可利用的水资源又有一定限度，突出的供需矛盾使水资源已成为国民经济发展的重要制约因素，主要表现在如下两方面。

（一）水量短缺严重，供需矛盾尖锐

随着社会需水量的大幅度增加，水资源供需矛盾日益突出，水量短缺现象非常严重。联合国在对世界范围内的水资源状况进行分析研究后发出警报："世界缺水将严重制约下个（21）世纪经济发展，可能导致国家间冲突。"同时指出，全球已有1/4的人口面临着一场为得到足够的饮用水、灌溉用水和工业用水而展开的争斗。预测"到2025年，全世界将有2/3的人口面临严重缺水的局面"。

统计结果表明，从1900—1975年，世界人口大约翻了一番，年用水量则由约400km^{3}增加到3000km^3，增长了约7.5倍。其中农业用水约增加了5倍（从每年的350km^{3}增加到2100km^3）。城市生活用水约增长12倍（从每年的20km^{3}增加到250km^3），工业用水约增加了20倍（从每年的30km^{3}增加到630km^3）。特别是从20世纪60年代开始，由于城市人口的增长、耗水量大的新兴工业的建立，全世界用水量增长约1倍。近年来，在一些工业较发达、人口较集中的国家和地区明显表现出水资源不足。

目前，全球地下水资源年开采量已达到550km^3，其中美国、印度、中国、巴基斯坦、欧共体、苏联、伊朗、墨西哥、日本、土耳其的开采总量占全球地下水开采量的85%。亚洲地区，在过去的40年里，人均水资源拥有量下降了40%～60%。

（二）水源污染严重，"水质型缺水"突出

随着经济、技术和城市化的发展，排放到环境中的污水量日益增多。据统计，目前全世界每年约有420km^{2}污水排入江河湖海，污染了5500km^{2}的淡水，约占全球径流总量的14%以上。由于人口的增加和工业的发展，排出的污水量将日益增加。估计今后25～30年内，全世界污水量将增加14倍。特别是在第三世界国家，污、

废水基本不经处理即排入地表水体，由此造成全世界的水质日趋恶化。据卫生学家估计，目前世界上有 1/4 人口患病是由水污染引起的。发展中国家每年有 2500 万人死于饮用不洁净的水，占所有发展中国家死亡人数的 1/3。

水源污染造成的"水质型缺水"，加剧水资源短缺的矛盾和居民生活用水的紧张和不安全性。1995 年 12 月在曼谷召开的"水与发展"大会上，专家们指出，"世界上近 10 亿人口没有足够的安全水源"。

由于欧洲约有 70% 的人口居住在城市，而城市把大量的废物倾入大江大河，因此，通过供水管道流到居民家中的水的质量每况愈下。东欧的形势非常严峻，大多数的自来水已被认为不宜饮用。由于工业废物的倾入，河流受污染严重，水环境的污染已严重制约国民经济的发展和人类的生存。

二、我国水资源概况

（一）我国水资源基本国情

我国地域辽阔，国土面积达 960 万 km^2。由于处于季风气候区域，受热带、太平洋低纬度上空温暖而潮湿气团的影响以及西南的印度洋和东北的鄂霍茨克海的水蒸气的影响，东南地区、西南地区以及东北地区可获得充足的降水量，使我国成为世界上水资源相对比较丰富的国家之一。

据统计，我国多年平均降水量约 6190km^3，折合降水深度为 648mm，与全球陆地降水深 800mm 相比，约低 20%。全国河川年平均总径流量约 2700km^3，仅次于巴西、前苏联、加拿大、美国、印度尼西亚。我国人均占有河川年径流 2327m^3，仅相当于世界人均占有量的 1/4、美国人均占有量的 1/6、苏联人均占有量的 1/8。世界人均占有年径流量最高的国家是加拿大，人均占有年径流量高达 14.93 万 m^3/人，约是我国人均占有年径流量的 64 倍。

我国在每公顷平均所占有径流量方面不及巴西、加拿大、印度尼西亚和日本。上述结果表明，仅从表面上看，我国河川总径流量相对还较丰富，属于丰水国，但我国人口和耕地面积基数大，人均和每公顷平均径流量相对要小得多，居世界 80 位之后。另外，我国地下水资源量估计约为 800km^3，由于地表水和地下水的相互转化，扣除重复部分，我国水资源总量约为 2800km^3。按人均与每公顷平均水资源量进行比较，我国仍为淡水资源贫乏的国家之一。这是我国水资源的基本国情。

（二）我国水资源特征

1. 水资源空间分布特点

（1）降水、河流分布的不均匀性。我国水资源空间分布的特征主要表现为：降水和河川径流的地区分布不均，水土资源组合很不平衡。一个地区水资源的丰富程度主要取决于降水量的多寡。根据降水量空间的丰度和径流深度将全国地域分为 5 个不同水量级的径流地带，如表 1-1 所示。径流地带的分布受降水、地形、植被、土壤和地质等多种因素的影响，其中降水影响是主要的。由此可见，我国东南部属丰水带和多水带，西北部属少水带和缺水带，中间部分及东北地区则属于过渡带。

我国又是多河流分布的国家，流域面积在 100km^2 以上的河流就有 5 万多条，流域面积在 1000km^2 以上的有 1500 条。在数万条河流中，年径流量大于 7.0km^3 的大河流 26 条。我国河流的主要径流量分布在东南和中南地区，与降水量的分布具有高度一致性，说明河流径流量与降水量之间的密切关系。

表 1-1　我国径流带、径流深区域分布

径流带	年降水量 /mm	径流深 /mm	地区
丰水带	1600	＞900	福建省和广东省的大部分地区、台湾省的大部分地区、江苏省和湖南省的山地、广西壮族自治区南部、云南省西南部、西藏自治区的东南部
多水带	800～1600	200～900	广西壮族自治区、四川省、贵州省、云南省、秦岭一淮河以南的长江中游地区
过渡带	400～800	50～200	黄、淮河平原、陕西省和陕西省的大部、四川省西北部和西藏自治区东部
少水带	200～400	10～50	东北西部、内蒙古自治区、宁夏回族自治区、甘肃省、新疆维吾尔自治区北部和西部、西藏自治区西部
缺水带	＜200	＜10	内蒙古自治区西部地区和准格尔、塔里木、柴达木 3 大盆地以及甘肃省北部的沙漠区

（2）地下水天然资源分布的不均匀性。作为水资源的重要组成部分，地下水天然资源的分布受地形及其主要补给来源降水量的制约。我国是一个地域辽阔、地形复杂、多山分布的国家，山区（包括山地、高原和丘陵）约占全国面积的 69%，平原和盆地约占 31%。地形特点是西高东低，定向山脉纵横交织，构成了我国地形的基本骨架。北方分布的大型平原和盆地成为地下水储存的良好场所。东西向排列的昆仑山一秦岭山脉，成为我国南北方的分界线，对地下水天然资源量的区域分布产生了重大的影响。

另外，年降水量由东南向西北递减所造成的东部地区湿润多雨、西北部地区干旱少雨的降水分布特征，对地下水资源的分布起到重要的控制作用。

地形、降水上分布的差异性，使我国不仅地表水资源表现为南多北少的局面，而且地下水资源仍具有南方丰富、北方贫乏的空间分布特征。图 1-1 表示南方北方水资源总量、地下水天然资源量和地下水开采资源量之间的数量关系。图 1-2 为我国不同地区地下水天然资源总量、地下水天然资源量和地下水开采资源量对比。

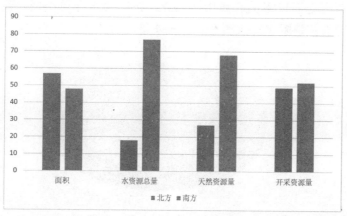

图 1-1　表示南方北方水资源总量、地下水天然资源量和地下水开采资源量对比

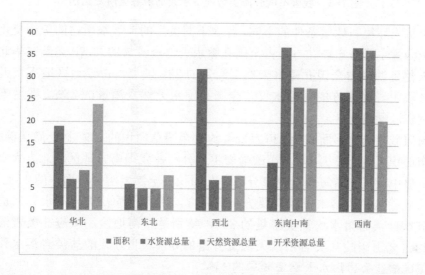

图 1-2　我国不同地区水资源总量、地下水天然资源量和地下水开采资源量对比

　　由上述可见，占全国总面积的 60% 的北方地区，水资源总量只占全国水资源总量的 21%（约为 579km³/ 年），不足南方的 1/3。北方地区地下水天然资源量约 260km³/ 年，约占全国地下水天然资源量的 30%，不足南方的 1/2。

　　而北方地下水开采资源量约 140km³/ 年，占全国地下水开采资源量的 49%，宜井区开采资源量约 130km³/ 年，占全国宜井开采资源量的 61%。特别是占全国约 1/3 面积的西北地区，水资源量仅有 220km³/ 年，只占全国的 8%，地下水天然资源量和开采资源量分别为 110km³/ 年和 30km³/ 年，均占全国地下水天然资源量和开采量的 13%。而东南及中南地区，面积仅占全国的 13%，但水资源量占全国的 38%，地下水天然资源量分别为 260km³/ 年和 80km³/ 年，均约占全国地下水天然资源量和开采资源量的 30%。南、北地区地下水天然资源量的差异是十分明显的。

　　上述是地下水资源在数量上的空间分布状态。就储存空间而言，地下水与地表水存在着较大差异。

地下水埋藏在地面以下的介质中，因此，按照含水介质类型，我国地下水可分为孔隙水、岩溶水及裂隙水三大类型，见图1-3。

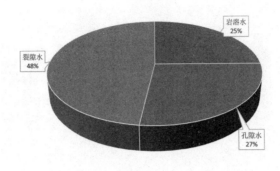

图 1-3　我国不同介质类型地下水天然资源量所占比例

由于沉积环境和地质条件的不同，各地不同类型的地下水所占的份额变化较大。孔隙水资源量主要分布在北方，占全国孔隙水天然资源量的65%。尤其在华北地区，孔隙水天然资源量占全国孔隙水天然资源量的24%以上，占该地区地下水天然资源量的50%以上。而南方的孔隙水仅占全国孔隙水天然资源量的35%，不足该地区地下水天然资源量的1/8。

我国碳酸盐岩出露面积约125万km²，约占全国总面积的13%。加上隐伏碳酸盐岩，总的分布面积可达200万km²。碳酸盐岩主要分布在我国南方地区，北方太行山区、晋西北、鲁中及辽宁省等地区也有分布，其面积占全国岩溶分布面积的1/8。

我国碳酸盐类岩溶水资源主要分布在南方，南方碳酸盐类岩溶水天然资源量约占全国碳酸盐类岩溶水天然资源量的89%，特别是西南地区，碳酸盐类岩溶水天然资源量约占全国碳酸盐类岩溶水天然资源量的63%。北方碳酸盐类岩溶水天然资源量占全国碳酸盐类岩溶水天然资源量的11%。

我国山区面积约占全国碳酸盐类面积的2/3，在山区广泛分布着碎屑岩、岩浆岩和变质岩类裂隙水。基岩裂隙水中以碎屑岩和玄武岩中的地下水相对较丰富，富水地段的地下水对解决人畜用水具有重要意义。我国基岩裂隙水主要分布在南方，其基岩裂隙水天然资源量约占全国基岩裂隙水天然资源量的73%。

我国地下水资源量的分布特点是南方高于北方，地下水资源的丰富程度由东南向西北逐渐减少。另外，由于我国各地区之间社会经济发达程度不一，各地人口密集程度、耕地发展情况均不相同，使不同地区人均、单位耕地面积所占有的地下水资源量具有较大的差别。

我国社会经济发展的特点主要表现为：东南、中南及华北地区人口密集，占全国总人口的65%；耕地多，占全国耕地总数的56%以上；特别是东南及中南地区，面积仅为全国的13.4%，却集中了全国的39.1%的人口，拥有全国25.5%的耕地，为我国最发达的经济区。而西南和东北地区的经济发达程度次于东南、中南及华北地区。西北经济发达程度相对较低，约占全国面积1/3的广大西北地区人口稀少，其人口、耕地分别只占全国的 6.9% 和 12%。

　　我国地下水天然资源及人口、耕地的分布，决定了全国各地区人均和每公顷耕地平均地下水天然资源量的分配。地下水天然资源占有量分布的总体特点：华北、东北地区占有量最小，人均地下水天然资源量分别为 351m^3 和 545m^3，平均每公顷地下水自然资源量分别为 3420m^3 和 3285m^3；东南及中南地区地下水总占有量仅高于华北、东北地区，人均占有地下水天然资源量为全国平均水平的 73%；地下水天然资源占有量最高的是西南和西北地区，西南地区的人均占有地下水天然资源量约为全国平均水平的 2 倍，平均每公顷地下水天然资源量为全国平均水平的 2.7 倍。

　　图 1-4 表示我国不同地区人口、耕地和地下水天然资源量、开采资源量人均每公顷平均占有状况。北方耕地面积占全国总耕地面积的 60%，而地下水每公顷耕地平均占有量不足南方的 1/2，人均占有量也大大低于南方。

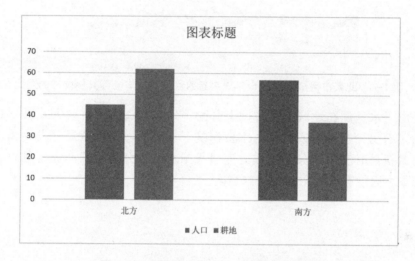

图 1-4　我国南北方人口、耕地分布情况

2. 水资源时间分布特征

　　我国的水资源不仅在地域上分布很不均匀，而且在时间分配上也很不均匀，无论年际或年内分配都是如此。造成时间分布不均匀的主要原因是受我国区域气候的影响。

　　我国大部分地区受季风影响明显，降水年内分配不均匀，年际变化大，枯水年和丰水年连续发生。许多河流发生过 3 ～ 8 年的连丰、连枯期，如黄河在 1922—1932 年连续 11 年枯水，1943—1951 年连续 9 年丰水。

　　我国最大年降水量与最小年降水量之间相差悬殊。南部地区最大年降水量一般是最小年降水量的 2T 倍，北部地区则达 3 ～ 6 倍。如北京的降水量 1959 年为 1405mm，而 1921 年仅 256mm，相差 5.5 倍。

　　降水量的年内分配也很不均匀，由于季风气候，我国长江以南地区由南往北雨季为 3—6 月至 4—7 月，降水量占全年的 50% ～ 60%。长江以北地区雨季为 3 月，降水量占全年的 70 吟 80%。图 1-6 为北京市月降水量占全年降水量的百分比及与世界其他城市的对比。结果表明，北京市 6 ～ 9 月的降水量占全年总降水量的 80%，而欧洲国家全年的降水量变化不大。这进一步反映出和欧洲国家相比，我国降水量年内分配的极不均匀性以及水资源合理开发利用的难度，充分说明我国地表水和地下水资源统一管理、联合调度的重要性和迫切性。

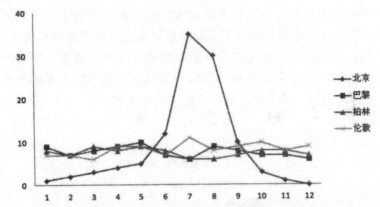

图 1-6　北京市月降水量占全年降水量的百分比及与世界其他城市的对比

　　正是由于水资源在地域上和时间上分配不均匀，造成有些地方或某一时间内水资源富余，而另一些地方或时间内水资源贫乏。因此，在水资源开发利用、管理与规划中，水资源时空的再分配将成为克服我国水资源分布不均和灾害频繁状况，实现水资源最大限度有效利用的关键内容之一。

第二章 水文学基础理论及发展

第一节 水文学的概念及含义

水文学是研究地球水圈的存在与运动的科学。它主要研究地球上水的形成、循环、时空分布、化学和物理性质以及水与环境的相互关系，为人类战胜洪水与干旱、充分合理开发和利用水资源，不断改善人类生存和发展的环境条件，提供科学依据。

水文学既是地球科学中一门独立的基础科学，并与气象学、地质学、地理学、生态学等有密切的联系；又是一门应用科学，广泛地为水利、农业、林业、城市、交通等部门服务。广义的水文学包括陆地水文学、海洋水文学、水文气象学和应用水文学。

通常所说的陆地水文学是研究陆地上水的分布、运动、化学和物理性质以及水与环境相互关系的学科，是水文学的分支学科之一。水文循环是其研究的基本内容，地表水文学和地下水文学是其主要组成部分。其分支学科包括河流水文学、河口水文学、湖泊（水库）水文学、沼泽水文学、冰川水文学、雪水文学等。

水文学的分支还包括工程水文学、农业水文学、城市（都市）水文学、环境水文学、山坡水文学等。

特殊水文学包括气象水文学、森林水文学、生态水文学、小岛水文学等。

水文是研究水的特性及其变化规律的科学，水文工作是国民经济建设和环境保护的一项前期工作和基本工作，是水利事业的重要组成部分。正如一位专家所说："没有它，防汛抢险就失去了耳目；没有它，水资源开发利用就会心中无数；没有它，再权威的水利专家也不知道该把水库修成什么样子。"截至2005年，全国水文站点已增加到3万多处，形成了项目齐全、布局比较合理的水文站网，并成立了拥有3.9

万名职工的水文专业队伍，每年收集6亿多条水文数据，积累了大量宝贵的水文资料，为解决中国的水问题发挥了重要作用。以辽宁省为例，截至2005年各类水文站点近1300处，职工1300余人，其中在职860人。

国家给水文的定位：水文是水利建设的尖兵、防汛抗旱的耳目、水资源管理与保护的哨兵、现代水利的基石、经济社会发展的基础。

多年来，水文为防汛抗旱减灾工作作出了巨大贡献；在水资源管理工作中做出了突出贡献；在国民经济发展规划、水工程建管中作出了重要贡献；在社会公益服务方面做出了显著贡献。并且随着经济社会的发展，土流失（生态环境恶化）问题，要解决这些问题，文要先行。从历史上看，要求如此迫切。这既是对水文工作的挑战，也是水文工作难得的发展机遇。

水文工作总的目标是：实现水文现代化，以优质的水文水资源信息支撑水资源的可持续利用，支撑经济社会的可持续发展。

第二节　水文常用名词

一、水圈

地球表层水体的总称。水体是指由天然或人工形成的水的聚积体，包括海洋、河流（运河）、湖泊（水库）、沼泽（湿地）、冰川、积雪、地下水和大气圈中的水等。这些水体形成一个围绕地球表层的水圈，水的总体积约为 14.59 亿 km^3，若将其均匀平铺在地球表面水深约为 2860m。

二、水文循环

地球上的水分通过蒸发、水汽输送、降水、下渗、径流等过程不断转化、迁移的现象，又称水分循环或水循环。

三、流域

地表水和地下水的分水线所包围的集水区域或汇水区叫作流域，习惯上指地表水的集水区域。流域面积，指流域分水线与河口断面之间所包围的平面面积。集水面积，是指河流某一断面以上，汇集的降水面积，即河道的某一断面以上的流域面积。按照地表水的水线与地下水的水线是否重合，流域又可分为闭合流域与不闭合流域。闭合流域，指地表水分水线与地下水分水线重合的流域。不闭合流域，指地表水分水线与地下水分水线不重合的流域。

四、水系（河系）

由河流的干流和各级支流，流域内的湖泊、沼泽或地下暗河形成彼此连接的一个系统。在水系中汇集全流域径流的河流，称为干流；流入一较大河流或湖泊的河流，称为支流。

河流的分段及其特点：每条河流一般都可分为河源、上游、中游、下游、河口等五个分段。

（1）河源。河源是河流开始的地方，可以是溪涧、泉水、冰川、沼泽或湖泊等。

（2）上游。上游直接连着河源，在河流的上段，它的特点是落差大、水流急、下切力强、河谷狭、流量小，河床中经常出现急滩和瀑布。

（3）中游。中游一般特点是河道比降变缓，河床比较稳定，下切力量减弱而旁蚀力量增强，因此河槽逐渐拓宽和曲折，两岸有滩地出现。

（4）下游。下游的特点是河床宽，纵比降小，流速慢，河道中淤积作用较显著，浅滩到处可见。

（5）河口。河口是河流的终点，也是河流入海洋、湖泊或其他河流的入口，泥沙淤积比较严重。

五、水文要素

构成某一地点或区域在某一时间的水文情势的主要因素。是描述水文情势的主要物理量，包括降水、蒸发、径流量、水位、流速、流量、水温、含沙量、冰凌和水质等。通常由水文测验加以测定。

六、降水

从大气中降落到地面的液态水和固态水。湿空气被上升气流抬升到高空，膨胀、冷却，相对湿度不断增大，直至呈饱和或略过饱和，在悬浮于空气中的凝结核上凝结，形成云滴并不断增大，在克服上升气流的阻力后，降落到地面。

降水的衡量有降水量和降水强度两个指标，降水量指某一时段内降水的累积量通常为1h、3h、6h、12h、24h或降水从开始到结束的过程量，1h内的降水量称为降水强度。按降水量的大小，将降水划分为不同等级，见表2-1。

表2-1　降水等级划分表

预报用语	12h 降水量 /mm	24h 降水量 /mm
毛毛雨、小雨、阵雨	0.1～4.9	0.1～9.9
小雨—中雨	3.0～9.9	5.0～16.9
中雨	5.0～14.9	10.0～24.9
中雨—大雨	10.0～22.9	17.0～37.9
大雨	15.0～29.9	25.0～49.9
大雨—暴雨	23.0～49.9	38.0～74.9
暴雨	30.0～69.9	50.0～99.9
暴雨—大暴雨	50.0～104.9	75.0～174.9

预报用语	12h 降水量 /mm	24h 降水量 /mm
大暴雨	70.0～140.0	100.0～250.0
大暴雨—特大暴雨	105.0～170.0	175.0～300.0
特大暴雨	＞140.0	＞250.0
零星小雪、小雪、阵雪	0.1～0.9	0.1～2.4
小雪—中雪	0.5～1.9	1.3～3.7
中雪	1.0～2.9	2.5～4.9
中雪—大雪	2.0～4.4	3.8～7.4
大雪	3.0～5.9	5.0～9.9
大雪—暴雪	4.5～7.5	7.5～15.0
暴雪	＞6.0	＞10.0

七、蒸发

陆地和海洋中的液态水转化成大气中的气态水的过程。

八、径流

陆地上的降水汇流到河流、湖库、沼泽、海洋、含水层或沙漠的水流称径流。一年内流经河道上指定断面的全部水量，称为年径流量，单位为立方米（m³）。一个闭合流域的多年平均径流量，等于该流域相应时期的降水量减去蒸发量及散发量后的剩余水量。在河道中实测流量后计算所得的径流量，包括地表径流与地下径流两部分。坡面流、槽面净雨与表层土壤中流之和，即降水后除直接蒸发、植物截流、渗入地下、填充洼地外，其余在坡面上、河槽中以及在土壤表层中流动的水流，称地表径流（直接径流）。降水到达地面，渗入深层土壤及岩层中的部分成为地下水，仍循一定途径流动，然后归入河流，汇入海洋的水流，称地下径流。在径流计算中经常涉及径流深度、径流模数、径流系数三个概念。

（1）径流深度。河流上指定断面的径流量，除以该断面以上的流域面积，得出在一定时期内分布于该面积上的平均水深，称为径流深度，单位为毫米（mm）。

（2）径流模数。时段径流总量与相应集水面积的比值，或时段内单位集水面积所产生的平均流量。

（3）径流系数。同一地区及某一时段内的平均径流深度与相应降水量的比值。其值介于0～1之间，在干旱地区，径流系数几乎近于零，在湿润地区则较大。有时在小集水面积的径流计算中，地表径流量与降水量之比，亦称径流系数。

径流的形成过程：从降雨到达地面至水流汇集、流经流域出口断面的整个过程，称为径流形成过程。

径流的形成是一个极为复杂的过程，为了在概念上有一定的认识，可概化为两个阶段，即产流阶段和汇流阶段。

（1）产流阶段：当降雨满足了植物截留、洼地蓄水和表层土壤储存后，后续降雨强度又超过下渗强度，其超过下渗强度的雨量，降到地面以后，开始沿地表坡面流动称为坡面漫流，是产流的开始。如果雨量继续增大，漫流的范围也就增大，形成全面漫流，这种超渗雨沿坡面流动注入河槽，称为坡面径流。地面漫流的过程，即为产流阶段。

（2）汇流阶段：降雨产生的径流，汇集到附近河网后，又从上游流向下游，最后全部流经流域出口断面，叫作河网汇流，这种河网汇流过程，即为汇流阶段。

九、水位

自由水面相对于某一基面的高程，称水位，单位为米（m）。水位可用各式水尺按时观测读数后，换算成基准面上的高程或直接用测量方法而求得，也可由自记水位计所绘制的连续曲线来表示。水尺是直接观测河流、湖泊、水库、灌渠水位的标尺。水尺的利用历史悠久，直到现代仍在广泛使用。经过较长时期观测水位后，可得到水位过程线及历时线，由此求出按月、按年或多年的最高水位、最低水位、平均水位和不同历时的水位值。在河流、湖库上某一地点，经过长时期观测水位后得出的最高或最低值，称最高最低水位。最高最低水位必须指明其时间性，如日最高最低、旬最高最低、月最高最低、年最高最低、若干年最高最低以及历年来最高最低。平均水位是指某一时段内，所观测水位的平均值。在防汛中经常提到的洪水位一般指河流水位因受流域上降雨或融雪影响，而超过滩地或主槽两岸地面的水位，还常遇到设计洪水位、警戒水位、保证水位、分洪水位等。

十、流速

流速是指水流的速度，单位为米每秒（m/s）。在明渠或河道中，水的流速可用仪器或漂浮物直接测定，亦可用理论公式计算，但均是短时间的平均流速，不是瞬时流速，用仪器测定流速仅限于断面上某一点的流速，根据全断面上若干点测定的流速，经过分析计算，才能得出全断面内的平均流速。

流速系数：计算流速时，如不考虑机械能在流动过程中的消耗，所得流速必须乘以小于1的系数，方能与实际流速相符，这个系数称为流速系数。

十一、流量

流量是指单位时间内通过河渠或管道某一过水断面的水体体积，单位为立方米每秒（m³/s）。流量测算通常采用流速面积法，包括：①流速仪法；②比降面积法；③浮标法；④超声波测流法；⑤电磁测流法。此外，还有流量计法，多用于稳定的河渠或管道测量；体积法，主要用于潮汐河流中潮流量及潮量的计算。

流量过程线：表示河道或渠道中某一横断面上流量随时间变化情况的连续曲线，以流量为纵坐标，以时间为横坐标绘制而成。如参照水位变化过程，将实测流量为纵坐标及对应时间为横坐标的各实测点连接成过程线，用以推求流量，就称为流量过程线法，这也是常用的一种流量推求计算方法。

流量系数：建筑物测流的流量公式中，表达实际流量与理论流量相联系的系数，它等于流速系数与断面收缩系数的乘积。

洪峰：洪峰是指洪水由起涨至落平的整个过程，或洪水过程线的峰顶。

洪峰流量：一次洪水过程中的最大瞬时流量。

洪峰传播时间：洪峰从上游站到下游站的传播历时。

十二、比降

比降是指沿水流分向，单位水平距离内铅直方向的落差。即高差和相应的水平距离比值。

河道比降：沿水流方向，单位水平距离河床高程差。一般山区河道比降较大，平原河道比降较小。

能面比降：沿水流方向，单位水平距离的总能量水头差。

水面比降：沿水流方向，单位水平距离水面的高程差。

水面横比降：在河流弯道处，由于水流受到离心力作用而形成的垂直于纵向水流的水面比降。

倒比降：沿水流方向，单位水平距离的负高程差。

水面线：沿水流方向，各断面水体自由水面的连线。

十三、水位流量关系

河渠中某断面的实测流量与其相应水位之间所建立的相关关系。经过多次实测水位、流量，可在以水位为纵坐标，流量为横坐标的方格纸绘成关系曲线。每个水文测站都有它自己的水位流量关系曲线。测站观测流量的次数较少，而水位的观测次数较多，用水位流量关系曲线就可由水位推求出流量，或作水文上其他用途。

稳定水位流量关系：在较长时期内，河渠某断面的实测流量与其相应水位之间所建立的相关关系呈单值关系。

不稳定水位流量关系：河渠中某断面的实测流量及其相应水位之间所建立的相关关系呈非单值关系。

十四、含沙量

单位体积浑水中所含干沙的质量，或浑水中干沙质量（容积）与浑水的总质量（总容积）的比值，称含沙量，单位为千克每立方米（kg/m^3）。

输沙率：单位时间内通过河渠某一过水断面的干沙质量，单位为千克每秒（kg/s）。

输沙量：在一定时段内，通过水文测验断面的全部干沙质量，单位为吨每立方米（t/m^3）。

输沙模数：时段总输沙量与相应集水面积的比值。

十五、糙率

糙率是指与河槽边界的粗糙程度和几何特征等有关的各种影响水流阻力的一个综合系数。糙率对液体的流动具有显著影响。

谢才系数：明渠均匀流计算流速时，所使用的综合反映断面形状尺寸和粗糙程度的系数。同曼宁公式比较可得：

$$C = \frac{1}{n} R^{1/6}$$

式中 R——水力半径；

n——糙率；

C——谢才系数。

谢才公式：计算明渠均匀流流速的公式之一。其基本形式：

$$V = C\sqrt{RJ}$$

式中　J——水力坡度。

曼宁公式：计算明渠均匀流速的经验公式。

十六、水温

水体在某一点或某一水域的温度，单位为℃，是反映水体热状况的指标。水文低于0℃时，河流、湖泊、水库等水体出现冰情，湖水温度沿水深的分布有正温层、逆温层和温跃层三种情况。

十七、水质

水质反映水体质量状况的指标。各种天然水系是工农业和生活用水的水源，还能借以发电和行舟等。作为一种资源来说，水质、水量和水能是度量水资源可利用价值的三个重要指标，而与水环境污染密切相关的则是水质指标。由于一般水体兼作汲取用水的水源和受纳废水的对象，且用水水源经常受到污染，废水排放前一般都要先经处理，所以用水和排水两者在水质方面有相接近的趋势，也存在着许多共同的水质指标。所谓水质指标，指的是水样中除水分子外所含杂质的种类和数量（或浓度）。显然，天然水在环境中迁移或加工、使用过程中都会发生水质变化。从应用角度看问题，水质只具有相对意义。例如，经二重蒸馏处理后所得纯水只是在精密化学实验室中才称得上是优质水。相反，对饮用水则要求其中含有一定数量的杂质（含相当数量溶解态二氧化碳，适量钙、镁和微量铁、锰及某些有机物质等）。

天然水（也兼及各种用水、废水）的水质指标，可分为物理、化学、生物、放射性四类。有些指标可直接用某一种杂质的浓度来表示其含量；有些指标则是利用某一类杂质的共同特性来间接反映其含量，如有机物杂质可用需氧量（化学需氧量、生物化学需氧量、总需氧量）作为综合指标（也被称之为非专一性指标）。常用的水质指标有数十项，现将有关指标的意义列举如下。

（一）物理指标

1. 温度
影响水的其他物理性质和生物、化学过程。

2. 嗅和味
感官性指标，可借以判断某些杂质或有害成分存在与否。

3. 颜色
感官性指标，水中悬浮物、胶体或溶解类物质均可生色。

4. 浊度
由水中悬浮物或胶体状颗粒物质引起。

5. 透明度
与浊度意义相反，但两者同是反映水中杂质对透过光的阻碍程度。

6. 悬浮物
水中悬浮物是指水中含有的不溶性物质。它会使水体产生浑浊，降低其透明度，影响水生生物的呼吸和代谢，甚至造成鱼类等窒息。

（二）化学指标

1. 非专一性指标
（1）电导率。表示水样中可溶性电解质总量，单位为西门子每米（s/m）。

（2）pH值。水样酸碱性。

（3）硬度。由可溶性钙盐和镁盐组成，引起用水管路中发生沉积和结垢。

（4）碱度。一般来源于水样中OH^-、CO、HCO离子。关系到水中许多化学反应过程无机酸度，源于工业酸性废水或矿井排水，有腐蚀作用。

2. 无机物指标
（1）铁（Fe）。在不同条件下可呈Fe^{2+}或胶粒$Fe(OH)_3$状态，造成水有铁锈味和混浊，形成水垢、繁生铁细菌。

（1）锰（Mn）。常以Mn^{2+}形态存在，其很多化学行为与铁相似。

（2）铜（Cu）。影响水的可饮用性，对金属管道有侵蚀作用。

（3）锌（Zn）。很多化学行为与铜相似。

（4）钠（Na）。天然水中主要的易溶成分，对水质不发生重要影响。

（5）硅（Si）。多以H_4SiO_4形态普遍存在于天然水中，含量变化幅度大。

（6）有毒金属。常见的有镉、汞、铅、铬等，一般来源于工业废水。

（7）有毒准金属。常见的有砷、硒等，砷化物有剧毒，硒引起嗅感和味觉。

（8）氯化物。影响可饮用性，腐蚀金属表面。

（9）氟化物。饮水浓度控制在 1mg/L 可防止橘齿，高浓度时有腐蚀性。

（10）硫酸盐。水体缺氧条件下经微生物反硫化作用转化为有毒的 H_2S。

（11）硝酸盐氮。通过饮用水过量摄入婴幼儿体内时，可引起变性血红蛋白症。

（12）亚硝酸盐氮。亚硝酸盐氮是亚铁血红蛋白症的病原体，与仲胺类作用生成致癌的亚硝胺类化合物氨氮呈 NH_3 和 NH_3 形态存在，NH_3 形态对鱼有危害，用 Cl_2 处理水时可产生有毒的氯胺。

（13）磷酸盐。基本上有三种形态：正磷酸盐、聚磷酸盐和有机键合的磷酸盐，是生命必须物质，可引起水体富营养化问题。

（14）氧化物。剧毒，进入生物体后破坏高铁细胞色素氧化酶的正常作用，致使组织缺氧窒息。

3.非专一性有机物指标

（1）生物化学需氧量（BOD）。水体通过微生物作用发生自然净化的能力标度。废水生物处理效果标度。

（2）化学需氧量（COD）。有机污染物浓度指标。

（3）高锰酸盐指数。易氧化有机污染物及还原性无机物的浓度指标。

（4）总需氧量（TOD）。近于理论耗氧量值。

（5）总有机碳（TOC）。近于理论有机碳量值。

（6）酚类。多数酚化合物对人体毒性不大，但有臭味（特别是氯化过的水），影响可饮用性。

（7）洗涤剂类。仅有轻微毒性，有发泡性。

（8）石油类。影响空气—水界面间氧的交换，被微生物降解时耗氧，使水质恶化。

4.溶解性气体

（1）氧气（O_2）。氧气为大多数高等水生生物呼吸所需，腐蚀金属，水体中缺氧时又会产生有害的 CH_4、H_2S 等。

（2）二氧化碳（CO_2）。大多数天然水系中碳酸体系的组成物。

3.生物指标

（1）细菌总数。对饮用水进行卫生学评价时的依据。

（2）大肠菌群。水体被粪便污染程度的指标。

（3）藻类。水体营养状态指标。

4.放射性指标

总、总、铀、镭、牡生物体受过量辐照时（特别是内照射），对人身体可引起各种放射病或烧伤等。

十八、水文预报

根据前期或现时已出现的水文、气象等信息，运用水文学、气象学、水力学的原理和方法，对河流、湖泊等水体未来一定时段内的水文情势作出定量或定性的预报。水文预报按预报内容，可分为流域水文预报（降雨径流预报）、区域水文预报、洪水预报、实时联机水文预报（实时水文预报）、风暴潮预报、枯季径流预报、冰情预报（冰凌预报）、水库水文预报、湖泊水文预报、施工水文预报、泥沙预报、墒情预报（旱情预报）、地下水动态预报等。按预见期长短，可分为紧急、短期、中长期、超长期水文预报。

（1）洪水预报。根据洪水形成和运动规律，利用前期和现时水文、气象等信息，对未来的洪水情况所作的预报。洪水预报可分为洪峰水位、水位过程、洪峰流量和流量过程预报等。

（2）墒情预报（旱情预报）。根据土壤含水量及气象、水文信息，对农作物根系层中未来的土壤含水量的消退、增长、竖直分布及其对作物生长影响所作的预报。

（3）短期水文预报。预见期不超过流域汇流时间的水文预报，预见期通常为数小时至数天。

（4）中长期水文预报。根据气象预报作出的水文预报，预见期通常为3天以上至1年以内。

（5）超长期水文预报。预见期在1年以上的水文预报。

（6）预见期。从发布预报起至预报事件发生的时间间隔。

十九、水文测站

为经常收集水文数据而在河、渠、湖、库上或流域内设立的各种水文观测场所的总称。

（1）水文站。设在河、渠、湖、库上以测定水位和流量为主的水文测站，根据需要还可兼测降水、水面蒸发、泥沙、水质等有关项目。根据其集水面积大小、所处地理位置以及作用的不同可划分为：大河重要控制站、大河一般控制站、区域代表站和小河站四级。具体划分标准见表2-2。

表2-2　水文站级别划分标准表

水文站级别	集水面积 /km²		国际河流集水面积 /km²	水库库容 / 亿 m³	备注
	湿润或半湿润地区	干旱或半干旱地区			
大河重要控制站	≥10000	≥20000	≥1000	≥50	国家主要水文站、出入境河流的把口站
大河一般控制站	≥3000 <10000	≥5000 <20000		≥10 <50	
区域代表站	≥200 <3000	≥500 <5000		≥1.0 <1.0	
小河站	<200	<500			

（2）水位站是指以观测水位为主，可监测降水量等项目的水文站。

（3）流量站是指以观测流量为主，可监测降水量等项目的水文站。

（4）潮水位站是指设在潮水河上记录潮位涨落变化的水文测站。

（5）雨量站是指观测降水量的水文测站，又称降水量站。根据所承担的任务划分为面雨量站和配套雨量站，其中承担报汛任务的雨量站为报汛雨量站，其他为非报汛雨量站。配套雨量站，为分析中小河流降水径流关系而在水文站以上集水区域内设置的一定数量的雨量站。

（6）地下水站是主要观测地下水的水文测站。

（7）水质站是指以定性或定量监测水环境质量的断面（水域）。

（8）实验站是指有实验研究任务的站。

根据流量站、水位站所在河流的级别，并比照水文站级别划分原则，分为大河流量站（或水位站）、中等河流流量站（或水位站）和小河流量站（或水位站）。潮水位站划分在大河水位站级别中。

二十、水文年鉴

按照规定逐年编印的水文资料，全国共 10 卷 74 册，其中，辽河流域 4 册。随着计算机和数据库技术的发展，在水文年鉴的基础上又建立了全国统一的水文数据库，一般分为通用数据库和专用数据库两类。

第三节 洪水及有关水文气象要素

一、水灾害

对于人类而言，水是一种不可替代的自然资源。它具有鲜明的两重性：既是人类赖以生存或改变生存条件的最基本条件之一，又常常给人类造成严重的灾害。于是水所造成的灾害被称为"水灾害"。水灾害是自然灾害中与人类关系最为密切的一种，同其他自然灾害一样，随着人类对水环境的影响和改变的加大，水灾害也就由单纯的自然因素逐步发展为自然因素与人类活动相互影响的一种灾害，而且灾害损失越来越大。一般地讲，水灾害可分为四种：①在降水过程中，由于时间、空间分布不均匀形成的灾害，降水过多形成洪涝，过少则形成旱灾；②水体运动中所形成的灾害，主要表现在山区、丘陵区的土壤侵蚀和水土流失，平原区的泥沙淤积和洪水泛滥，近海地区的风暴潮、海啸等；③人类为改变水的时间、空间分布所修筑的工程，由于人为原因所形成的灾害，如堤防、水坝溃决，地下水水位下降，生态环境破坏等；④人类活动改变水质所形成的灾害，主要指水污染所形成的灾害。

防洪主要是防御因"水多"而造成的灾害。总结历史上发生过的和未来可能发生的洪水灾害主要可分为如下几种。

（1）暴雨灾害。由较大强度的降雨形成的灾害，不论强降雨时间长短，降雨范围大小都可能形成灾害。山区、丘陵区由于强降雨引发的山洪、泥石流灾害，平原区由于强降雨引发的渍涝灾害，长时间、大范围的强降雨还会导致洪水灾害等均属此种灾害。暴雨灾害的主要成因为自然因素，但是，人类的不良活动可能使灾害的损失加重。

（2）冰雹灾害。由冰雹给国民经济各部门以及人民生命财产造成的灾害。这种灾害虽然一般受灾范围不大，但因其突发性强、破坏力大，灾害损失严重。冰雹灾害的主要成因是自然因素。

（3）洪水灾害。由洪水引发的灾害。洪水由于成因不同分为暴雨洪水、融雪洪水、冰川洪水、冰凌洪水、雨雪混合洪水、溃堤洪水等（各类洪水概念将在本章第三节中介绍）。洪水灾害一般都是范围广、损失大，而且常会诱发其他类型水灾害或造成间接灾害、次生灾害。洪水灾害的成因根据洪水种类不同，有的以自然因素为主，有的以人为因素为主，有的为自然因素和人为因素共同造成。

（4）风暴潮灾害、海啸灾害。由强风或气压骤变等强烈风暴天气现象对海面作用，导致水位急剧升降、移动，给近海岸地区造成的灾害。风潮通常分为台风风暴潮和温带风暴潮，前者来势猛、速度快、强度大、破坏力强，灾害损失严重，后者较弱。与风暴潮灾害相似的还有海啸灾害。海啸灾害是由于海底地震、火山爆发和水下滑坡、塌陷激发起海洋巨浪，形成"水墙"冲向海岸导致的自然灾害，其破坏力极强，灾区常常被夷为废墟。风暴潮灾害和海啸灾害的主要成因是自然因素。

（5）溃坝灾害。由水库大坝或其他挡水建筑物发生瞬间溃决而导致的洪水灾害。人类为了改变水的时间和空间分布，以达到各种效益兴修了许多水库大坝。这些水库大坝遇有地震、战争或是修坝时存在质量问题，在高水位下瞬间失事，大量洪水向下游倾泻，下游往往造成灭顶之灾。溃坝灾害的成因主要是人为因素，水则成为灾害的载体。溃坝灾害还常常发生于一些大矿山或大企业修建的尾矿坝，大坝一旦失事，水沙俱下，下游也常常造成毁灭性灾害。

（6）城市水灾。城市水灾一般由暴雨、冰雹、洪水、风暴潮、溃坝等原因造成。之所以单列一城市水灾，主要是因为随着现代化城市的发展，城市内人口和财产高度集中，在遭受水灾害时受灾的形式和内容都发生了变化，其损失也大得多。根据城市的位置不同，各城市的受灾内容也不相同。

二、气象因素

人类赖以生存的地球被厚厚的大气层所包围，包围地球的气层称为大气圈。大气由氮、氧、氢、氖、氯、氦、臭氧、水汽、二氧化碳等多种气体混合组成。大气层的底界为地面，越向上密度越小，最后极其稀薄地进入星际空间。对地面天气有直接影响的大气层厚度约为 20 ～ 30km。

气象是大气中的冷、热、干、湿、风、云、雨、雪、霜、露、雾、霰、雷电、彩虹、光象等各种物理状态和物理现象的统称。地面气象要素观测的项目通常有气温、湿度、气压、风、云、降水等。在气象要素观测工作中，有着严格的观测规范可循，除时间外，对周边环境要求也很特殊，目的是使观测结果具有代表性。常规的地面气象要素观测时间为世界时间。0 时、06 时、12 时、18 时，也可以根据需要进行 3h、1h 甚至更短时间间隔的观测。

（1）温度。指距地面 1.4m 高，通风良好的百叶箱中空气的温度，也称为气温。

（2）湿度。指百叶箱中空气内的水汽含量，可用绝对湿度和相对湿度代表，当相对湿度达 90% 以上时，可认为大气接近饱和。

（3）气压。分为本站气压和经过订正的海平面气压，气象上常用的是海平面气压。

（4）风。风的观测分为风向和风速两个要素，风向指风的来向，风速单位为米每秒，并根据风速强度划分等级，见表 2-3。

表 2-3　风级表

风级	名称	风速 /m·s⁻¹	风级	名称	风速 /m·s⁻¹
0	静风	$0 \sim 0.2$	7	疾风	$13.9 \sim 17.1$
1	软风	$0.1 \sim 1.5$	8	大风	$17.2 \sim 20.7$
2	轻风	$1.6 \sim 3.3$	9	烈风	$20.8 \sim 24.4$
3	微风	$3.4 \sim 5.4$	10	狂风	$24.5 \sim 28.4$
4	和风	$5.5 \sim 7.9$	11	暴风	$28.5 \sim 32.6$
5	轻劲风	$8.0 \sim 10.7$	12	飓风	> 32.7
6	强风	$10.8 \sim 13.8$			

云分为总云量、云高、云状三个指标，总云量指以观测站为中心，按天空中云所占的比例划分等级，天气术语上称为晴、晴有时多云、多云、多云有时阴、阴等。云高指云底的高度，云高又可分为高云、中云、低云；云状分为层云、卷云、积云等。

（5）厄尔尼诺与拉尼娜现象。厄尔尼诺（El-Nino）和拉尼娜（La-Nino）均是西班牙语译音，分别意为"圣子"和"圣女"。厄尔尼诺现象是指南美洲西岸的秘鲁、厄瓜多尔等国家附近的赤道东太平洋海域，在每年圣诞节前后（这也是被称为"圣子"的原因），海温异常升高的现象。这种现象可向东延伸到赤道中太平洋海域，并每隔几年爆发一次，它的持续时间一般在半年以上，有时甚至 $1 \sim 2$ 年；拉尼娜现象是指赤道东太平洋海域海温异常降低现象，是与厄尔尼诺现象正好相反的现象。

厄尔尼诺与拉尼娜现象都是指赤道东太平洋海域海温异常现象。它们的出现，严重地破坏了海洋与大气之间的平衡关系，往往会使全球气候发生异常，造成部分地区暴雨、洪水或严重干旱等自然灾害。由于它们具有较好的持续性，因此，它们也是预测和解释气候异常的重要信号。以辽宁省为例，厄尔尼诺现象期间，辽宁夏季降水以稍少为主，可出现旱情；拉尼娜现象期间，辽宁夏季降水以稍多为主，可能出现严重洪涝。但是，由于赤道太平洋海温变化对辽宁夏季降水的影响是一个复杂的问题，这个规律也不是绝对的。

（6）太阳黑子相对数。太阳黑子相对数是表示太阳黑子活动程度的一种指数，是瑞士苏黎世天文台的 R. 沃尔夫在 1849 年提出的，因而又称为沃尔夫黑子数。它具有准 11 年、22 年、80 年周期。尤其是著名的 11 年周期被广泛地用于气候预测工作中。

（7）西太平洋副热带高压。气象学把出现在对流层中下层，位于西太平洋上的持久的暖高压称为西太平洋副热带高压，简称副高。副高是影响我国大范围天气过程的主要天气系统。它直接导致我国东部雨带的南北变化，它伸向我国大陆的脊线位置是对我国直接影响的重要指标之一，标志着某地区雨季的开始与结束。

（8）海啸。海啸是海底地震、海底或海岛火山喷发爆裂、海岸地壳变动引起海底塌陷、滑坡、地裂缝等引起海面水位的不正常剧烈涨落；此外，还有伴随海底变形的地震冲击或海底的弹性震动也能引起较弱的海啸。海啸波是一种重力长波，波长一般为几十公里至几百公里，远远大于海水的深度；波动的传播周期为 2～200min，最常见的周期在 2～40min 之间。海啸波的传播速度与水深有关，水越深，传播速度越大，一般波速可达每小时几百公里至 1000km 以上。海啸在外海不明显，到达滨海区域后使海水陡然上涨，冲击海岸，瞬时就会造成严重灾害。我国海啸灾害相对较弱。截至 1993 年，辽宁省的海啸有记载的只有 1921 年 8 月 4 日一次，发生在丹东沿海，但不明显。

（9）风暴潮。由强烈的大气扰动，如热带气旋、温带气旋等风暴过境所伴随的强风和气压的骤然变化所引起的海面非周期性的异常升高现象。按照诱发风暴潮的大气扰动特性，分为热带气旋引起的台风风暴潮和温带气旋等温带天气系统引起的温带风暴潮两大类；其空间范围一般在几十公里到上千公里，周期约为 1～100h。风暴潮灾害居海洋灾害的首位，一年四季都可能发生，风暴潮一旦发生，常常使它所影响到的滨海区域潮水暴涨，甚至冲毁堤岸，吞噬码头、工厂、村镇，酿成巨大灾难。我国是世界上两类风暴潮灾害都非常严重的少数国家之一。1992 年 9 月 1 日，受第 16 号强热带风暴和天文大潮的共同影响，我国东部沿海发生了新中国成立以来最严重的一次风暴潮灾害，南自福建省，北到辽宁省近万公里的海岸线遭受不同程度的袭击。

（10）热带气旋。在热带或副热带海洋上发生的气旋性涡旋。在全球不同的海域有不同的分类和名称。我国将西北太平洋和南海发生的热带气旋分为 6 个等级，见表 2-4。日本则将在西太平洋和南海的热带气旋分为四类：①热带低压 —— 最大风速不大于 33nmile/h（7 级以下）；②热带风暴 —— 最大风速 34～37nmile/h（8～9级）；③强热带风暴 —— 最大风速 48-63nmile/h（10～11 级）；④台风最大风速不小于 64nmile/h（12 级以上）。美国将热带气旋分为三类：①热带低压 —— 最大风速小于 34nmile/h（7 级以下）；②热带风暴 —— 最大风速 34～63nmile/h（8～11级）；③飓风（台风）最大风速不小于 64nmile/h（12 级以上）。在 180° 以东及大西洋称为"飓风"，在 180° 以西称为台风。热带气旋是热带天气中的主要系统，与温带锋面气旋相比，其内部结构、形状、移动方向及其发展能量来源等方面均不同。热带气旋区域内的风速以近中心为最大，国际上均以近中心最大风速作为强度分类的标准。全球共有 8 个海域有热带气旋发生。北半球有北太平洋西部和东部、北大西洋西部、孟加拉湾和阿拉伯海 5 个海域；南半球有南太平洋西部、印度洋东部和西部 3 个海域。强烈的热带气旋伴有狂风、暴雨、巨浪和暴潮，活动范围很广，具有强大的破坏力，是一种灾害性天气系统。

表 2-4　热带气旋的等级划分表

热带气旋的等级	底层中心附近最大平均风速 /m·s⁻¹	底层中心附近最大风力（级）
热带低压（TD）	10.8～17.1	6～7
热带风暴（TS）	17.2～24.4	8～9
强热带风暴（STS）	24.5～32.6	10～11
台风（TY）	32.7～36.9	12
	37.0～41.4	13
强台风（STY）	41.5～46.1	14
	46.2～50.9	15
超强台风（SUPERTY）	51.0～56.0	16
	≥56.1	17

为了区分热带气旋，有必要给它们单独取个名字。20 世纪 70 年代末以后，在世界气象组织各区域热带气旋委员会协调下，热带气旋的命名已走向国际化。多年以来，由来自受台风影响的国家及地区组成的台风委员会有一个为台风编号的制度，即由东京区域专业气象中心 —— 台风中心负责对达到热带风暴强度的热带气旋进行编号。根据台风委员会第 31 届会议的决议，从 2000 年 1 月 1 日起实施新的热带气旋命名方法，见表 2-5。该方法将用于台风委员会成员向国际社会发布的公报中。也供各成员用当地语言发布热带气旋警报时使用。台风委员会仍将继续使热带气旋编号。

表 2-5　台风委员会西北太平洋和南海热带气旋命名表

第 1 列		第 2 列		第 3 列		第 4 列		第 5 列		备注
英文名	中文名	英文名	中文名	英文名	中文名	英文名	中文名	英文名	中文名	名字来源
Damrey	达维	Kong-rey	康妮	Nakri	娜基莉	Krovanh	科罗旺	Sarika	莎粒嘉	柬埔寨
Longwang	龙王	Yutu	玉兔	Fengshen	风神	Dujuan	杜鹃	Haima	海马	中国
Kirogi	鸿雁	Toraji	桃芝	Kaimaegi	海鸥	Maemi	鸣蝉	Mean	米雷	朝鲜
Kai-tak	启德	Man-yi	万宜	Fung-wong	凤凰	Choi-wan	彩云	Ma-on	马鞍	中国香港
Tembin	天秤	Usagi	天兔	Kammuri	北冕	Koppu	巨爵	Tokage	蝎虎	日本
Bolaven	布拉万	Pabuk	为布	Phanfone	巴蓬	Ketsana	凯萨娜	Nock-tem	洛坦	老挝
Chanchu	珍珠	Wutip	蝴蝶	Vongfong	黄蜂	Parma	芭玛	Muifa	梅花	中国澳门
Jelawat	杰拉华	Sepat	圣轨	Rusa	鹿莎	Melor	茉莉	Merbok	苗柏	马来西亚
Ewiniar	艾云尼	Fitow	菲特	Sinlaku	森拉克	Nepartak	尼伯特	Nanmadol	南玛都	密克罗尼西亚

第1列		第2列		第3列		第4列		第5列		备注
Bilis	碧利斯	Danas	丹娜丝	Hagupit	黑格比	Lupit	卢碧	Talas	塔拉斯	菲律宾
Kaemi	格美	Nari	百合	Changmi	普薇	Sudal	苏特	Noru	奥鹿	韩国
Prapiroon	派比安	Vipa	韦曲	Megkhla	米克拉	Nida	妮姐	Kularb	玫瑰	泰国
Maria	玛莉亚	Francisco	范斯高	Higos	海高斯	Omais	奥麦斯	Roke	洛克	美国
Saomai	桑美	Lekima	利奇马	Bavi	巴威	Conson	康森	Sonca	桑卡	越南
Bopha	宝霞	Krosa	罗莎	Maysak	美莎克	Uhanthu	灿都	Nesat	纳沙	柬埔寨
Wukong	悟空	Haiyan	海燕	Haishen	海神	Dianmu	电母	Haitang	海棠	中国
Sonamu	清松	Podul	杨柳	Pongsona	凤仙	Mindule	蒲公英	Nalgae	尼格	朝鲜
Shanshan	珊珊	Lingling	玲玲	Yanyan	欣欣	Tingting	婷婷	Banyan	榕树	中国香港
Yagi	摩羯	Kajiki	剑鱼	Kujira	鲸也	Kompasu	圆规	Washi	天鹰	日本
Xangsane	象神	Faxai	法茜	Chan-hom	灿湾	Namtheun	南川	Matsa	麦莎	老挝
Bebinca	贝碧嘉	Vamei	画眉	Linfa	莲花	Malou	玛瑙	Sanvu	珊瑚	中国澳门
Rumbia	温比亚	Tapah	塔巴	Nangka	浪卡	Meranti	莫兰蒂	Mawar	玛娃	马来西亚
Soulik	苏力	Mitag	米娜	Soudelor	苏迪罗	Rananim	云娜	Guchol	古超	密克洛尼西亚
Cimaron	西马仑	Hagibis	海贝思	Imbudo	伊布都	Malakas	马勒卡	Talim	泰利	菲律宾
Chebi	飞燕	Noguri	浣熊	Koni	天鹅	Megi	鲇鱼	Nabi	彩蝶	韩国
Durian	榴莲	Ramasoon	威马逊	Hanuman	翰文	Chaba	过芭	Khanun	卡努	泰国
Utor	尤特	Chataan	查特安	Etau	艾涛	Kodo	库都	Vicente	韦森特	美国
Trami	谭美	Halong	夏浪	Vamco	不高	Songda	桑达	Saola	苏拉	越南

三、洪水类型

洪水就是河流、湖泊、海洋等一些地方，在较短的时间内水体突然增大，造成水位上涨，淹没平时不上水的地方的现象，常威胁到有关地方安全或导致淹没灾害。主要有以下几种类型。

1. 暴雨洪水

指暴雨引起的河流水量迅速增加并伴随水位急剧上升的现象，称暴雨洪水。按暴雨的成因又可分为：骤发暴雨洪水、台风暴雨洪水、锋面暴雨洪水。暴雨洪水年际变化很大。在同一流域上，常年出现的暴雨洪水与偶尔出现的特大暴雨洪水，在量级上相差悬殊，洪水过程特征也不完全一致。沈阳市河流的主要洪水大都是暴雨洪水，多发生在夏、秋季节。暴雨洪水可以导致发生山洪、泥石流、水库水量猛增，河流流量陡涨，大面积发生渍涝。

（1）山洪。指山区荒溪或干沟中发生的暴涨暴落的洪水。山洪因其所流经的沟道坡度陡峻，地质条件复杂，具有历时短、流速快、冲刷力强、挟带泥石多、破坏力大等特点。由暴雨引起的山洪，其历时不过几十分钟到几小时，很少达一天或持续几天。

（2）泥石流。指突然暴发的饱含大量泥沙和石块的特殊山洪。它来势迅猛，历时暂短，破坏力极大，常造成生命财产重大损失。

2. 融雪洪水

冬季的积雪较厚，随着春季气温大幅度升高时，各处积雪同时融化，河流中流量或水位突增，这种以积雪融水为主要来源而形成的洪水，称为融雪洪水。发生时间一般在4—5月，最迟6月就结束。

3. 冰川洪水

高山地区有丰富的永久积雪和现代冰川，夏季气温高，积雪和冰开始融化，使河流流量迅速增大，这种以冰川融水为主要来源所形成的洪水称为冰川洪水。冰川洪水的流量与温度有明显的同步关系，洪水水位的涨落随着气温的升降而变化。

4. 冰凌洪水

河流中大量冰凌壅积成为冰塞或冰坝，使水位大幅度升高。而当堵塞部分由于壅积很高、水压过大而被冲开时，上游的水位迅速降落而流量却迅猛增加，形成历时很短、急剧涨落的洪峰，这种洪水称为冰凌洪水。

5. 溃坝洪水

大坝在蓄水状态下突然崩溃而形成的向下游急速推进的巨大洪流，称为溃坝洪水。习惯上把因地震、滑坡或冰川堵塞河道引起水位上涨后，堵塞处突然崩溃而暴发的洪水也归入溃坝洪水。溃坝的发生和溃坝洪水的形成通常历时短暂，往往难以预测。溃坝洪水峰高量大，变化急骤，危害巨大。

洪水是一个过程，每次洪水过程都可以分为涨水段、洪峰段和退水段三个阶段。洪水过程线的形状是两头低中间高，像山峰，所以习惯上把洪水过程称为洪峰。每次洪水过程都有其不同的特征，常用一些特征值来表示。主要有洪峰水位、洪峰流量、洪水历时、洪水总量、洪峰传播时间等，多泥沙河流洪水还有含沙量、输沙量等。每次洪水在某段面的最高洪水位和最大洪水流量称为洪峰水位和洪峰流量，分别用米和立方米每秒表示。一次洪峰从起涨至回落到原状所经历的时间和增加的总水量称为洪水历时和洪水总量，分别用时（日）和立方米表示。河流洪水的洪峰从一个断面传播到另一个断面的时间称为洪峰传播时间。洪水的含沙量就是单位体积浑水中所含悬移质（即悬浮在水流中并随水流运动的泥沙颗粒）的质量和体积，用千克每立方米或体积百分数表示；输沙量就是在一定时段内通过河道某断面的泥沙质量或体积。

四、洪水频率及重现期

（1）洪水频率。不小于（不大于）某洪水水文要素值出现可能性的量度，称为洪水频率。根据洪水统计特征，利用现有实测和调查洪水资料，分析洪水变量设计值与出现频率或重现期之间的定量关系，称洪水频率分析。

（2）重现期。重现期是指不小于（不大于）一定量级的水文要素值出现一次的平均间隔年数，由该量级频率的倒数计，称为多少年一遇。值得特别注意的是，所谓多少年一遇是指大于或等于这样的洪水在很长时期内平均多少年出现一次，而不能理解为恰好每隔多少年出现一次。对于某一重现期年数来说，这种洪水可能不止出现一次，也可能一次都不出现。

五、洪峰流量及水位

随着流域远处的地表径流陆续流入河道，使流量和水位继续增长，大部分高强度的地表径流汇集到出口断面时，河水流量增至最大值，称为洪峰流量。简言之，洪峰流量就是一次洪水过程中的最大瞬时流量，其最高水位，称为洪峰水位。

六、洪水过程线及洪水总量

洪水流量由起涨到达洪峰流量，此后，逐渐下降，到暴雨停止以后的一定时间，当远处的地表径流和暂时存蓄在地面、表土、河网中的水量均已流经出口断面时，河流水流量及水位回落到接近于原来状态，即为洪水落尽之时。如在方格纸上，以时间为横坐标，以河流的流量或水位为纵坐标，可以绘出洪水从起涨至峰顶到落尽的整个过程曲线，称为洪水过程线。一次洪水过程中或在给定时段内通过河流某一断面的洪水体积，称为一次洪水总量。可由一次洪水流量过程线与横坐标所包围的面积求得。一次洪水过程所经历的时间，称为洪水总历时，可由一次洪水流量过程线的底宽求得。

七、设计洪水

为了防洪等工程设计而拟定的工程正常运用条件下符合指定防洪设计标准的洪水，广义亦包括工程在非常运用条件下符合校核标准的设计洪水。水利水电工程的规划设计和运用中各种防洪标准所依据的洪水。设计洪水计算的内容包括设计洪峰、不同时段的设计洪量、设计洪水过程线、设计洪水的地区组成和分期设计洪水等，可根据工程特点和设计要求采用洪水频率分析方法计算。

当工程所在地及其附近洪水流量资料系列过短，不足以直接用洪水流量资料进行频率分析，但流域内具有较长系列雨量资料时，可先求出设计暴雨，然后通过产流和汇流计算，推求设计洪峰、洪量和洪水过程线。该法假定，一定重现期的暴雨产生相同重现期洪水。如果工程所在地的洪水流量和雨量资料均短缺，可在自然地理条件相似的地区，对有资料流域的洪水流量、雨量和历史洪水资料进行分析和综合，绘制成各种重现期的洪峰流量、雨量、产流参数和汇流参数等值线图，或将这些参数与流域自然地理特征（流域面积和河道比降等）建立经验关系，然后借助这些图表和经验关系推求设计地点的设计洪水。在实际防汛工作中，为了防汛工作方便，可编制各流域洪水特征值表。

设计洪水地区组成指的是当河流设计断面发生设计频率的洪水时，与其上游各控制断面和区间的洪峰、洪量和洪水过程线之间的关系。在防洪调度和流域开发方案中，研究河流、水库和湖泊联合调洪作用时，需要分析设计洪水的地区组成。为了分析和比较设计洪水不同地区组成的防洪效果，经常需拟定若干种地区组成方案，经调洪演算和综合分析，从中选取能满足工程设计要求的方案，作为设计依据。设计洪水地区组成的计算方法主要有典型年法和同频率地区组成法，具体方法不赘述。

在了解设计洪水概念时应同时了解以下洪水概念。

（1）校核洪水。工程在非常运用各种符合校核标准的设计洪水。

（2）调查洪水。通过现场调查、勘测、考证等手段获取的某次洪水。

（3）非常洪水。超过设计标准的洪水。

八、洪水预报

根据洪水形成和运动的规律，利用过去的实时水文气象资料，对未来一定时段内的洪水情况的预测，称洪水预报。这是水文预报中最重要的内容。洪水预报包括河流洪水预报、流域洪水预报、水库洪水预报等。主要预报项目有最高洪峰水位或洪峰流量、洪峰出现时间、洪水涨落过程及洪水总量等。根据发布预报时所依据的资料不同，洪水预报又可分为河段洪水预报、流域降雨径流预报和水文气象预报三类。

（1）河段洪水预报。也叫河流洪水预报，是根据河段上游断面的入流过程预报下游断面的洪水，常用方法为河道洪水流量演算法以及相应水位法。

（2）降雨径流预报。是利用产汇流计算原理，由流域上的降雨预报流域出口断面的洪水过程。

（3）水文气象预报。是根据气象要素情况，预报大尺度地区的降水量。而后再应用降雨径流预报法，对流域进行洪水预报。这种方法要进行两方面的预报，即降雨预报和洪水预报。

上述三种方法中，水文气象预报法的预见期最长，但预报精度往往最差。因为水文气象因素演变为洪水，要经历许多复杂的环节，很难确切估计。降雨径流预报法的预见期一般不超过流域的汇流时间，预报精度多能满足实用要求，因此应用比较广泛。河段洪水预报法其预见期比较短，大体等于河道洪水传播时间，但预报精度往往比较高，大江大河常常采用。降雨径流预报法和河段洪水预报法尽管预见期不长，但预报精度较高，对指导防洪抢险作用也比较明显。

九、河道洪水预报

汛期预报沿防汛河段的各指定断面处的洪水位和洪水流量，称河道洪水预报。天然河道中的洪水以洪水波形态沿河道自上游向下游运动，各项洪水要素（洪水位和洪水流量等）先在河道上游断面出现，然后依次在下游各断面出现。因此，可利用河道中洪水波运动规律，由上游断面的洪水位和洪水流量，来预报下游断面的洪水位和洪水流量。根据对洪水波运动的不同研究方法，可得出河道洪水预报的各种方法。常用的有相应水位法或相应流量法和流量演进法。

（1）相应水位法。洪水波上同一位相点（如起涨点、洪峰、波谷）通过河段上下断面时表现出的同位相的水位，彼此称相应水位。从上一断面至下一断面所经历的时间叫传播时间。建立相应水位与传播时间的经验关系，由上游断面实时水位预报下游断面未来时刻水位。在一定的河段上，河道与断面情况对洪水波的变化的影响，可看作定值。如果没有其他因素影响，则相应水位预报是一种简单、可靠、行之有效的方法。而实际上洪水波在传播过程中的状态和传播速度要受到河槽底水、区间来水、河道中游以及下游河水顶托等影响，所以在建立相应水位关系时，应分析这些因素的主次，在相关图中引入适当参数，以提高精度。如果预报要求不是水位，而是流量时，可同样进行上述的分析和操作，称为相应流量法。

（2）流量演算法。指利用河段中的蓄泄关系和水量平衡原理，把上游断面流量过程演算成下游断面流量过程的方法，称为流量演算法。鉴于天然河道的洪水波运动属于渐变不稳定流，这种方法专业性很强，本节中不做具体阐述。

十、流域洪水预报

根据径流形成的基本原理，直接从实时降雨预报流域出口断面的洪水总量称径流量预报（亦称产流量预报），预报流域出口断面的洪水过程称径流过程预报（亦称汇流预报）。天然预见期为流域内距出口断面最远点处的降雨流到出口断面所经历的时间。有效预见期为从发布预报时刻到预报的水文状况出现时刻的时间间隔。预见期长短随预报条件和技术水平不同而异。流域洪水的预见期比河段预报要长些，这一点对中小河流和大江大河区间来水特别重要。在一些地区，没有发布河段预报的条件或预见期太短不能应用，为满足防洪要求，宜采用流域洪水预报的方法。若能提前预报出本次降水量及其时空分布，则预见期可延长。径流形成包括产流过程和汇流过程，但实际上它们在流域内是交错发生的十分复杂的水文过程。为分析计算方便，通常将它们分为产流和汇流两个阶段。由产流过程预报径流量，由汇流过程预报径流过程。

（1）径流量预报。一次降雨，经过产流过程在流域出口断面产生的总水量，称本次降雨的径流量，亦称净雨量或产流量。它包括地面和地下径流量。降雨量与径流之差，称损失量。损失量的大小视前期流域蓄水量的大小、流域下垫面特性和各次降雨量特性而异。客观地确定每次降雨的损失量是正确作出径流量预报的关键。常用的降雨径流预报方法有降雨径流相关法、下渗曲线法、流域产流计算模型等。

（2）径流过程预报。净雨经过流域汇流过程，在流域出口断面形成流量过程，称径流过程预报。由净雨量推求流量过程的常用方法有单位过程线法、等流时线法、流域汇流计算模型等。

十一、防洪标准

防洪标准指防洪保护对象要求达到的防御洪水的标准，通常应以防御的洪水或潮水的重现期表示；对特别重要的保护对象，可采用可能最大洪水表示。根据防护对象的不同需要，其防洪标准可采用设计一级或设计、校核两级。各类防护对象的防洪标准，应根据防洪安全的要求，并考虑经济、政治、社会、环境等因素，综合论证确定。有条件时，应进行不同防洪标准所可能减免的洪灾经济损失与所需的防洪费用的对比分析，合理确定。

十二、堤防

为了约束水流和抵御洪水、风浪、潮汐的侵袭，在江、河、湖、海沿岸修建的挡水建筑物称为堤防。堤防按其所在位置及工作条件，可分为河堤、江堤、湖堤、海堤和水库堤等；按其建筑材料又可分为土堤、石堤、混凝土堤等。堤防工程的级别依据堤防工程的防洪标准确定，堤防工程分为5级，见表2-6。

表2-6　堤防工程的级别

防洪标准重现期（年）	$\geqslant 100$	< 100 且 $\geqslant 50$	< 50 且 $\geqslant 30$	< 30 且 $\geqslant 20$	< 20 且 $\geqslant 10$
堤防工程的级别	1	2	3	4	5

十三、水库

顾名思义，水库就是贮水的"仓库它是一种具有特殊形式的人工和自然相结合的贮水水体，在水利工程上它又属于"蓄水"设施，故通常习称"人工湖泊"。和天然湖泊不同，"人工湖泊"体现了人类利用和改造自然的智慧。水库是随着人类为解决水患和蓄水备用而出现和发展起来的。远在4000多年前古埃及和美索不达米亚人民为了防止洪水泛滥和灌溉土地的需要，开始兴建了世界上第一批水库。我国人民则在公元前6世纪就修筑了芍陂灌溉工程，至今该工程仍在发挥作用。据统计，世界各国水库的总库容达 $5500km^3$，水面面积超过35万 km 气当代修建的水库一般都具有防洪、灌溉、治涝、供水、发电、养殖等多种功能，发挥综合效益。水库按其调节天然径流的性能可划分为日调节、季调节、年调节、多年调节水库；按其效益可划分为以防洪为主、以发电为主、以供水和灌溉为主、以拦沙为主的水库，以及反调节水库、蓄能水库等。按照库容大小水库划分为大、中、小三种类型五个等级：

（1）大（1）型水库库容大于10亿 m^3。

（2）大（2）型水库库容大于1亿 m^3，而小于10亿 m^3。

（3）中型水库库容不小于0.1亿 m^3 而小于1亿 m^3。

（4）小（1）型水库库容不小于100万 m^3 而小于1000万 m^3。

（5）小（2）型水库库容不小于10万 m^3 而小于100万 m^3。

第四节　水文学现状及发展趋势

一、水文学研究现状

在科学层面，已从单个孤立环节向多尺度耦合过程发展，这是系统观点在水文学中的反映。例如对水量平衡的研究，已从一个河段，一个流域，一个地区发展到全国、全球，使得人们对水文循环和水资源的理解更全面更宏观更深刻；通过对大气—土壤—植物—水的关系的系统实验与理论研究，揭示水文循环中生态过程的变化规律，探索其相互作用机理；水文规律的研究，侧重探讨在自然因素和人类活动共同作用下水文过程及其要素的变化规律，探索物理规律与统计规律相结合的水文学方向。大气水、降水、地表水、土壤水和地下水的相互关系，地表水、地下水水量、水盐平衡及其要素的计算方法也是水文学研究的主要内容。在应用层面，在服务于水资源开发利用方面将更重视环境生态影响的研究，并致力于为水资源综合规划与综合管理提供科学基础。作为水利科学的基础学科，水文学要解决水资源利用中一系列的水文问题，主要有四个方面：①水资源评价。对地表地下各种可利用的水资源的量与质作出估计，为水资源开发利用提供依据；②水文计算。为水利枢纽和水工建筑物或非工程措施的规划设计施工和运用，提供水文控制条件下相应的水文设计特征值及其时空分布数据；③水文预报。对今后的水文状况提出短期、中期和长期的预报数值，其中包括水量预报与水质预报，为水资源综合利用和防汛抗旱提供科学依据；④水资源保护：为水土流失防治、水污染防治、水源保护提供水文数据。

20世纪60年代以来，随着计算机技术的发展，遥感遥测技术的应用，一些新理论和边缘学科的渗透，加之人口膨胀、水资源紧张、环境污染和气候变化的需求牵引，使得水文科学发展面临机遇与挑战。特别是20世纪80年代以来，国际水文学术活动频繁，我国水文界也开展了大量的研究工作，这些研究工作推进水文科学发生了深刻的变革和发展，从而使水文学进入了现代水文学的新阶段。

二、存在的主要问题

当前，我国水文科技存在的主要问题是不能适应新时期社会经济发展对水文的新要求和高要求，与世界水文科技的先进水平相比，仍有一定差距。主要表现在以下几方面：①水旱灾害的监测和预报技术相对落后，能力较低，与我国繁重的防洪、抗旱、减灾任务不相适应。②对为国家制定与水有关的重大宏观决策提供科学依据的大尺度水文问题研究较少。对全球尺度的水文问题、环境变迁中的水文问题等则更少涉及，而全球水文变化研究正是当前和今后相当长时期内国际合作研究的重大课题。③区域性水文研究和关于不同水体的研究很不平衡。关于干旱区、寒区、森林和牧区水文问题研究相对薄弱；关于大气水、地表水和土壤水的研究深度也不协调一致。关于生态系统中的水的研究则刚刚起步。④水文科学基础研究薄弱，新技术新方法开发和推广应用比较缓慢；水文基础信息匮乏，信息获取、传输以及测报服务手段较为落后，信息完整性差，信息交换平台缺乏，难以共享。

三、当代前沿

现代水文学在水资源研究需求的牵引下，把研究水文循环全过程问题提上议事日程，就是说水文学不仅要研究水文现象的陆面过程，还要对陆面——大气界面上的水分和能量的交换问题，陆面地表水、土壤水和地下水量的交换问题，陆地水与海洋水的交换问题，海面和大气界面上的水分和能量交换问题，水在大气中的运动和转化问题等都要进行研究。水文学不能仅像过去只侧重研究水在运动、转化中的物理过程，还要研究自然界的水作为溶剂和载体在水文循环中对水中各种化学成分的输移、合成、分解、储散的化学过程。除此之外，由于地表生物圈中动植物及其他形态的生物在生长、繁殖、死亡过程中与水的相互作用，以及动植物群在陆面和大气水分及能量交换中的影响，这就需要特别加强水在水文循环和运动中生物过程的研究。这些问题的提出，使水文学必须以崭新的面目出现，向全球水文学和生态水文学的方向前进。

四、发展趋势

由于人类对水资源的突出需求，水文科学的研究领域正在向着为水资源最优开发利用的方向发展，以期为客观评价、合理开发、充分利用和保护水资源提供科学依据。由此，水文站网系统正在向水资源自动监测系统方向发展，水文观测已不仅是为研究自然水体的运动变化规律积累资料，而且要为水资源管理提供实时水文信息；水文分析已不仅是为建设新工程提供设计数据，而且要为水资源评价和水资源系统优化利用提供科学依据；水资源的保护和利用越来越多地成为水文科学国际会议和国际合作的主题，许多水文学家和水文研究机构正在把自己的研究重点转向水资源方面。

（1）地表水水文学核心问题仍是降雨径流关系中的动力学问题。

（2）地下水水文学重点是研究人类活动对地下水环境影响、解决地下水运动及地下水污染物的输移计算方法。

（3）水质研究侧重于地球水圈中化学物质的分布、转化和输移问题，大气酸性沉降物对地表和地下水质的影响及地表水体的富营养化问题。

（4）为水资源管理和环境保护提供坚实的科学基础的水文学研究重点包括：人类活动对水文情势的影响，全球变化对水文过程的影响，与人类活动有关的水循环生物化学过程，以及全球水平衡的发展趋势预测等。

（5）侵蚀和泥沙研究采用新技术改进资料的收集，以加强其物理过程的研究，并进行多学科综合研究，以提出控制土壤侵蚀、防止沟蚀的有效措施。

（6）沿海地下水运动及淡、咸水的变化，潮汐运动与淡水、咸水边界扩散间的关系，以及河口泥沙问题。

（7）遥感数据将改变数学水文模型的结构，并在利用卫星获取土壤水分、降水量估算、水量平衡、地下水、蒸发等水文数据

方面有重要突破，如卫星和地面雷达站的结合可实时传递全球范围的雨量和水文数据。

（8）我国今后一个相当时期水文学努力方向：主要包括用新技术改进并完善雨量、地下水、泥沙、径流、水质等水文观测及监测系统，改进并完善灾害性暴雨和洪水的预报技术及系统，重要区域水资源情势的长期预估及气候变迁、人类活动对水资源的影响研究，水资源开发利用对环境的影响等。

第三章 水文测验与水文调查

进行水文分析计算时，需要收集水文资料，为了能正确地使用这些资料，有必要了解它们的来源。水文资料一般是通过设立水文测站进行长期定位观测而获得。水文测站数目有限，设站时间一般还不很长，为了弥补其不足，应进行水文调查。

第一节 水文测站

一、水文测站的任务及分类

水文测站是组织进行水文观测的基层单位，也是收集水文资料的基本场所。其主要任务，就是按照统一标准对指定地点（或断面）的水文要素作系统观测与资料整理。河流水文测站负责对河流指定地点的水位、流量、泥沙、蒸发、水温、冰凌、水化学、地下水位等项目的观测及有关资料的分析工作。如果负责观测的项目较少，一般按其主要观测项目称为水位站、雨量站等。

根据测站的性质，水文测站可分为3类，即基本站、专用站和实验站。

基本站是水文主管部门为掌握全国各地的水文情况而设立的，是为国民经济各方面的需要服务的。专用站是为某种专门目的或某项特定工程的需要由各部门自行设立的。实验站是对某种水文现象的变化规律或对某些水体作深入研究，由有关科研单位设立的。

二、水文测站的设立

水文站上要布设必要的断面，并设置水准点与基线。布设的断面一般有：基本水尺断面、流速仪测流断面、浮标测流断面以及比降断面。水准点分为基本水准点与校核水准点。它们均应设在基岩上或稳定的永久性建筑物上，也可埋设于土中的石柱或混凝土桩上。前者是测定测站各种高程的基本依据，后者是用来校核断面、水尺等高程用的。基线通常应垂直于测流断面，其起点设在测流断面上，其长度视河宽而定，一般应满足测流时最小的交会角不小于30°的要求。基线是用来通过三角测量以确定测流断面上的测点位置的。

第二节 降水、蒸发及入渗观测

一、降水观测

观测降雨量的仪器有雨量器和自记雨量计。

雨量器（图3-1）上部漏斗口呈圆形，口径为20cm。设置时，其上口距地面70cm，器口保持水平。漏斗下面放储水瓶，用以收集雨水。观测时，用空的储水瓶将雨量器内的储水瓶换出，在室内用特制的雨量杯量出降雨量。

当为固态降水时，将雨量器的漏斗和储水瓶取出，仅留外筒，作为承接固态降水的器具。观测时，将带盖的外筒带到观测场内，换取外筒，并将筒盖盖在已用过的外筒上，取回室内，用台秤称量。若无台秤，可加入定量温水，使固态降水完全融化，用雨量杯量测，量得的数值须扣除加入的温水量。禁止用火烤的方法融化固态降水或加盖在室温下待固态降水融化后再用雨量杯测量。

降水量每天8：00时和20：00时进行观测，人工观测用分段定时制观测。自记雨量计能自动连续地把降雨过程记录下来。常用的自记雨量计有立式（虹吸式，图3-2）、倾斗式和称重式3种。

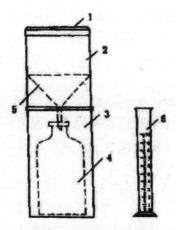

图 3-1 雨量器示意图

1. 器口；2. 承雨器；3. 雨量杯；4. 储水瓶；5. 漏斗；6. 雨量杯

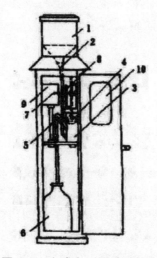

图 3-2 立式自记雨量计结构

1. 承雨器；2. 小漏斗；3. 浮子室；4. 浮子；5. 虹吸管；

6. 储水瓶；7. 自记笔；8. 笔挡；9. 自记钟；10. 观测窗

立式（虹吸式）自记雨量计在我国被广泛应用，雨水由承雨器 1 进入浮子室 3，浮子 4 即随水面上升并推动连杆使自记笔 7 在套有记录纸的自记钟 9 上向上移动把雨量记录下来。当浮子室充满雨水时（此时自记笔在记录纸上沿），雨水自动经虹吸管 5 泄入储水瓶 6（此时自记笔迅速落到记录纸的下沿），然后浮子室继续充水，自记笔又重新升高。这样往复循环，降雨过程便由自记笔在记录纸上绘出。

自记雨量计记录纸上的雨量曲线，是累积曲线，纵坐标表示雨量，横坐标表示时间。它既表示了雨量的大小，又表示了雨量过程的强度变化。曲线坡度最陡处即降雨强度最大之时。

自记雨量计常和雨量器同时进行观测，以便相互核对。因为自记雨量计有时会出现较大的误差。当暴雨强度较大时，虹吸作用至少需几秒钟完成，而在虹吸时间落入的雨量未被记录，且所有经虹吸排去的雨量并不总是一致。但这些水完全存在储水瓶内，其储量的测定与自记纸计数无关，二者之差可按比例分配于强度较大的雨量期间。

倾斗式自记雨量计测雨时，雨水经漏斗进入一个双隔间的小水斗，0.1mm 的降雨量将盛满一个隔间，且使小水斗处于不平衡状态而向一侧倾倒，水即注入储水箱内。同时，另一隔间进入漏斗下先前隔间的位置继续承雨。当小水斗倾倒一次，即启动一次电路，使自记笔尖在旋转鼓上做出记录。

虹吸式与倾斗式自记雨量计都不能用来测雪，所以在降雪、结冰的冬季停止使用。

称重式自记雨量计，能称得安放于弹簧平台或杠杆天平上的水桶内的雨雪重量，带动自记笔在旋转鼓的记录纸上予以记录。它指明累积雨量和雪量，既可测雨，又可测雪，而且可用于难以检视的边远地区。称重式累积雨量计能运行 1～2 个月甚至一整季而不需检修。位于多雪地区的累积雨量计，具有倾倒式的承雪器，以防湿雪粘着内壁及阻塞漏斗孔口。器内常充有氯化钙或其他防冻剂，使雪液化而防止其毁坏量具。量雨器内用一薄层油膜以防止蒸发损失。

二、蒸发观测

（一）水面蒸发的观测

目前广泛使用的水面蒸发仪器是蒸发器。在蒸发器的安装上有 3 种方式，即地面式、埋入式和浮标式。

地面式蒸发器的优点在于经济、易于安装和便于观测与修理，但其缺点是边界影响较大，诸如侧壁所接受的太阳辐射和大气与蒸发器之间的热量交换等。埋入式蒸发器会消除有欠缺的边界影响，但也产生了新的问题。它会集聚较多的废物，不易安装、清洗和修理，难以发现漏水，附近植被高度的影响也很重要，而且蒸发器与土壤之间确实存在着可观的热量交换。它随土壤种类、含水量和植被等因素而定。与土壤之间的热量交换能改变年蒸发量达 10%（对于 2m 直径的蒸发器）和 7%（对于 5m 直径的蒸发器）。水上漂浮式蒸发器的蒸发读数比岸上装置的读数更接近于自然水体的水面蒸发量。即便如此，边界影响仍然是可观的，观测上的困难，溅水常使读数不可靠，而且设备费和管理费很高。我国除少数水库外，一般很少有这种装置。

我国目前使用的蒸发器，主要有 E-601 型蒸发器、口径 80cm 带套盆的蒸发器和口径为 20cm 的蒸发皿 3 种。

口径为 20cm 的蒸发皿，虽有易于安装、观测方便的优点，但因暴露在空间，且体积小，其代表性和稳定性最差。

口径为 80cm 的套盆式蒸发器虽然也暴露在空间，但因水体增大且带有套盆，改善了热交换条件，其代表性和稳定性较 20cm 蒸发皿为好。

E-601 型蒸发器埋入地下，使仪器内水体和仪器外土壤之间的热交换接近自然水体的情况。且设有水圈，不仅有助于减轻溅水对蒸发的影响，且起到增大蒸发器面积的作用，因而它比前两种的代表性和稳定性都好。

蒸发量常用蒸发水层的深度表示，单位为毫米（mm），每日 20：00 时为日分界。观测时，先调整测针针尖与水面恰好相接，然后从游标尺上读出水面高度，读数时通过游标尺"0"线所对测杆标尺的刻度就可读得整数；再从游标尺刻度线找出一根与标尺某一刻度线相吻合的刻度线，游标尺上这根

刻度线的数字就是小数值。

$$蒸发量 = 前一天水面高度 + 降水量 - 测量时水面高度$$

根据国内观测资料的分析，当蒸发器的直径超过 3.5m 时，蒸发器观测的蒸发量与天然水体的蒸发量才基本相同。因此，用小于 3.5m 直径的蒸发器观测的蒸发量数据，都应乘一个折算系数（蒸发器系数），才能作为天然水体蒸发量的估计值。折算系数一般通过与大型蒸发池（如面积为 100m^2）的对比观测资料确定。折算系数随蒸发器的类型、直径而异，且与月份及所在地区有关。在水库蒸发损失计算中，应采用当地资料的分析成果，选用合适的折算系数。

（二）土壤蒸发的测定

测定土壤蒸发，常用称重式土壤蒸发器。它是通过测量一时段（一般为 1 年）内蒸发器中土块重量变化，并考虑到观测期内的降水及土壤渗漏的水量，用水量平衡原理求得土壤蒸发量。目前，我国采用的仪器是 rrH500 型土壤蒸发器，它由套筒蒸发器、地面雨量器、径流筒和称重设备组成。蒸发器内筒装填土样，其面积为 500cm^2，内径 252.3mm，高 500mm，筒下有多孔的活动底，以便装填土样。与蒸发器内筒相套的外筒，其内径为 266mm，高 600mm，筒底封闭，埋入地面下，作为内筒的器座。内筒下有一个集水器，承受蒸发器内土样渗漏的水量，内筒上接一排水管与径流筒相连，以收集蒸发器土面所产生的径流量。此外，为观测蒸发器设置处的降水量，特设置地面雨量器口面积也是 500cm^2。为使蒸发器内土壤与四周土壤有相同的水热状况，应每天调换内筒。

一定时段内的土壤蒸发量，由下式计算：

$$E=0.02\left(G_1-G_2\right)-\left(R+F\right)+P \qquad (3-1)$$

式中：E——土壤蒸发量，mm；

R——径流量，mm；

F——渗透量，mm；

P——降水量，mm；

G_1、G_2——前后两次筒内土样重量，g；

0.02——500cm² 面积蒸发量的换算系数。

由于器壁的存在，蒸发器妨碍了土样和周围土壤正常的水、热交换，因而测得的土壤蒸发量有一定误差。

三、入渗量观测

目前，测定土壤入渗的方法有同心环法、人工降雨法及径流场法，简便而常用的为同心环法。

在流域内根据土壤、地形、植被及农作物等不同情况，分别选样有代表性的地点进行实验。观测点附近的地面应平整，要避开村庄、道路、跌坎、积水和其他不良自然情况的各种地物的影响。下面介绍同心环实验土壤入渗的方法。

在无雨时，将内外环用木锤打入土中约10cm，外环与内环距离应尽可能保持四周相等，严格注意环口水平。实验开始时，土壤较干，其入渗强度变化较大，可先采用"定量加水法"，然后用"定面加水法"。内环定量加水，外环不定量，但应同时加水，注意保持内外环水面大致相等。

观测时距视土壤入渗强度变化而定。入渗初期，土壤入渗强度大，每3～5min测记1次，以后根据内环水位变化，时距可以长些。当土壤含水量增大，内外环水头变化较小时，每1420min测记1次，水头趋于平稳时，每0.5h或1h测记1次，直至最后2～3次入渗强度基本为常数为止。根据入渗量和时间，便可绘制出入渗曲线，把流域上若干实验点测得的入渗曲线进行综合，即可得出流域平均入渗曲线。

第三节　流量测验及流量资料整编

一、水位观测

对某一基面而言，用高程表示江、河、湖、海、水库等自由水面位置的高低称为水位。水位都要指明所用基面才有意义。目前全国统一采用青岛海平面为基面，但各流域由于历史的原因，仍有沿用过去使用的基面如大沽基面、吴淞基面等，也有采用假定基面的。因此，使用时应注意查明。

观测水位常用的设备有水尺和自记水位计两大类。

按水尺的构造形式不同，可分为直立式、倾斜式、矮桩式与悬锤式等数种。测流时，水面在水尺上的读数加上水尺零点处的高程即为当时水面的水位值，可见水尺零点是一个很重要的基本数据，要定期根据测站的校核水准点对各个水尺的零点高程进行校核。我国已研制成功多种自动记录水位的仪器，通称为自记水位计。自记水位计能将水位变化的连续过程自动记录下来，有的并能将记录的水位以数字或图像的形式远传至室内，使水位观测趋于自动化和远传化。自记水位计种类很多，国内使用较多的有重庆水文仪器厂生产的 SW40 机械型日记水位计和上海气象仪表厂生产的日记水位计。重庆水文仪器厂还生产有 SWY20 型月记式水位计和 DS-3 型电传水位计，后者传输距离达 5km 以上，并有数字显示功能。

基本水位的观测，当水位变化缓慢时，每日 8：00 时与 20：00 时各观测 1 次。洪水过程中要加测，使其能得出洪水过程和最高水位。

日平均水位是计算月、年平均水位的基础，是年径流量计算的依据。当 1 年内水位变化缓慢时，或水位变化较大但各次观测的时距相等，可用算术平均法计算日平均水位。当 1 年内水位变化较大，观测时距又不相等，要用面积包围法（图 3-3）计算日平均水位。

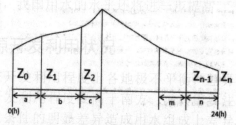

图 3-3　面积包围法示意图

即将 1 年水位过程线所包围的面积除以 24 而得，即

$$\bar{z} = \frac{1}{24}\left(z_0\frac{a}{2} + z_1\frac{a+b}{2} + z_2\frac{b+c}{2} + \cdots + z_{n-1}\frac{m+n}{2} + z_n\frac{n}{2}\right)$$

$$= \frac{1}{48}[z_0 a + z_1(a+b) + z_2(b+c) + \cdots + z_{n-1}(m+n) + z_n(n)] \tag{3-2}$$

式中：Z_0，Z_1，$\cdots$，Z_n ——各次观测的水位，m；

a，b，$\cdots$，n——相邻两次水位间的视距，h；

$\bar{z}$ ——日平均水位，m。

二、流量测验

（一）流速仪测流及流量计算

流速仪测流是用普通测量方法测定过水断面。用流速仪测定流速，通过计算部分流量求得全断面流量，分述如下：

1. 断面测量

测流断面的测量，是在断面上布设一定数量的测深垂线，测得每条测深垂线起点距和水深，将施测时的水位减去水深，即得河底高程。起点距是指某测深垂线到断面起点桩的距离。测定起点距的方法有多种，在中小河流上以断面索法最简便，即架设一条过河的断面索，在断面索上读出起点距。在大河上常用经纬仪前方交会法，将经纬仪安置在中基线一端的观测点上，望远镜瞄准测深位置时，即可测出基线与视线间的夹角。因基线长已知，即可算出起点距。测水深的方法，一般用测深杆、测深锤等直接量出水深。对于水深较大的河流，有条件时还可使用回声测深仪。

2. 流速测量

流速仪是测定水流中任意点的流速仪器。我国采用的主要是旋杯式和旋桨式两类流速仪，如图 3-4、3-5。

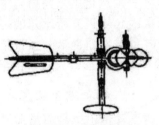

图 3-4 旋杯式流速仪   图 3-5 旋桨式流速仪

它们主要由感应水流的旋转器（旋杯或旋桨）、记录信号的记录器和保持仪器正对水流的尾翼等 3 部分组成。旋杯或旋桨受水流冲动发生旋转，流速愈大，旋转愈快。根据每秒转数与流速的关系，便可推算出测点的流速。每秒转数 n 与流速 V 的关系，在流速仪检定槽中通过实验确定。每部流速仪出厂时都附有经检定的流速公式：

$$V = Kn + C \tag{3-3}$$

式中：K——仪器的检定常数；

n——每秒钟转数；

C——仪器的摩阻系数。

测流时，只需记录仪器旋转的总转数 N 和总历时 T，即可求出平均每秒转数 n，利用式（2-3）即可求出测点流速 V。为了消除流速脉动的影响，规范要求 T ≥ 100s。

为了正确地反映断面流速，必须根据流速在断面上分布的特点，选择数条有代表性的测深垂线作为测速垂线，并在每条测速垂线上选定若干测点，进行测速。测速垂线的数目视水面宽度而定，在精确测量的情况下，最少测速垂线数目如表 2.1。常测法的测速垂线不少于该表规定的一半。每根垂线上测点分布，要根据水深的大小、有无冰封、水位变化等情况决定。在精测时可采用 5 点法，即在相对水深（测点水深与测线水深之比）为 0.0、0.2、0.6、0.8、1.0 处测速。在常测时，可用一点法，即在相对水深 0.0 或 0.6 处，二点法即在相对水深 0.2、0.8 处，三点法即在相对水深 0.2、0.6、0.8 处测速。选用何法应以能正确反映垂线平均流速为准。

表 3-1 精测时要求的最少的测速垂线

水面宽 /m		< 5	5	50	100	300	1000	> 1000
最少测速垂线数	窄深河道	5	6	10	12	15	15	15
	宽浅河道			10	15	20	25	> 25

注：当水面宽（B）与平均水深（H）之比值小于 100 时为窄深河道，大于 100 时为宽浅河道。

3. 流量计算

水文站流速仪测流有专门的计算表格，计算步骤是由测点流速推求垂线平均流速，再推求部分面积平均流速。把部分平均流速的相应部分面积相乘即得部分流量，部分流量相加便得断面流量。

垂线平均流速 V_m 计算方法如下：

一点法　　$V_m = V_{0.6}$，或 $V_m = 085V_{0.0}$　　　　　　　　　　（3-4）

二点法　　$V_m = \dfrac{1}{2}（V_{0.2} + V_{0.8}）$　　　　　　　　　　（3-5）

三点法　　$V_m = \dfrac{1}{3}（V_{0.2} + V_{0.6} + V_{0.8}）$　　　　　　　（3-6）

五点法　　$V_m = \dfrac{1}{10}（V_{0.0}+3V_{0.2}+3V_{0.6}+2V_{0.8}+V_{1.0}）$　　（3-7）

部分面积平均流速的计算：

岸边部分平均流速

$$V_1 = aV_{m1} \tag{3-8}$$
$$V_{(n+1)} = aV_{mn} \tag{3-9}$$

中间部分平均流速，按两侧垂线平均流速的平均值计算，即

$$V_1 = \frac{1}{2}（V_{(mi-1)} + V_{mi}） \tag{3-10}$$

（二）浮标法测流

当使用流速仪测流有困难时，使用浮标法测流是切实可行的方法，其原理是通过观测水流推动浮标的移动速度求得水面流速，利用水面流速推求断面虚流量，再乘以经验性的浮标系数 K，换算为断面实际流量。

水面浮标通常用木板、稻草等材料做成十字形、井字形，下坠石块，上插小旗以便观测。在夜间或雾天测流时，可用油浸棉花团点火代替小旗以便识别。浮标尺寸在不难观测的条件下，尽可能小些，以减小受风面积，保证精度。在测流河段上，设立上中下三断面及浮标投放断面，中断面一般即为测流断面，上下断面间距应为该河段最大流速的 50 ～ 80 倍。用秒表观测浮标由上断面流到下断面的历时 t，从

而得出浮标的平均流速。用安置于基线一端测角点上的经纬仪即可观测浮标通过测流断面的起点距。通过对较均匀地分布在全河宽上的浮标的观测，即可作出水面流速分布图，此时因不能实测断面，只能借用最近施测的断面成果，然后选定若干测深垂线，划分部分面积，并在表面流速分布图上读出相应各垂线处的水面流速。以下的计算与流速仪测流法相同。将由水面流速算得的部分虚流量相加，即得全断面的虚流量 Q'。断面虚流量 Q' 乘以浮标系数 K，即得断面流量 Q。

K 值通常用与浮标测流同时进行的流速仪测流成果对比分析得出，一般在 0.85～0.95。

三、流量资料整编

各种水文测站测得的原始资料，都要经过资料整编，按科学的方法和统一的格式整理、分析、统计，提炼成为系统的整编成果，供水文预报、水文水利计算、科学研究和有关经济部门使用。因此，所有的水文观测项目的观测资料要经过整编，然后才便于使用。有关流量资料的整理、分析、统计工作，称为流量资料整编。另外，由于流量观测比较费事，难于直接由测流资料得出流量变化过程，而水位变化过程较易得到。如能根据实测水位、流量资料建立水位流量关系曲线，则可通过它把水位变化过程转换成流量变化过程，并进一步作出各种统计分析。所以水位流量关系的分析就成为流量资料整编工作的主要内容。

定出水位流量关系以后，就可把连续观测的水位资料转换为连续的流量资料。在此基础上，可进行各种统计整理工作。首先应推求逐日的平均流量。当流量变化平稳时，可用日平均水位从水位流量关系上查得日平均流量。当 1 年内流量变化较大时，可用逐时水位从水位流量关系线上查得逐时的流量，再用适时流量按算术平均法求得日平均流量。水文年鉴中刊布的日平均流量表中，还列出各月的平均流量及最大、最小流量，还有全年的平均流量及年内最大、最小流量。为了分析汛期洪水特性，在汛期水文要素摘录表中列有较详细的洪水流量过程，可供洪水分析时使用。为了便于了解水文测验情况，还列有流量实测成果表，对各测次的基本情况均有记载。

第四节 坡面流量测验

坡面流在小流域地表径流中占很重要的地位，而从坡面流失的泥沙则是河流泥沙的主要源地。同时，人类活动很大部分是在坡地上进行的，特别是山丘区。因此，了解和掌握人类活动对坡面流和坡面泥沙的影响程度是必要的。目前，测定坡面流的方法主要采用实验沟和径流小区。

一、实验沟和径流小区的选定

选择实验沟和径流小区时，应考虑如下几个方面。

（1）实验区的植被、土坡、坡度及水土流失等应有代表性，即对实验所取得的经验数据应具有推广意义。严禁在有破碎断裂带构造和溶洞的地方选点。

（2）选择的实验沟，其分水线应清楚，应能汇集全部坡面上的来水，并在天然条件下，便于布置各种观测设备。

（3）选定的实验沟、径流小区的面积一般应满足研究单项水文因素和对比的需要。实验沟的面积不宜过大，径流小区的面积可从几十平方米至几千平方米，根据具体的地形和要求确定。

二、实验沟的测流设施

为了测得实验沟的坡面流量及泥沙流失量，其测验设施由坡面集流槽、出口断面的量水建筑物及沉沙池组成。

地面集流槽沿天然集水沟四周修建，其内口（迎水面）与地面齐平，外口略高于内口，断面呈梯形或矩形。修建时，应尽量使天然集水沟的集水面积缩小到最低程度，而集水沟只起汇集拦截坡面流和坡面泥沙的作用。为使壤中流能自由通过集流槽，修建时，槽底应设置较薄的过滤层。为了防止集流槽开裂漏水，槽的内壁可用高标号水泥浆抹面或其他保护措施。为了使集流槽内的水流畅通无阻，在内口边缘应设置一道防护栅栏，防止坡面上枝叶杂草淌到槽内。在集流槽两侧端点出口处，设立量水堰和沉沙地。在天然集水沟出口处，再设立测流槽等量水建筑物测定总流量和泥沙。

三、径流小区的测流设施

为了研究坡地汇流规律，可在实验区的不同坡地上修建不同类型的径流小区，观测降雨、径流和泥沙，即可分析出各自然因素和人类因素与汇流的关系。

径流小区适用于地面坡度适中、土壤透水性差、湿度大的地区。在平整的地面上，一般为宽5m（与等高线平行）、长20m、水平投影面积为100m² 的区域。但根据任务、气象、土壤、坡长等条件，也可采用如下尺寸：

10m×20m 　　10m×40m 　　10m×80m

20m×40m 　　20m×80m 　　20m×150m

径流小区，可以两个或更多个排列在同一坡面上，两两之间合用护墙。如受地形限制，也可单独布置。小区的下端设承水槽，其他二面设截水墙。截水墙可用混凝土、木板、黏土等材料修筑，墙应高出地面15～30cm，上缘呈里直外斜的刀刃形，入土深50cm，截水墙外设有截水沟，以防外来径流窜入小区。截水沟距截水墙边坡应不小于2m，沟的断面尺寸视坡地大小而定，以能排泄最大流量为宜。

径流小区下部承水槽的断面呈矩形或梯形，可用混凝土、砖砌水泥抹面。水槽需加盖，防止雨水直接入槽，盖板坡面应向场外。槽与小区土块连接处可用少量黏土夯实，防止水流沿壁流走。槽的横断面不宜过大，以能排泄小区内最大流量为准。

承水槽有引水管与积水池连通，引水管的输水能力按水力学公式计算。积水池的量水设备有径流池、分水箱、量水堰、翻水斗等多种，可根据要求选用。如选用径流池作为量水设备，它的大小应以能汇集小区某频率洪水流量设计。池壁要设水尺和自记水位计，测量积水量。池底要设排水孔，池应有防雨盖和防渗设施，以保证精度。

一般采用体积法观测径流，即根据径流池水位上升情况计算某时段的水量。测定泥沙也是采用取水样称重法，即在雨后从径流池内采集单位水样，通过量体积、沉淀、过滤、烘干和称重等步骤，即求得含沙量。取样时，先测定径流池内泥水总量，然后，搅拌泥水，再分层取样 2～6 次，每次取水样 0.1～0.5L，把所取水样混合起来，再取 0.1～1L 水样，即可分析含沙量。如池内泥水较多或池底沉泥较厚，搅拌有困难时，可用明矾沉淀，汲取出上部清水，并记录清水量，再算出泥浆体积，取泥浆 48 次混合起来，取 0.1L 的泥浆样进行分析。

径流小区的径流量和泥沙冲刷量的计算方法：

径流：由总径流量 L 除以 1000，得总水量（m³）。

冲刷：由总泥水量（m³）乘以单位含沙量（g/nP），再除以 1000，得总输沙量（kg）。

$$径流深 = \frac{总水量(m^3)}{1000 \times 径流小区面积(km^2)} \quad (mm)$$

$$侵蚀模数 = \frac{总输沙量(m^3)}{1000 \times 径流小区面积(km^2)} \quad (t/km^2)$$

四、插签法

在精度要求较低时，可用插签法估算土壤的流失，即在土壤流失区内，根据各种土壤类型及其地表特征，布设若干与地面齐平的铁签或竹签，并测出铁、竹签的高程，经过若干时间后，再测定铁、竹签裸露出地面的高程，则这两高程之差即为冲刷深（mm），再乘以实测区内的面积即为冲刷量。

第五节 泥沙流量测验

河流泥沙径流，或称固体径流，是指河流挟带水中的悬移质泥沙与推移泥沙而言。所谓悬移质泥沙，是指颗粒较小、悬浮于水中并随之流动的泥沙，也称悬沙。所谓推移质泥沙，是指颗粒较大、受水流冲击沿河底移动或滚动的泥沙，也称底沙。两者之间并无明确的颗粒分界，随水流条件的改变而相互转化。它们特性不同，测验及计算方法也各异。

一、悬移质泥沙的测验与计算

悬移质泥沙的两个定量指标，是含沙量和输沙率。单位体积的浑水中所含干沙的重量，称为含沙量，通常用表示，单位为 kg/m^3。单位时间内流过某断面的干沙重量，称为输沙率，以 0 表示，单位为 kg/s。

如果知道了断面输沙率随时间的变化过程，就可算出任何时段内通过该断面的泥沙重量 Q。

输沙率与含沙量之间的关系，用下式表示：

$$Q_S = Q\rho \qquad\qquad (3-11)$$

式中：Q_S——断面输沙率，kg/s；

Q——断面流量，m^3/s；

ρ——断面平均含沙量，kg/m^3。

由此可知，要求得，就要先求 Q 及。流量的测验已见前述，而断面平均含沙量的推求，则是悬移质泥沙测验的主要工作。由于天然河流过水断面上各点的含沙量并不一致，必须由测点含沙量推求垂线平均含沙量，由垂线平均含沙量推求部分面积的平均含沙量。部分平均含沙量与同时测流的同一部分面积上的部分流量相乘，即得部分输沙率。全断面的部分输沙率之和，即为断面输沙率。断面输沙率被断面流量除，即得断面平均含沙量。因此，断面输沙率与流量测验同时进行。

（一）含沙量测验

为求得测点含沙量，必须用采样器从河流中采取含有泥沙的水样。悬移质采样器目前以横式、瓶式采样器为主。横式采样器可装在悬杆上或有铅鱼的悬索上。取样时，把采样器放到测点位置上，待水流平稳后，在水上通过开关索拉动挂钩，使筒盖关闭取得水样，也有用电磁开关使筒盖关闭。横式采样器取得的水样，是该测点的瞬时水样，其结果受泥沙脉动影响较大。瓶式采样器的瓶口上安装有进水管与排气管，两管出口的高差为静水头 AH，用不同管径的管嘴与 AH 值，可调节进口流速。为了能在预定的测点取样，一般将取样瓶安置于铅鱼腹中，进水管与排气管伸出腹外。也有的将取样瓶固定于一根测杆上。由于取样是在一个时段内进行的，故称为积时式采样器。显然，它能克服泥沙脉动的影响。如果水样是取自固定测点，称为积点式取样。如取样时，取样瓶在测线上由水面到河底（或上、下往返）匀速移动，称为积深式取样，该水样代表垂线平均情况。

采样器取得的水样，倒入水样瓶中，贴上标签，注明测点位置，送交泥沙分析室进行水样处理。

水样处理的目的，是把从河流中取得的水样，经过量积、沉淀、烘干、称重等程序，才能得出一定体积浑水中的干沙重量。测点含沙量的计算公式为：

$$\rho = \frac{W_s}{V} \qquad (3-12)$$

式中：ρ —— 测点含沙量，g/L 或 kg/m³；

Ws —— 水样中的干沙量，g 或 kg；

V —— 水样的体积，L 或 m³。

当含沙量较大时，也可使用同位素含沙量计来测验含沙量。该仪器主要由铅鱼、探头和晶体管计数器等部分组成。使用时，只要把仪器的探头放至测点，即可由计数器显示的数字在工作曲线上查出含沙量。它具有准确、迅速、不取水样等优点，但应经常校正工作曲线。

（二）输沙率计算

在得出各测点含沙量后，可用流速加权计算垂线平均含沙量。例如畅流期五点法、三点法的垂线平均含沙量的计算式为

五点法：

$$\rho_m = \frac{1}{10V_m}(\rho_{0.0}V_{0.0} + 3\rho_{0.2}V_{0.2} + 3\rho_{0.6}V_{0.6} + 2\rho_{0.8}V_{0.8} + \rho_{1.0} + V_{1.0}) \qquad (3-13)$$

三点法：

$$\rho_m = \frac{1}{3V_m}(\rho_{0.2}V_{0.2} + \rho_{0.6}V_{0.6} + \rho_{0.8}V_{0.8}) \qquad (3-14)$$

式中：ρ_m —— 垂线平均含沙量，kg/m³；

ρ_i —— 测点含沙量（i 为该点的相对水深），kg/m³；

V_i —— 测点流速（i 为该点的相对水深），m/s；

V_m —— 垂线平均流速，m/s。

当为积深法取得的水样时，其含沙量是按流速加权的垂线平均含沙量。

根据各条垂线的平均含沙量和取样垂线间的部分流量，即可按下式计算断面输沙率：

$$Q_s = \frac{1}{1000}\left(\rho_{m1}q_m + \frac{\rho_{m1}+\rho_{m2}}{2}q_2 + \cdots + \frac{\rho_{mn-1}+\rho_{mn}}{2}q_{n-1} + \rho_{mn}q_n\right) \qquad (3-15)$$

式中：Q_s —— 断面输沙率，t/s；

ρ_{mi} —— 垂线平均含沙量（i 为取样垂线序号），kg/m³；

q_i —— 各种取样垂线间的部分流量，m³/s。

断面平均含沙量用下式计算：

$$\bar{\rho} = \frac{Q_s}{Q} \times 1000 \qquad (3-16)$$

式中：$\bar{\rho}$ ——断面平均含沙量，kg/m^3；

　　　Q——断面流量，m^3/s。

二、河床质测验

采取河床质的目的，是为了进行河床泥沙的颗粒分析，取得泥沙颗粒级配资料，供分析研究悬移质含沙量和推移质基本输沙率的断面横向分布时使用。另外，河床质的颗粒级配状况，也是研究河床冲淤变化，利用理论公式估算推移质输沙率，研究河床糙率等的基本资料。

河床质的测验，一般只在悬移质和推移质测验作颗粒分析的各测次进行，在施测悬移质、推移质的各测线上取样。采样器应能取得河床表层 $0.1 \sim 0.2m$ 以内的沙样，在仪器上提时，器内沙样应不致被水冲走。沙质河床质采样器有圆锥式、钻头式、悬锤式等类型。取样时，都是将器头插入河床，切取沙样。卵石河床质采样器有锹式与蚌式，取样时，将采样器放至河床上掘取或抓取河床质样品，以供颗粒分析使用。

第六节 水文调查与水文资料的收集

一、洪水调查

进行洪水调查前，首先要明确洪水调查的任务，收集有关该流域的水文、气象等资料，了解有关的历史文献。这样可以了解历年洪水大小的概况。但定量的任务仍要通过实地调查和分析计算来完成。

在调查工作中，应注意调查洪痕高程，即洪水位。尽可能找到有固定标志的洪痕，否则要多方查证其可靠性，并估计其可能的误差。洪痕调查应在一个相当长的河段上进行，这样得出的洪痕较多，便于分析判断洪痕的可靠性，并可以提高确定水面比降的精度。当然，在一个调查河段上，不应有较大支流汇入。还应注意调查洪水发生时间，包括洪水发生的年、月、日、时及洪水涨落过程。这可为估算洪水过程、总水量提供依据。对洪水过程中的断面情况与调查时河床情况的差异，亦应尽可能调查了解。

计算洪峰流量时，若调查所得的洪水痕迹靠近某一水文站，可先求水文站基本水尺断面处的历史洪水位高程，然后延长该水文站实测的水位流量关系曲线，以求得历史洪峰流量。若调查洪水的河段比较顺直，断面变化不大，水流条件近于明渠均匀流，可利用曼宁公式计算洪峰流量。

按明渠均匀流计算所要求的条件，在天然河道的洪水期中较难满足。因为一般调查出来的历史洪水位，除有明确的标志者外，一般都有较大的误差。如果要减小水位误差对比降的影响，只有把调查河段加长。在一个较长的河段上，要保持河道

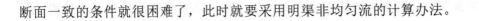

断面一致的条件就很困难了，此时就要采用明渠非均匀流的计算办法。

二、暴雨调查

历史暴雨时隔已久，难以调查到确切的数量。一般是通过群众对当时雨势的回忆，或与近期发生的某次大暴雨相对比，得出定性的概念；也可通过群众对当时地面坑塘积水、露天水缸或其他器皿承接雨水的程度，分析估算降水量。

对于近期发生的特大暴雨，只有当暴雨地区观测资料不足时，才需要事后进行调查。调查的条件较历史暴雨调查有利，对雨量及过程可以了解得更具体确切。除可据群众观测成果以及盛水器皿承接雨量情况作定量估计外，还可对一些雨量记录进行复核，并对降雨的时、空分布作出估计。

三、枯水调查

历史枯水调查，一般比历史洪水调查更困难。不过有时也能找到历史上有关枯水的记载，但此种情况甚少。一般只能根据当地较大旱灾的旱情，无雨天数，河水是否干涸断流，水深情况等来分析估算当时的最小流量、最低水位及发生时间。

当年枯水调查，可结合抗旱灌溉用水调查进行。当河道断流时，应调查开始时间和延续天数。有水流时，可用简易方法，估测最小流量。

四、水文资料的收集

水文资料是水文分析的基础，收集水文资料是水文计算的基本工作之一。水文资料的来源，主要为国家水文站网观测整编的资料。这就是由主管单位逐年刊布的水文年鉴。水文年鉴按全国统一规定，分流域、干支流及上下游，每年刊布 1 次。

年鉴中载有：测站分布图，水文站说明表及位置图，各站的水位、流量、泥沙、水温、冰凌、水化学、地下水、降水量、蒸发量等资料。

当需要使用近期尚未刊布的资料，或需查阅更详细的原始记录时，可向各有关机构收集。水文年鉴中不刊布专用站和实验站的观测资料及整编、分析成果，需要时可向有关部门收集。

水文年鉴仅刊布各水文测站的资料。各地区水文部门编制的水文手册和水文图集，是在分析研究该地区所有水文站资料的基础上编制出来的。它载有该地区的各种水文特征值等值线图及计算各种径流特征值的经验公式。利用水文手册和水文图集便可以估算无水文观测资料地区的水文特征值。由于编制各种水文特征的等值线图及各径流特征的经验公式时，依据的小河资料较少，当利用手册及图集估算小流域的径流特征值时，应根据实际情况作必要的修正。

当上述年鉴、手册、图集所载的资料不能满足要求时，可向其他单位收集。

第四章 水资源学基础理论及发展

第一节 水资源学的概念及含义

水资源学是研究水资源的形成、演变及其满足人类活动、维持生态环境水平衡和提高水环境质量对水资源需求关系的科学。它属于资源科学的范畴，是资源科学的支柱学科之一，研究的对象是水资源。水资源学主要研究三个层面上的问题：①水资源本身，即认识对象，掌握水资源的演变规律，为充分合理与高效利用水资源奠定基础；②研究人类活动用水；③研究水资源开发利用对生态环境系统的影响。从基础研究到综合研究是水资源学研究的不同发展阶段，是客观要求发展的必然结果，也是水资源学研究的最高阶段。水资源学的研究工作离不开高新技术，特别是计算机和网络技术，只有这样才能及时评价水资源的动态情势，及时调整其结构和功能，保障人类社会可持续发展。20 世纪末在全球兴起的以知识创新为特征的知识经济，已成为水资源学发展的内在动力，交叉学科的蓬勃发展为水资源学的发展提供了机遇。

水资源学是对水资源进行评价并制定综合开发和合理利用水资源规划，解决水资源供需矛盾，以及对水资源实行科学管理和保护经验的系统总结所形成的知识体系，是指导水资源业务工作的理论基础；其目标是探求水资源在地球自然资源体系中的位置、作用以及和其他自然资源间的相互关系；揭示水资源形成和演化机理及其在地球空间和时程上的变化规律，探索在经济和社会发展中水资源供求关系及其解决的科学途径；研究在人类各项经济活动特别是人类开发利用水资源过程中引起

的环境变化，以及这种变化对水资源自然规律的影响；探求在变化的环境中如何

保持对水资源的可持续开发利用的科学途径等。因此，水资源学也是一门人类认识水资源、开发利用水资源、保护水资源及水环境的知识体系，主要属于技术科学的范畴。

水资源学发展与水文学发展有很大的不同。水文学已形成一门系统、完整的科学体系。而水资源学尚没有形成以知识为纽带的科学体系。水资源的自然属性的研究（如水资源再生机理等）是水文学在水文循环领域的延伸；水资源开发是工程科学在水资源方向的延伸；水资源利用是社会科学与经济科学在水资源方面的延伸；水资源管理是管理科学在水资源方面的延伸；水资源保护是水环境科学的延伸。因此，水资源科学技术知识是水文学、工程科学、环境科学、管理科学、经济学以及社会科学等学科在伸向水资源领域的横截面。认识到这一点，对于开展水资源研究和推动水资源学的学科建设是十分必要的。

水资源学的分支学科包括基础学科、应用学科和交叉学科。其中基础学科包括水文学、水力学、地下水等；应用学科包括农田水利学、水能利用学等；交叉学科的分支，到目前为止看得比较清楚的有水资源生态学、水资源环境学、水资源法学、水资源管理学、水资源信息学、水资源工程学等。因此，水资源学与水利科学存在着既有区别又有联系的密切关系，而且后者是前者变为经济优势的手段。人类对水的认识也是经历了由低级向高级逐步推进的过程，水资源学是水利科学发展的更高阶段。水资源学的交叉学科正在迅速成长。伴随地球科学、生物科学、技术科学、社会科学、环境科学等学科领域的发展，为水资源学中的交叉学科的发展奠定了基础。水资源的理论研究与实践探索为水资源学学科体系的形成和完善创造了条件。在国际论坛上，水资源学自 20 世纪 70 年代才崭露头角，并且与其他学科交叉渗透，从而逐渐展现出自己的学科体系轮廓。

一、水资源工程学

从研究水资源系统出发，使它为人类社会和自然界协调发展服务，并促使社会经济和生态环境全面发展与改善。因此水资源工程学必须是一个系统工程，是由多学科交叉和渗透的跨学科的边缘学科。它除了具有一般意义上的"硬件"工程外，还必须提供科学比选的规划方案、评价决策系统以及观念形态方面的"软件"工程，与过去的水利工程既有联系又有本质上的区别。

二、水资源管理学

水资源管理学是研究运用行政、法律、经济、科学技术手段对水资源的分配、开发、利用、保护进行必要的管理，以满足社会经济可持续发展和改善生态环境对水资源需要的一门综合性学科。水资源管理应遵循的原则是：水资源属国家所有，在开发利用水资源时，应满足社会经济发展和生态环境用水，要把开发与保护、兴利与除害、开源与节流有机地结合起来，要维护生态平衡，提倡计划用水、科学用水、节约用水，

加强取水、排水管理制度，合理推行水资源市场化。

三、水资源经济学

水资源经济学是研究水资源在系统优化过程中所形成的各种经济关系及其变化规律的科学，是由水资源学与经济学交融而产生的边缘学科。它研究水资源开发利用与保护和社会经济发展的关系，以及开发利用过程中的经济效益、环境效益、生态效益和社会效益及其相关的权利义务匹配；探索水资源"效用最大化"、"社会财富和社会福利可持续增长"以及"社会生活水平和社会文明水平可持续提高"的水资源经济途径。

四、水资源法学

水资源法学是研究水法这一特定对象及其发展规律的科学，是由水资源学与法学交融而产生的边缘学科。水资源法学研究的主要内容包括水资源立法、水资源法律制度设置和操作规程、水法与水规的实施、《水法》的有关理论问题研究。为适应水资源实践发展的需要，还必须进一步加强水资源法学的实践探索，探讨水资源法治建设的规律，以强化运用法律手段，保护与合理利用水资源。

五、水资源环境学

水资源环境学是研究由水资源开发利用而引起环境变化的规律，以及由环境变化而引起水资源演变的规律的科学。环境在这里泛指自然环境和社会环境，其中水环境属于自然环境的组成部分。水资源环境学是由水资源学与环境科学交叉与融合而产生的边缘学科，它利用环境科学的理论、方法和技术，研究水资源开发利用对环境的积极作用和副作用，研究人类活动和自然变迁对水环境的影响，并力图以最小的环境代价取得最大的环境效益。

六、水资源生态学

水资源生态学是研究水资源的开发利用保护与生态环境系统之间的相互关系的科学，是由水资源学与生态学交叉与融合而产生的边缘学科。弗肯马克（M. Falkenmark）在1994年就指出："水作为生物圈命脉和生物量生产的介质的基础作用，必须予以重视……"。显然，水资源与生态系统具有密切的关系。流域是水资源学研究的基本单位，又是一个相对独立的生态系统，流域内和流域间的水资源配置是水资源学和生态学交叉研究的核心内容之一。

七、水资源信息学

水资源信息学是研究水资源及其有关的各类信息的形成机理与其信息的获取、

传输、管理、分析、应用相关联的理论与方法论的科学。既是水资源学的支柱学科，又是现代信息学的重要组成部分，处于学科的初创阶段。它的研究对象主要包括水资源信息和有关水资源开发利用保护方面的信息两大部分。在资源信息的获取方面，水资源遥感随着航天技术和遥感探测技术的发展而得到长足的进步，人们可以从飞机和卫星上，通过观察地球表面水资源分布、开发利用现状，并用全球定位系统实现对观测的准确定位，再经过图像处理后，便可以得到十分宝贵的信息。

第二节 水资源学常用名词

一、水资源

（一）水资源概述

水不等于水资源，水资源仅占地球上总水体的 0.0034%。随着人类活动的加剧，水资源利用越来越多，不少地区出现了水危机或水战争。因此，许多国际机构和专家告诫人们："我们正在进入一个水资源紧缺的时代，如不采取措施，今后世界爆发的冲突可能以争夺宝贵的水资源控制权为中心，就像过去以争夺石油控制权为中心一样"。到目前为止，什么是"水资源"还没有一个公认的非常严谨的文字描述。《不列颠百科全书》中水资源定义为"自然界一切形态（液态、固态、气态）的水"都算水资源。直到 1963 年英国国会通过的《水资源法》中，改写为"具有足够数量的可用水源"，即自然界中水的特定部分。1988 年联合国教科文组织（UN—ESCO）和世界气象组织（WMO）定义水资源是"作为资源的水应当是可供利用或可能被利用，具有足够数量和可用质量，并且可适合对某地对水资源需求而能长期供应的水源"。

在我国，对水资源的理解也不尽相同，其提法也是仁者见仁、智者见智。比较公认的说法是，水资源是指水体中的特有部分，即由大气降水补给，具有一定数量和可供人类生产、生活直接利用，且年复一年地循环再生的淡水，它们在数量上等于地表、地下径流的总和［对平原地区地下径流还要加上潜水蒸发部分（均不考虑深层渗漏）］。或说水资源包含水量与水质两个方面，是人类生产生活及生命生存不可替代的自然资源和环境资源，是在一定的经济技术条件下能够为社会直接利用或有待利用，参与自然界水分循环，影响国民经济的淡水。简言之，水资源是"可以供人们经常取用、逐年可以恢复的水量"我们现在所说的水资源是指可供人们开发利用的地表和地下的淡水资源的总称。它有三个显著的特征。

（1）将经济、技术因素隐含在水资源中，强调了水资源的经济属性和社会属性，因而水资源量具有相对的动态性。一些暂时无法利用的水，如南极的冰山，尽管暂时对国民经济没有影响，但当经济技术发展到一定阶段可以开发利用时，它就是水资源，水资源量含有一定的经济技术水量。

（2）将失去使用价值的污水划归到水资源行列中。在以往的水资源概念中，污水没有相应的地位，很少论及。世界各国每年向环境排放大量的污水，它们对国民经济和社会发展产生巨大影响。我国每年因水资源污染所造成的损失约 400 亿元。污水也是待开发利用的资源，目前正在兴起的污水资源化技术为解决水资源供需矛盾、保护水环境带来了佳音，如果在理论上不给它相应的地位，这是很不符合现实要求的。

（3）明确强调水资源是环境资源，因而水资源的开发利用必须限制在环境可承受的范围之内，在研究水资源时，立足于水量、水质兼顾，避免两者的分离出现偏差的同时，必须考虑水资源环境的制约因素，否则，在理论上是不完善的，在实践上是要付出代价的。

将地球上所有的气态、液态、固态的天然水称为广义上的水资源。

（二）水资源数量（水量）

水资源数量是指能够满足一定用水目的数量要求，即水的多少。某个地区（区域）的水资源总量为这一地区天然河川径流量与地下水资源量之和。水资源总量受区域和时间的限制，是一个时期数，一般为一年。在通常情况下，水资源总量为多年平均数。

（1）地表水资源量是指河流、湖泊、冰川等地表水体的动态水量，用天然径流量表示。

（2）地下水资源量是指降水、地表水体入渗补给地下水含水层的动态水量。

（3）水资源可利用量是指在水资源可持续利用的前提下，考虑技术上的可行性、经济上的合理性以及生态环境的可承受性，通过工程措施可以获得并利用的一次性水量。

（4）取水量指直接从江河、湖泊（水库）或者地下通过工程或人工措施获得的水量，通常包括蓄水、引水、提水等。

（5）供水量是指通过工程措施为用水户提供的水量。

（6）用水量指用水户实际所使用的水量，包括重复使用的水量；也可以是由用水户直接从江河、湖泊（水库）或者地下取水获得。顶

（7）排水量指用水户直接向江河、湖泊（水库）或者其他水体排放的水量，一般以废水或污水形式排放在水体中。

（8）耗水量指用水过程中所消耗的、不可回收利用的净用水量。

（9）水资源开发利用率指流域或区域用水量占水资源可利用量的比率，体现的是水资源开发利用的程度。国际上一般认为，对一条河流的开发利用不能超过其水资源量的 40%，目前，黄河、海河、淮河水资源开发利用率均超过 50%，其中海河更是高达 95%，辽宁省的辽河下游段达 71%，超过国际公认的合理限度，因此水资源可持续利用已成为我国经济社会发展的战略问题，其核心是提高用水效率，建设节水型社会。

（三）水资源质量（水质）

水资源质量是指水的适用性，即指水的物质成分、物理性状和化学性质及其对于一定用水目的质量适应性的综合特征。通常所说水质好坏，是对水的物质特征及其在利用方面的适应性和重要性而言的。

1. 地表水环境质量标准

依据地表水水域环境功能和保护目标，按功能高低依次划分为五类：

Ⅰ类：主要适用于源头水、国家自然保护区。

Ⅱ类：主要适用于集中式生活饮用水地表水源地一级保护区、珍稀水生生物栖息地、鱼虾类产卵场、仔稚幼鱼的索饵场等。

Ⅲ类：主要适用于集中式生活饮用水地表水源地二级保护区、鱼虾类越冬场、洄游通道、水产养殖区等渔业水域及游泳区。

Ⅳ类：主要适用于一般工业用水区及人体非直接接触的娱乐用水区。

Ⅴ类：主要适用于农业用水区及一般景观要求水域。

对应地表水上述五类水域功能，将地表水环境质量标准基本项目标准值分为五类，不同功能类别分别执行相应类别的标准值，见表4-1。水域功能类别高的标准值严于水域功能类别低的标准值。同一水域兼有多类使用功能的，执行最高功能类别对应的标准值。实现水域功能与达到功能类别标准为同一含义。

表4-1　地表水环境质量标准基本项目标准限值

单位：mg/L

标准值项目　　分类 序号	Ⅰ类	Ⅱ类	Ⅲ类	Ⅳ类	Ⅴ类
1　水温（℃）	人为造成的环境水温变化应限制在：周平均最大温升不大于1周平均最大温降不大于2				
2　pH值（无量纲）	6～9				
3　溶解氧不小于	饱和率90%（或7.5）	6	5	3	2
4　高锰酸盐指数不大于	2	4	6	10	15
5　化学需氧量（COD）不大于	15	15	20	30	40
6　五日生化需氧量（BOD5）不大于	3	3	4	6	10
7　氨氮（NH3-N）不大于	0.15	0.5	1.0	1.5	2.0
8　总磷（以P计）不大于	0.02（湖、库0.01）	0.1（湖、库0.025）	0.2（湖、库0.05）	0.3（湖、库0.1）	0.4（湖、库0.2）

9	总氮（湖、库，以N计）不大于	0.2	0.5	1.0	1.5	2.0
11	锌不大于	0.05	1.0	1.0	2.0	2.0
10	铜不大于	0.01	1.0	1.0	1.0	1.0
12	氟化物（以F-计）不大于	1.0	1.0	1.0	1.5	1.5
13	硒不大于	0.01	0.01	0.01	0.02	0.02
14	伸不大于	0.05	0.05	0.05	0.1	0.1
15	汞不大于	0.00005	0.00005	0.0001	0.001	0.001
16	镉不大于	0.001	0.005	0.005	0.005	0.005
17	铬（六价）不大于	0.01	0.05	0.05	0.05	0.1
18	铅不大于	0.01	0.01	0.05	0.05	0.1
19	氰化物不大于	0.005	0.05	0.2	0.2	0.2
20	挥发酚不大于	0.002	0.002	0.005	0.01	0.1
21	石油类不大于	0.05	0.05	0.05	0.5	1.0
22	阴离子表面活性剂不大于	0.2	0.2	0.2	0.3	0.3
23	硫化物不大于	0.05	0.1	0.2	0.5	1.0
24	粪大肠菌群（个/L）不大于	200	2000	10000	20000	40000

2. 地下水环境质量标准

依据我国地下水水质现状、人体健康基准值及地下水质量保护目标，并参照了生活饮用水、工业、农业用水水质最高要求，将地下水质量划分为五类：

Ⅰ类：主要反映地下水化学组分的天然低背景含量。适用于各种用途。

Ⅱ类：主要反映地下水化学组分的天然背景含量。适用于各种用途。

Ⅲ类：以人体健康基准值为依据。主要适用于集中式生活饮用水水源及工、农业用水。

Ⅳ类：以农业和工业用水要求为依据。除适用于农业和部分工业用水外，适当处理后可作生活饮用水。

Ⅴ类：不宜饮用，其他用水可根据使用目的选用。

根据地下水各指标含量特征，分为五类，见表4-2，它是地下水质量评价的基础。以地下水为水源的各类专门用水，在地下水质量分类管理基础上，可按有关专门用水标准进行管理。

表 4-2　地下水质量分类指标

序号	标准值项目　　分类	I 类	II 类	III 类	IV 类	V 类
1	色（度）	≤ 5	≤ 5	≤ 15	≤ 25	> 25
2	嗅和味	无	无	无	无	有
3	浑浊度（度）	≤ 3	≤ 3	≤ 3	≤ 10	> 10
4	肉眼可见物	无	无	无	无	有
5	pH 值		6.5～8.5	5.5～6.5	8.5～9	< 5.5，> 9
6	总硬度（以 CaCCh，计）（mg/L）	≤ 150	≤ 300	≤ 450	≤ 550	> 550
7	溶解性总固体（mg/L）	≤ 300	≤ 500	≤ 1000	≤ 2000	> 2000
8	硫酸盐（mg/L）	≤ 50	≤ 150	≤ 250	≤ 350	> 350
9	氯化物（mg/L）	≤ 50	≤ 150	≤ 250	≤ 350	> 350
10	铁（Fe）（mg/L）	≤ 0.1	≤ 0.2	≤ 0.3	≤ 1.5	> 1.5
11	猛（Mn）（mg/L）	≤ 0.05	≤ 0.05	≤ 0.1	≤ 1.0	> 1.0
12	铜（Cu）（mg/L）	≤ 0.01	≤ 0.05	≤ 1.0	≤ 1.5	> 1.5
13	锌（Zn）（mg/L）	≤ 0.05	≤ 0.5	≤ 1.0	≤ 5.0	> 5.0
14	钼（Mo）（mg/L）	≤ 0.001	≤ 0.01	≤ 0.1	≤ 0.5	> 0.5
15	钴（Co）（mg/L）	≤ 0.005	≤ 0.05	≤ 0.05	≤ 1.0	> 1.0
16	挥发性酚类（以苯酚计）（mg/L）	≤ 0.001	≤ 0.001	≤ 0.002	≤ 0.01	> 0.01
17	阴离子合成洗涤剂（mg/L）	不得检出	≤ 0.1	≤ 0.3	≤ 0.3	> 0.3
18	高锰酸盐指数（mg/L）	≤ 1.0	≤ 2.0	≤ 3.0	≤ 10	> 10
19	硝酸盐（以 N 计）（mg/L）	≤ 2.0	≤ 5.0	≤ 20	≤ 30	> 30
20	亚硝酸盐（以 N 计）（mg/L）	≤ 0.001	≤ 0.01	≤ 0.02	≤ 0.1	> 0.1
21	氨氮（NH4）（mg/L）	≤ 0.02	≤ 0.02	≤ 0.2	≤ 0.5	> 0.5
22	氟化物（mg/L）	≤ 1.0	≤ 1.0	≤ 1.0	≤ 2.0	> 2.0
23	碘化物（mg/L）	≤ 0.1	≤ 0.1	≤ 0.2	≤ 1.0	> 1.0
24	氰化物（mg/L）	≤ 0.001	≤ 0.01	≤ 0.05	≤ 0.1	> 0.1
25	汞（Hg）（mg/L）	≤ 0.00005	≤ 0.0005	≤ 0.001	≤ 0.001	> 0.001
26	砷（As）（mg/L）	≤ 0.005	≤ 0.01	≤ 0.05	≤ 0.05	> 0.05
27	硒（Se）（mg/L）	≤ 0.01	≤ 0.01	≤ 0.01	≤ 0.1	> 0.1
28	镉（Cd）（mg/L）	≤ 0.0001	≤ 0.001	≤ 0.01	≤ 0.01	> 0.01
29	铬（六价）（Cr6+）（mg/L）	≤ 0.005	≤ 0.01	≤ 0.05	≤ 0.1	> 0.1
30	铅（Pb）（mg/L）	≤ 0.005	≤ 0.01	≤ 0.05	≤ 0.1	> 0.1
31	铍（Be）（mg/L）	≤ 0.00002	≤ 0.0001	≤ 0.0002	≤ 0.001	> 0.001
32	钡（Ba）（mg/L）	≤ 0.01	≤ 0.1	≤ 1.0	≤ 4.0	> 4.0
33	镍（Ni）（mg/L）	≤ 0.005	≤ 0.05	≤ 0.05	≤ 0.1	> 0.1
34	滴滴滴（mg/L）不得检出	≤ 0.005	≤ 1.0	≤ 1.0	> 1.0	
35	六六六（mg/L）	≤ 0.005	≤ 0.05	≤ 5.0	≤ 5.0	> 5.0
36	总大肠菌群（个 /L）	≤ 3.0	≤ 3.0	≤ 3.0	≤ 100	> 100
37	细菌总数（个 /L）	≤ 100	≤ 100	≤ 100	≤ 1000	> 1000
38	总 a 放射性（Bq/L）	≤ 0.1	≤ 0.1	≤ 0.1	> 0.1	> 0.1
39	总 B 放射性（Bq/L）	≤ 0.1	≤ 1.0	≤ 1.0	> 1.0	> 1.0

二、水平衡测试

通过摸清用水系统内各用水环节现状、用水效率，对用水系统内供水、耗水及排水进行水量水质平衡分析测试的过程，寻求系统最佳的供用水平衡点。

三、水资源承载能力

水资源承载能力是指在一定的流域或区域内，其拥有的水资源能够持续支撑经济社会发展规模并维系良好的生态系统的能力。如果经济社会发展在水资源承载能力以内，就有可能实现可持续发展；如果经济社会发展超出了水资源承载能力，就失去了必要的物质基础，就会造成生态的破坏，发展就是不可持续的。

四、水环境承载能力

水环境承载能力是指在一定的水域，其水体能够被继续使用并仍能保持良好生态系统时，所能够容纳污水及污染物的最大能力。水环境承载力是对水环境系统内在规律的客观反映，是人类自我设定的限制其活动、规模的阈值，与经济社会发展的程度密切相关。

五、水功能区和水功能区划

水功能区是指为满足水资源合理开发和有效保护的需求，根据水资源的自然条件、功能要求、开发利用现状，按照流域综合规划、水资源保护规划和经济社会发展要求，在相应水域按其主导功能划定并执行相应质量标准的特定区域。水功能区分为水功能一级区和水功能二级区。水功能一级区分为保护区、缓冲区、开发利用区和保留区四类；水功能二级区在水功能一级区划定的开发利用区中划分，分为饮用水源区、工业用水区、农业用水区、渔业用水区、景观娱乐用水区、过渡区和排污控制区七类。

水功能区划则是指对水功能区进行分类和划分的过程，也就是按照各类水功能区的指标和标准将某一水域具体划分为不同类型的水功能区单元的工作。所划分的不同类型的水功能区，用来指导、约束水资源开发利用和保护的实践活动，保证水资源的开发利用发挥最佳社会、经济和环境效益。显然，水功能区划既是一项水资源开发利用与保护的基础性工作，又是进行水资源管理的依据。

六、水资源调查与评价

（一）水资源调查

水资源调查是指对一定区域范围内的水资源数量和质量的调查。水资源数量包括水汽量、降水量、蒸发量、地表水和地下水资源量及水资源总量等。水资源质量指的是水资源的物理特性和化学特性，如水污染状况等。

（二）水资源评价

水资源评价是指对某一地区或流域水资源的数量、质量、时空分布特征、开发利用条件、开发利用现状和供需发展趋势作出的分析评估。包括地表水、地下水量和质的评价，水资源总量的评价，水资源开发利用现状分析及发展趋势预测，与水相关生态环境的评价，水环境现状及保护评价等。它是合理开发利用和保护管理水资源的基础工作，为水利及国民经济规划提供依据。前苏联从 20 世纪 40 年代开始编辑《国家水资源编目》，后来则连续编印《国家水册》，内容包括地表水、地下水和水资源开发等内容。美国在 1968 年提出的联邦等一次水资源评价成果，包括了水资源供需比较及专门问题的评价、缺水地区情况分析、水资源分区以及 2000 年需水量预测及工程规划等。1978 年美国又完成联邦第二次水资源评价，与第一次评价相比，除资料的增加外，还详细分析了水和有关土地资源的问题，提出在有效利用现有水资源条件下，解决供需矛盾的途径，以及一些政策性的意见和建议。我国从 1980 年起开始对全国水资源进行首次评价工作，2000 年又开展了第二次全国水资源评价，评价内容包括对水量平衡及其各要素的地区分布的定量估计，以及水资源供需关系的现状、利用情况及其预测等，提出《中国水资源评价》、《中国水资源利用》等成果。

（1）水资源量评价。包括地表水资源量、地下水资源量、水资源总量的评价。

（2）水质评价。包括对地表水、地下水、水源地等不同水体质量进行评价。它为水资源保护规划、水功能区划和水资源管理提供科学依据。

（3）地下水可开采量。在经济合理、技术可行和不致引起生态环境恶化条件下能从含水层中获取的最大水量。主要受地下水总补给量和含水层开采条件两个因素所控制。

（4）给水度。单位体积饱和岩土在重力作用下，所能释放出来的水体积或地下水位下降单位值，单位面积地下水位以上土体所释放的水层厚度，为无因次数。

（5）渗透系数。水力坡度为 1° 时的渗透速度，是岩土透水性强弱的数量指标，又称水力传导度。

（6）降水入渗补给系数。降水入渗补给地下水量与降水量的比值。

（7）灌溉入渗补给系数。灌溉水入渗补给地下水量与灌溉水量的比值。

（8）持水度。饱和岩土中的水在重力作用下释放后，保持在孔隙中水的体积与岩土体积之比（有时也用重量比表示）。

七、水资源开发与保护

通过各种措施对天然水资源进行治理、控制、调配、保护和管理等，使在一定的时间和地点供给符合质量要求的水量，为国民经济各部门所利用。可供开发利用的水源主要是河川径流、地下水等。

（一）水资源开发

通过各种水工程和水管理等措施对水资源进行调节控制和再分配，以满足人类生活、社会经济活动和环境对水资源竞争性需求的行为。近代水资源开发主要包括：

（1）以满足城乡居民生活和工农业生产用水为目的的供水、灌溉、排水工程。

（2）以利用水能为中心目的的水力发电和航运工程。

（3）以保证供水质量和污水处理为目的的水质处理工程。

（4）以水域利用为主的水产养殖和旅游设施等。

（二）水资源利用

通过水资源开发为各类用户提供符合质量要求的地表水和地下水可用水源。地表水包括河水、湖泊水、水库水等；地下水包括泉水、潜水（浅层地下水）、承压水（深层地下水）等。

（1）生活用水。人类日常生活及其相关活动用水的总称。包括城市生活用水和农村生活用水。城市生活用水包括居民住宅用水、市政公共用水、环境卫生用水和建筑用水；农村生活用水包括人畜用水。生活用水量标准按人计，单位为L/（人·d）。

（2）农业用水。农、林、牧、副、渔业等部门和乡镇、农场企事业单位以及农村居民生产与生活用水的总称。

（3）工业用水。工矿企业在生产过程中用于制造、加工、冷却、空调、净化、洗涤等方面的用水。

（4）生态环境用水。自然界依附于水而生存和发展的所有动植物和环境用水的总称。

（5）河道内用水。为维护生态环境和从事水能、水域利用的生产活动，要求河流、湖泊、水库保持一定的流量和水位所需的水量。利用河水的势能、动能、浮力和生态功能，一般不消耗水量或较少污染水质，属于非耗损性用水。

（6）河道外用水。采用蓄、引、提和水井等工程措施，从河流、湖泊、水库和地下含水层引水至城市和乡村，满足经济社会发展和生态环境建设所需的水量。在输水过程中，大部分水量被消耗掉而不能返回原水体中，还排除一部分废污水，导致河湖水量减少，地下水位下降和水质恶化，所以又称耗损性用水。

（三）水资源保护

保持水资源可持续利用状态所采取的行政、法律、经济、技术等保护措施。从环境水利角度来讲，水资源保护包含水资源合理开发和水质保护两个方面，主要体现在水资源的开发、利用、配置、节约、保护、治污等六个方面。

（1）水源枯竭。供水水源的出水量因自然或人为的原因而减少以致完全断水的现象。

（2）水污染。污染物进入水体，引起水体的物理、化学哉生物学特性的改变，影响水的正常用途或损害水环境质量，甚至危害人体健康、动植物安全的现象。

（3）水环境退化。由于自然的变化或者人类的活动引起水环境质量和状况变差的现象。其特征表现为：水环境容量减少，水体自净能力降低，水质变差，湖泊富营养化，生物多样性锐减或生物群落组成发生变化，以及在农业、工业、渔业、航运、旅游、水土保持等方面的功能的降低。

（4）富营养化。水体中营养盐类和有机物质大量积累，引起藻类和其他浮游生物异常增殖，导致水质恶化、景观破坏的现象。藻类异常生长在水面形成一层薄膜的水华及海域中的赤潮都是水体富营养化的重要标志。

（5）地下水超采。某一区域的某含水层组中，地下水的多年平均实际开采量超过多年平均可开采量。发生这种超采的区域称为地下水超采区。有下列情况之一者可划定为严重超采区：①多年平均实际开采量超过多年平均可开采量的20%；②多年平均地下水位下降速率大于1.5；③多年平均地面沉降量超过10mm；④引发了海水或咸水入侵；⑤发生了荒漠化或沙化。从全世界范围看，不合理开采地下水引起的地面沉降较为突出，东京、曼谷、大阪、墨西哥城以及我国的上海、天津、西安、苏杭地区、台北等城市均都由于超采地下水，造成大面积地面沉降，降幅达3～9m。

（6）海水入侵。沿海地带海水侵入地下含水层或河口地带因海水倒灌使咸潮影响段上溯扩大的现象。当氯化物与重碳酸根之比小于1时，可视为正常淡水；为1～3时，为已咸化；为3～6时，为高度咸化；大于6时，为咸化达危险阶段。

（7）水生态系统。水生生物群落与水环境相互作用、相互制约，通过物质循环和能量流动，共同构成具有一定结构和功能的动态平衡系统。其研究主要任务是阐明系统中的物质循环、能量流动，演替和平衡的规律，为加强水质管理、防治水污染以及合理开发、利用水生生物资源提供科学依据。水生态系统分为淡水生态系统和海水生态系统，每个池塘、湖泊、水库、河流等都是一个水生态系统，均由生物群落与非生物环境两部分组成。生物群落依其生态功能分为：生产者（浮游植物、水生高等植物），消费者（浮游动物、底栖动物、鱼类）和分解者（细菌、真菌）。非生物环境包括阳光、大气、无机物（碳、氮、磷、水等）和有机物（蛋白质、碳水化合物、脂类、腐殖质等），其为生物提供能量、营养物质和生活空间。

八、水资源管理

各级水行政主管部门运用法律（立法、司法、水事纠纷调处）、政策（体制、机制、产业政策）、行政（机构组织、人事、教育、宣传）、经济（筹资、收费）、技术（勘测、规划、建设、调度运行）等手段对水资源开发、利用、治理、配置、节约和保护进行管理，以求可持续地满足经济社会发展和改善生态环境对水需求的各种活动的总称。

（一）水资源分配

在一个流域或特定区域内，以有效、公平和可持续利用的原则，对不同形式的可利用水资源，通过工程和非工程措施在各地区和各用水部门之间进行科学分配。

（二）需水管理

运用行政、法律、经济、技术、宣传、教育等手段和措施，抑制需水过快增长的管理行为。

（三）用水管理

运用法律、经济、技术等手段，对各地区、各部门、各用水单位和个人的供水数量、质量、次序和时间的管理活动。用水管理涉及对工业、农业、生活、水力发电、航运、渔业、娱乐、生态环境及水质净化等方面用水。

（四）供水管理．

通过工程与非工程措施将适量的水输送到用水户的供水过程的管理。包括：①保持供水工程设备正常完好和安全运行，以提高供水保证程度；②改善水质，满足不同用水户的水质要求；③合理调度与科学利用水源，提高水的利用率；④综合利用各种水源，做到利用和保护相结合，以获取较大的综合效益。

（五）水质管理

采取行政、法律、经济和技术等措施，保护和改善水质。

（六）水资源优化调度

采用系统分析方法及最优化技术，研究有关水资源配置系统管理运用的各个方面，并选择满足既定目标和约束条件的最佳调度策略。

（七）地表水地下水联合运用

利用地表水供水系统和地下水供水系统的不同水文特性进行联合补偿调节，以提高供水稳定可靠保证程度和水资源利用效率。

（八）《中华人民共和国水法》

《中华人民共和国水法》于1988年1月21日公布，7月1日起施行；2002年8月29日进行修订公布，10月1日起施行，2016年第十二届全国人民代表大会常务委员会第二十一次会议《关于修改〈中华人民共和国节约能源法〉等六部法律的决定》第二次修正。它是中华人民共和国有关水事的基本法律，包括总则，水资源规划，水资源开发利用，水资源、水域和水工程的保护，水资源配置和节约使用，水事纠纷处理与执法监督检查，法律责任，附则，共八章八十二条。具体条文参见《中华人民共和国水法》。

九、取水许可制度

在国家境内直接从江河、湖泊或地下水取水的单位和个人应遵守的一项制度。取水许可制度是体现国家对水资源实施权属统一管理的一项重要制度，是水资源管理的核心，贯穿于水资源调查、评价、规划、开发、利用、保护和监测的全过程，以实现水资源良性循环状态下的合理开发、高效利用、有效保护、强化管理。这种制度已被世界许多国家普遍采用。《中华人民共和国水法》规定："国家对直接从地下或者江河、湖泊取水的，实行取水许可制度。

十、水资源规划

在一定区域内，为合理开发利用、治理、配置、节约和保护水资源的总体安排。

其主要任务是：①全面调查评价区域内水资源条件和现状开发利用水平，分析水资源承载能力和水环境承载能力；②预测规划期内用水增长趋势和供水潜力；③制定节水、水资源保护和污水处理再利用规划；④制定水资源优化配置方案；⑤提出水资源开发、利用、配置、节约和保护的布局与实施方案；⑥制定有效的水管理对策和措施。

（一）水资源开发利用现状评价

根据一个流域或特定区域的水资源开发利用的现状，对水资源开发、利用、治理、配置、节约和保护等方面作出评价。它是水资源规划的重要内容，是水资源供需分析的基础工作，是水资源管理的必然要求。

（二）需水预测

对人类在未来一定时期内生活、生产、生态环境所需水量及其过程的估算。可以分为经济社会需水和生态环境需水两大类，区域需水为评价区内各用水部门的需水量总和。经济社会需水通常分为工业、农业和生活三类；生态环境需水可以分成天然生态环境和人工生态环境两类，也可以分为河道内和河道外生态环境需水两类。需水预测包括取用水量（毛需水量）预测和耗水量预测。取用水量预测主要为供水规划与供水工程建设提供依据；耗水量预测是从水资源量的消耗角度为资源量平衡和供水分析提供依据。其方法可归纳为统计规律、用水机理和用水定额三类预测方法。

（三）供水预测

预测各类供水工程的可供水量。按供水水源分为地表水、地下水、外流域调水，以及污水再生回用、海水利用、微咸水利用等各项可供水量。

（四）水资源供需分析

在流域或一定区域范围内对不同水平年、不同保证率下可供的水资源与国民经济、社会和生态环境对水的需求之间的关系所进行的分析研究。包括划分平衡区和计算单元，摸清水资源开发利用现状和存在的问题，进行不同水平年、不同保证率水资源供需水量预测，分析水资源余缺程度，提出合理利用水资源及解决供需矛盾的对策和措施。

（五）用水合理性分析

旨在全面、系统地对用水进行调查的基础上，对用水结构、用水对象、用水环节、用水管理等多方面进行深入分析，揭示用水不合理程度及原因，寻求用水合理配置、提高用水效率、加强用水管理的办法。主要包括：用水效率及效益分析、需水结构分析、需水与国民经济发展关系分析、需水增长趋势分析等。

（六）水资源系统分析

为研究水资源的开发、利用、保护和管理的优化方案，采用专家与计算机相结合的、从定性到定量的系统综合集成分析方法。

水资源系统分析的研究对象，可以是水资源配置系统或与之相关的区域宏观经济系统及生态环境系统，也可以是水资源规划、设计、施工和运行管理中的某些具体问题。这些问题的共同特点是：①均为人工制造的系统或是经过人工改造的自然系统，这些系统的行为能被人所认识并加以控制；②问题的规模较大，表现为多子系统、多层次、多因素；③问题复杂但其内部协同而又有序；④问题本身构成一个系统，与外界有信息、物质和能量的交换，同时体现出整体功能和综合作用。

水资源系统分析的理论基础是运筹学和现代计算科学，其专业理论基础几乎涉及了与水有关的全部基础科学、工程技术科学及经济学。运筹学包括线性规划、非线性规划、混合整数规划、动态规划、图与网络分析、对策论、排队论、存贮论和决策论等；现代计算科学的主要应用为模型化方法、搜索理论及计算复杂性理论等。

水资源系统分析的主要工作步骤为：①明确问题，即明确系统的内部结构和外部边界，找出主要影响因素；②选定目标，即提出确定目标的依据，研究目标的层次性和有效性，并对多目标问题讨论其偏好结构；③提出备选方案，即拟定具有代表性的若干方案，并提出方案实施的前提条件及实施后的预期结果；④建立数字模型；⑤选择优化方法，即根据模型规模大小及计算机条件确定有效的算法，以控制计算时间并提高求解精度；⑥综合分析，即结合专家经验来分析计算结果并解释各方案在预期目标下的满意程度，特别是内外界主要影响因素变化条件下各方案的适应性；⑦选定方案，即找出经济上合理、技术上可行、生态环境上无害的方案。

十一、建设项目水资源论证

为促进水资源的优化配置和可持续利用，保障建设项目的合理用水要求，根据《取水许可制度实施办法》和《水利产业政策》，水利部及国家计划委员会联合发布的《建设项目水资源论证管理办法》规定："对于直接从江河、湖泊或地下取水并需申请取水许可证的新建、改建、扩建的建设项目（以下简称建设项目），建设项目业主单位（以下简称业主单位）应当按照本办法的规定进行建设项目水资源论证，编制建设项目水资源论证报告书。建设项目利用水资源，必须遵循合理开发、节约使用、有效保护的原则；符合江河流域或区域的综合规划及水资源保护规划等专项规划；遵守经批准的水量分配方案或协议。县级以上人民政府水行政主管部门负责建设项目水资源论证工作的组织实施和监督管理。从事建设项目水资源论证工作的单位，必须取得相应的建设项目水资源论证资质，并在资质等级许可的范围内开展工作。"建设项目水资源论证报告书，主要包括下列主要内容：①建设项目概况；②取水水源论证；③用水合理性论证；④退（排）水情况及其对水环境影响分析；⑤对其他用水户权益的影响分析；⑥其他事项。

十二、水资源可持续利用

为保障人类生存环境和经济社会的可持续发展的水资源开发利用方式。基本特点：
（1）面向可持续发展。代际间，当代人群之间，流域的上、中、下游之间，跨

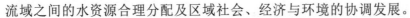

流域之间的水资源合理分配及区域社会、经济与环境的协调发展。

（2）考虑环境的变化与影响。要求水资源系统规划不仅要考虑工程所在地区或者本流域的影响问题，而且对跨地区、跨流域或大陆尺度甚至全球气候变化影响也要考虑。尤其是考虑人水和谐问题。

其提出背景是针对已出现的水问题和 21 世纪水资源面临的压力；①可利用的水资源是有限的；②世界人口持续增长，相应的需水量也不断增加，到 2050 年，世界人口将达到 106.4 亿人，是现在的 1 倍，全球的用水量将在目前水平上翻一番；③人类活动日益加剧，导致污水、废水的排放量增加，据统计，目前全世界每年有约 4200 亿 m^3 污水排入江河湖海，使 5500 亿 m^3 水资源受到污染，约占全年径流量的 14% 以上；④水的供给和处理成本越来越昂贵；⑤生态环境的脆弱性。那么如何使有限的水资源满足不断增加的需水量，同时又不导致水质恶化呢？这就给研究水资源学提出了一个十分严峻又富有挑战性的课题。

由联合国教科文组织和全球能源互联网发展合作组织共同主办的首届联合国国际水资源大会 2019 年 5 月 13—14 日，在法国巴黎举行，来自 37 个国家的千余名政府、企业、学术机构和国际组织的代表出席会议，围绕水资源的跨部门协调管理、非洲能源互联与水资源、水问题与技术创新、水资源教育和可持续发展等主题展开讨论和交流，深入探讨全球水资源的可持续发展和安全高效利用，为世界水资源安全发展建言献策。

数据显示，目前全球超过 20% 的地下蓄水层被过度抽采，20 亿人处于缺水状态，36 亿人面临潜在缺水风险，西亚、北非地区缺水问题尤为突出。18 亿人缺乏安全水源，每年约 500 万人死于水污染引发的疾病。在发言中，与会代表频繁引用这组数字，呼吁各国更加重视全球水资源治理与保护，通过跨部门协调管理、国家间合作、技术创新等方式促进能源与水资源协调可持续发展。

"对于可持续发展、摆脱贫困来说，水资源至关重要，"联合国教科文组织总干事阿祖莱在开幕式致辞中强调，水资源的管理和治理关系着人类和生态系统的健康，同时也体现地区教育、文化、生态多样性的状况，促进可持续的水安全与和平至关重要。

全球能源互联网发展合作组织主席刘振亚表示，水能开发率低、淡水供应紧缺、水质污染严重等问题是当前世界水资源开发利用面临的主要挑战。"构建全球能源互联网，转变能源发展方式，加快清洁低碳发展既是解决能源问题的治本之策，也为破解水资源问题开辟了新道路。"

"改变迫在眉睫，"世界水资源理事会主席福勋表示，"水构成了一张网络，将世界各国连在一起，因此解决水资源和污染问题，不仅需要国际组织行动起来，更需要每个国家的参与，这是实现联合国 2030 年可持续发展目标的必要条件。"

会议期间，全球能源互联网发展合作组织发布了《构建非洲能源互联网促进水资源开发，实现"电—矿—冶—工—贸"联动发展》和《欧洲能源互联网规划研究报告》，为促进非洲水能资源高效开发利用、推动亚欧非能源电力互联互通提供了"中国方案"。此次大会还举行了多场不同主题的分论坛。期间，中方代表就水资源的可持续发展和安全高效利用提出的经验和倡议得到与会代表的认可与赞同。全球能源互联网发展合作组织是由中国发起成立的国际能源组织，由致力于推动世界能源可持续发展的相关企业、组织、机构和个人等自愿组成，目前拥有会员635家，覆盖93个国家和地区。

塞内加尔总统代表、水利与卫生部长蒂亚姆评价称，非洲水力资源丰富但是利用率只有10%，还有很大的潜力亟待挖掘。这份关于非洲能源互联与水资源的报告为非洲国家能源高效利用提供了新的思路，有利于进一步动员非洲的水力资源，使安全、清洁、经济、高效的能源供应充分惠及当地民众，有利于非盟《2063年议程》目标的实现。简言之，它是"使未来遗憾可能性达到最小的水的管理决策"。

十三、节水型社会

最早出现在2002年8月29日公布的《中华人民共和国水法》总则第8条："国家厉行节约用水，大力推行节约用水措施，推广节约用水新技术、新工艺，发展节水型工业、农业和服务业，建立节水型社会"。

（一）节水型社会内涵

节水型社会就是"水资源集约高效利用、经济社会快速发展、人与自然和谐相处"的社会，它的根本标志是人与自然和谐相处，它体现了人类发展的现代理念，代表着高度的社会文明。通过建设节水型社会，能使资源利用效率得到提高，生态环境得到改善，可持续发展能力得到增强，促进经济、社会、环境协调发展，推动整个社会走上生产发展、生活富裕、生态良好的文明发展道路。

节水型社会就是人们在生活和生产过程中，在水资源开发利用的各个环节，始终贯穿对水资源的节约，对污染的防治和对生态环境的保护，在生产的全过程重视采用新技术、新材料、新工艺，并以完善的制度建设，管理体制，运行机制和法律体系为保障，提高水的使用效益和效率，最大限度地减轻和降低污染。在政府、用水单位和公众的参与下，通过水资源的高效利用，合理配置和有效保护，实现区域经济、社会和生态的可持续发展。节水型社会具有明显的效率、效益和可持续三重特征。

1. 效率特征

表现出资源利用的高效率，节水是在不降低人民生活质量和经济社会发展能力的前提下，在先进科学技术的支撑下，采取综合措施减少用水过程中的损失、消耗和污染，提高水的利用效率，科学合理和高效利用水资源。建立节水防污型农业、工业和城市，减少水资源开发利用各个环节的损失和浪费，提高水的利用率。

2. 效益特征

表现在资源配置的高效益，通过结构调整，优化配置水资源，提高单位水资源消耗的经济产出，节水防污型社会就农业而言一定是节水增效的农业，具有显著的效益特征。

3. 可持续特征

对水资源的利用,充分考虑了对生态环境的保护,不以牺牲生态环境为代价。

(二)节水型社会建设核心

节水型社会建设的核心是制度建设,要建立以水权、水市场理论为基础的水资源管理体制,形成以经济手段为主的节水机制,建立起自律式发展的节水模式,不断提高水资源的利用效率和效益。

(三)节水型社会建设的目标

通过建设节水型社会,使水资源利用率和效率有显著提高,生态环境有较大改善,可持续发展能力不断增强,促进人与自然和谐相处,从而推动整个社会走上生产发展、生活富裕、生态良好的文明发展道路。

国家发展改革委、水利部等部门 2021 年 11 月,印发《"十四五"节水型社会建设规划》(以下简称《规划》)。《规划》明确,到 2025 年,基本补齐节约用水基础设施短板和监管能力弱项,节水型社会建设取得显著成效,用水总量控制在 6400 亿立方米以内,万元国内生产总值用水量比 2020 年下降 16.0% 左右,万元工业增加值用水量比 2020 年下降 16.0%,农田灌溉水有效利用系数达到 0.58,城市公共供水管网漏损率小于 9.0%。

国家发展改革委有关负责人介绍,《规划》围绕"提意识、严约束、补短板、强科技、健机制"等方面部署开展节水型社会建设。提升节水意识,加大宣传教育,推进载体建设;强化刚性约束,坚持以水定需,健全约束指标体系,严格全过程监管;补齐设施短板,推进农业节水设施建设,实施城镇供水管网漏损治理工程,建设非常规水源利用设施,配齐计量监测设施;强化科技支撑,加强重大技术研发,加大推广应用力度;健全市场机制,完善水价机制,推广第三方节水服务。

该负责人表示,《规划》聚焦农业农村、工业、城镇、非常规水源利用等重点领域,全面推进节水型社会建设。农业农村节水要求坚持以水定地、推广节水灌溉、促进畜牧渔业节水、推进农村生活节水。工业节水要求坚持以水定产、推进工业节水减污、开展节水型工业园区建设。城镇节水要求坚持以水定城、推进节水型城市建设、开展高耗水服务业节水。非常规水源利用要求加强非常规水源配置、推进污水资源化利用、加强雨水集蓄利用、扩大海水淡化水利用规模。

(四)节水型社会建设的主要任务

节水型社会建设的主要任务是建立三大体系:一是建立以用水权管理为核心的水资源管理制度体系。建立政府调控、市场引导、公众参与的节水型社会管理体制;建立和完善包括用水总量控制和定额管理、水权分配和转让、水价等在内的一系列用水管理制度。二是建立与区域水资源承载能力相协调的经济结构体系。实现从"以需水能力定供水能力"到"以供水能力定经济结构"的转变。三是建立与水资源优化配置相适应的节水工程和技术体系。

（五）节水型社会建设的途径

节水型社会主要通过五个途径来实现：明晰初始水权；确定水资源宏观总量与微观定额两套指标体系；综合采用法律措施、工程措施、经济措施、行政措施、科技措施保证用水控制指标的实现；制定用水权交易市场规则，建立用水权交易市场，实行用水权有偿转让，实现水资源的高效配置；用水户参与管理。

总之，节水型社会建设涉及到不同地区、不同行业、不同产业、不同用户，涉及到人口资源环境的协调发展，涉及到千家万户的根本利益，需要政府强有力的领导，需要各部门的密切协作，需要全社会的共同行动。在政府主导下推进的同时，无论是缺水地区还是丰水地区，都要建设节水型社会，同时还要注意把节水与治污结合起来。

（六）节水与防污的关系

节水与防污具有密不可分的内在联系，用水越粗放造成的水污染也就越严重，特别是对于南方地区而言，节水是防治水污染的必然要求和重要内容，防污就必须节水。因此，节水与防污相辅相成，"节水优先，防污为本"。

节水不仅可以提高资源利用效率，缓解资源供给压力，而且可以减少污水排放，节水等于减轻污染。我国南方地区，城市水源不足和水质型缺水问题十分突出，广大的农村，农业面临过量施用化肥、农药以及不合理污水灌溉导致的面源污染，加剧了农田水土资源及地下水的污染。因此，不论水资源短缺的北方地区，还是水资源相对丰富的南方地区；不论是枯水年，还是丰水年；不论农业还是工业，都必须节约用水和高效用水，坚持"节水优先，防污为本"的原则，节水与防污紧密相连，节水等于防污，节水可以减少污水排放量，减轻和控制面源污染。根据甘肃省张掖市提供的资料，工业和城市生活每节约 $1m^3$ 水，就可以少排放 $0.5m^3$ 废污水，减少了对环境的污染。河西走廊地区通过节水，每年可少抽取地下水近 7000 万 m^3，减缓了地下水位的持续下降和地表植被的退化。同时防污可以增大可用水量，从这个意义来说，防污等于节水。节水和防污是相辅相成的，其共同目的，都是保障水安全，包括供水安全、粮食安全和生态环境安全，以水安全保障经济社会可持续发展。可以认为，全面建设节水防污型社会，是解决中国缺水和污染问题的根本出路。为此，节约用水是节省水量、保护水质、实现水资源可持续利用三个方面的结合。

节约用水是指通过行政、法律、技术、经济、工程等手段加强用水管理，调整用水结构，提高全民的节水意识，改进用水工艺，实行计划用水，杜绝用水浪费，应用先进的科学技术建立科学的用水体系，有效地利用和保护水资源，以适应经济可持续发展的需要。

十四、水权

水权是指水的所有权和各种利用水的权利的总称。主要有以下法律特征。

（一）水权设立的有限性

任何自然资源，只有在人们有能力加以利用和控制的情况下，才能具有法律上的权属意义，对于那些尚不能控制的水，则难以设立水权。

（二）水权客体的不确定性和不稳定性

水是一种流动的自然资源，具有循环再生的特点，由于水的流动，水权所针对的水在一定时期、一定领域内是不确定的。例如属于国家所有的水，由于某种原因而流进集体所有的水库时，该水则成为集体所有权的客体，反之也一样；同时，由于水按照自然周期的丰枯而变化，在丰水期，一定水域的水十分丰富，在枯水期，同一水域的水会十分亏欠，使水权的客体呈不稳定性。

（三）水权的公共性

水作为一种流动的自然资源，由于具有重复使用性和多功能性。因此，在水权的设置和水权的取得、行使等方面，不是强调权利的排他性和垄断性，而是强调公共性，强调水权的享有者应"水利同享，水害共当"。

《中华人民共和国水法》明确规定，水资源属于国家所有。水资源的所有权由国务院代表国家行使。农村集体经济组织的水塘和由农村集体经济组织修建管理的水库中的水，归各农村集体经济组织使用。为适应不同的使用目的，可以在使用权的基础上，着眼于水资源的使用价值，将其各项权能分开，创设使用权、用水权、开发权等，其中最重要的是水资源的使用权。国家鼓励单位和个人依法开发、利用水资源，并保护其合法权益。开发、利用水资源的单位和个人有依法保护水资源的义务。

（四）水权制度

水权制度就是通过明晰水权，建立对水资源所有、使用、收益和处置的权力，形成一种与市场经济体制相适应的水资源权属管理制度。水权制度体系由水资源所有制度、水资源使用制度和水权转让制度组成。水资源所有制度主要实现国家对水资源的所有权。地方水权制度建设，主要是使用制度和转让制度建设。一般情况下，水权获得必须由水行政主管部门颁发取水许可证并向国家缴纳水资源费。

（五）水市场

水市场就是通过出售水、买卖水、用经济杠杆推动和促进水资源优化配置的交易场所。在水的使用权确定以后，对水权的交易和转让，就形成了水市场。水权的转让促使水的利用从低效益向高效益的经济利益转化，提高了水的利用效益和效率。由于水的特殊性，水市场是一个准市场。

（六）水价

水价是指使用水工程供应的水的价格的总称。水价可分为资源水价、工程水价和环境水价三部分。资源水价体现的是水资源价值的价格和水资源的稀缺程度，是对水资源稀缺程度的货币评价，它包括对水资源耗费的补偿、对水生态的补偿，水资源费（税）属国家所有；工程水价是通过具体或抽象的物化劳动把资源水变成产品水，进入市场后成为商品水所花费的代价，体现的是企业的成本和利润；环境水价是取用水户对水质的破坏和对水体的污染而进行污水处理和生态修复所需要的费用。

（七）水权交易

水权交易是以"水权人"为主体。水权人可以是水使用者协会、水区、自来水公司、地方自治团体、个人等，凡是水权人均有资格进行水权的买卖。水权交易所发挥的功能，是使水权成为一项具有市场价值的流动性资源，透过市场机制，诱使用水效率低的水权人考虑用水的机会成本而节约用水，并把部分水权转让给用水边际效益大的用水人，使新增或潜在用水人有机会取得所需水资源，从而达到提升社会用水总效率的目的。

水权交易是水市场的重要内容，也是水市场形成的重要标志。在水权交易过程中，既要体现水的商品价值，又要体现兼顾大多数人的利益和公平交易的原则。2016 年 4 月 19 日，水利部印发了《水权交易管理暂行办法》（水政法〔2016〕156 号）（以下称《办法》）。《办法》共六章三十二条，对可交易水权的范围和类型、交易主体和期限、交易价格形成机制、交易平台运作规则等作出了具体的规定，对当前水权水市场建设中的热点问题作出了正面回答，体现了现阶段水权交易理论研究的深度和实践经验的总结。《办法》的出台，填补了我国水权交易的制度

（八）水权明晰

水权明晰是指通过水权分配和制定用水定额，落实各行各业、各个流域及用水户的用水指标，建立用水总量控制与定额管理相结合的管理制度。水权明晰的核心是确定用水户用水量、用水的使用权和支配权。

（九）饮水安全

饮水安全有四项标准：①水量，要保证在一定时间内，有一定量的水量供应；②水质，国家有一系列的指标，只有达到这些指标，水才能饮用；③保证率，就是在较长一段时间内，保证一定量的供应，包括枯水期和干旱的年份；④方便程度，即从取水点到使用地必须在一定距离之内。这四个标准，一个达不到，就不能称为安全水。具体指标见表 4-3。

表 4-3　饮水安全指标

项目	水量	水质	方便程度	供水保证率（%）
饮水安全	≥ 60 L/（人·d）	符合《生活饮用水卫生标准》（GB5749—2006）	供水到户或人力取水往返时间不超过 10min	≥ 95
基本安全	35 ～ 60 L/（人·d）	符合《农村实施〈生活饮用水卫生标准〉准则》	人力取水往返时间不超过 20min	> 90
不安全（主要是水质超标）有下列情况之一的叫水质超标	①含氟量不小于 12mg/L；②含砷量不小于 0.05mg/L；③溶解性总固体不小于 1500mg/L 的苦咸水；④未经处理的Ⅳ类及超Ⅳ类地表水；⑤细菌总数不小于 500 个 /mL，总大肠杆菌群不小于 27 个 /mL 的未经处理的地表水；⑥污染严重，未经处理的地下水；⑦铁、锰、汞、铬、铅等超标；⑧其他饮水水质问题			

（十）水票的作用

水票进入水消费领域，体现用水商品化和节水具体化，使人们从节水意识上落实到节水行动上。水票使得总量控制和定额管理成为可能，它的最大作用就是使用水户知道能用多少水，可以用多少水，并便于收缴水费，方便水量交易。水票的使用增强了用水的透明度，是公众参与用水的具体体现。

现在都用微信一键订水系统了，怎么还要用桶装水水票？岂不是倒退了吗？

如果水站的用户是单位大用户，那么单位和水站之间怎么管理送水的程序呢？

第一，单位订水、送水后签单的一定不是单位的财务或主管，而是单位的普通职工。普通职工能用自己的钱给其他同事买水喝吗？即便是一次、二次自己付了，但是长期下来，应该没有人会坚持这样做的。所以，桶装水水票就有了存在的理由。水站把水票卖给单位，单位把水票分发个某个办公室的负责人，送水工送到水，办公室的人把水票交给送水工，整个交易过程没有现金，是不是很爽？

第二，水站管理送水工，如果要送水工送水后收现金，难免会出现没交账或不及时交账的情况，作为水站财务人员每天都要追着送水工要钱，是不是很烦的一件事？引入水票后，财务要收的就是一张纸，纸对于送水工来说，他不能用这个买任何商品，也就会按时交回。如果用了我们水站管家的水票检票核销软件，那就更省事了，水票都不要收了，送水工现场扫码核销，数据上传云端服务器。统计工作都简化了。

第三，桶装水水票等于把桶装水给证券化了，这样就把没卖出的桶装水变现了，对于水站来说，提前收回了资金，如果数量大，资金的沉淀就很客观。

总之，如果水站有单位大用户，水票加水票检票核销系统就必备。

十五、用水定额和用水定额管理

用水定额是指制定工业、农业、生态等各行业的用水标准。以用水定额核定用水总量，总量不足时调整结构，确保总量控制指标。实施总量控制是宏观管理，定额管理是微观管理。超定额要实行累进加价制度。因此不仅要制定行业用水定额，也要制定《用水定额管理办法》或《节约用水管理条例》，来实现用水定额和用水定额管理。

十六、农民用水户协会

是农民自发组建的民间社团组织，是不以营利为目的的公益性服务型组织。农民用水户协会在用水户和供水单位之间建立了桥梁和纽带，使供需双方能够平等对话，农民群众能直接参与管理，既体现了权利，又履行了义务。农民用水户协会的一个突出特点，是农民自己管理自己的事务。用水户协会必须具备以下五项基本要素：①相互协作的会员；②在群众中有威信、能干的协会领导；③科学的管理制度；④足够的活动经费；⑤高效的运作管理工作。《用水户协会章程》是用水户协会最高的指导性文件，它规定协会的组织形式和运作方式，以及会员的权利和义务。

十七、世界水日

为了缓解世界范围内的水资源供需矛盾，根据联合国《21世纪议程》第十八章有关水资源保护、开发、管理的原则，1993年1月18日，联合国第四十七次大会通过了193号决议，决定从1993年开始，确定每年的3月22日为"世界水日"。决议提请各国政府根据自己的国情，在这一天举办一些具体的宣传活动，以提高公众的节水意识。1996年，由水问题专家学者和相关国际机构组成的世界水理事会成立，并且决定在世界水日前后每隔3年举行一次大型国际会议，这就是世界水论坛会议。

有关国际水日的设想可以追溯到1992年里约热内卢联合国环境与发展会议。同年，联合国大会通过决议，宣布每年 3 月 22 日为世界水日，从 1993 年开始举行纪念活动。

此后，还先后举行过一些相关纪念活动。 例如，2013 年国际水合作年，以及当前的"水促进可持续发展"国际行动十年（2018—2028 年）。 这些活动旨在进一步肯定水和卫生措施是减少贫困、经济增长和环境可持续性的关键。

世界水日庆祝水资源，并让大家意识到仍有 22 亿人在生活中无法获得安全饮用水，是关于采取行动应对全球水危机的一个纪念日。世界水日的一个核心重点是支持实现可持续发展目标：到 2030 年为所有人提供水和环境卫生。

十八、中国水周

1988 年《中华人民共和国水法》颁布后，水利部即确定每年的 7 月 1—7 日为"中国水周"，考虑到世界水日与中国水周的主旨和内容基本相同，因此从 1994 年开始，把"中国水周"的时间改为每年的 3 月 22—28 日，时间的重合，使宣传活动更加突出"世界水日"的主题。

从 1991 年起，我国还将每年 5 月的第二周作为城市节约用水宣传周。进一步提高全社会关心水、爱惜水、保护水和水忧患意识，促进水资源的开发、利用、保护和管理。中国纪念 2022 年"世界水日""中国水周"活动主题为"推进地下水超采综合治理 复苏河湖生态环境"。

2022 年 3 月 22—28 日是第三十五届"中国水周"。活动主题为"推进地下水超采综合治理 复苏河湖生态环境"

（一）节日意义

水是维系生命与健康的基本需求，地球虽然有 70.8% 的面积为水所覆盖， 但淡水资源却极其有限。在全部水资源中，97.5% 是无法饮用的咸水。在余下的 2.5% 的淡水中，有 87% 是人类难以利用的两极冰盖、高山冰川和永冻地带的冰雪。人类真正能够利用的是江河湖泊以及地下水中的一部分，仅占地球总水量的 0.26%，而且分布不均。因此，世界上有超过 10 亿的儿童、妇女及男人无法获取足量而且安全的水来维持他们的基本需求。在许多层面，水资源和健康具有密不可分的关系。我们所做的每项决策事实上都和水，以及水对健康所造成的影响有关。

世界水日和中国水周的确定是使全世界都来关心并解决淡水资源短缺这一日益严重的问题，并要求各国根据本国国情，开展相应的活动，提高公众珍惜和保护水资源的意识。

（二）近十年的活动主题

2010 年："关注水质、抓住机遇、应对挑战"（Communicating Water Quality Challenges and Opportunities）中国水周宣传主题为"严格水资源管理，保障可持续发展"。

2011 年：第十九届世界水日的宣传主题"城市用水：应对都市化挑战"（Water

for cities: responding to the urban challenge)。 第二十四届中国水周活动的主题为"严格管理水资源，推进水利新跨越"。

2012 年：第二十届世界水日的宣传主题"水与粮食安全"（Water and Food Security）。第二十五届中国水周主题为"大力加强农田水利，保障国家粮食安全"。

2013 年：第二十一届世界水日的宣传主题"水合作"（Water Cooperation）。第二十六届中国水周活动的主题是"节约保护水资源，大力建设生态文明"。

2014 年：第二十二届世界水日的主题是"水与能源"（Water and Energy）。第二十七届中国水周的主题是"加强河湖管理，建设水生态文明"。

2015 年：第二十三届"世界水日"，3 月 22—28 日是第二十八届"中国水周"。联合国确定 2015 年"世界水日"的宣传主题是"水与可持续发展"（Water and Sustainable Development）。我国纪念 2015 年"世界水日"和"中国水周"活动的宣传主题为"节约水资源，保障水安全"。

2016 年：第二十四届"世界水日"，3 月 22—28 日是第二十九届"中国水周"。联合国确定 2016 年"世界水日"的宣传主题是"水与就业"（Water and Jobs）。经研究确定，我国纪念 2016 年"世界水日"和"中国水周"活动的宣传主题为"落实五大发展理念，推进最严格水资源管理"。

2017 年：第二十五届"世界水日"，第三十届"中国水周"的宣传活动也同时拉开帷幕。联合国确定 2017 年"世界水日"的宣传主题是"废水"，我国纪念"世界水日"和开展"中国水周"活动的宣传主题是"落实绿色发展理念，全面推行河长制"。

2018 年，第二十六届"世界水日"，第三十一届"中国水周"的宣传活动同时拉开帷幕。2018 年世界水日主题："Nature for water（借自然之力，护绿水青山）"。2018 年中国水周宣传主题："实施国家节水行动，建设节水型社会"。

2019 年 3 月 22 日是第二十七届"世界水日"，3 月 22—28 日是第三十二届"中国水周"。联合国确定 2019 年"世界水日"的宣传主题为"Leaving no one behind"（不让任何一个人掉队）。经研究确定，我国纪念 2019 年"世界水日"和"中国水周"活动的宣传主题为"坚持节水优先，强化水资源管理"。

2020 年 3 月 22 日是第二十八届"世界水日"，3 月 22—28 日是第三十三届"中国水周"。联合国确定 2020 年"世界水日"的主题为"Water and climate change"（水与气候变化）。经研究确定，我国纪念 2020 年"世界水日"和"中国水周"活动的主题为"坚持节水优先，建设幸福河湖"。

2022 年 3 月 22 日是第三十届"世界水日"，3 月 22—28 日是第三十五届"中国水周"。联合国确定 2022 年"世界水日"主题为"Groundwater-Making the Invisible Visible"（珍惜地下水，珍视隐藏的资源）。 2022 年 3 月 22—28 日是第三十五届"中国水周"，中国纪念 2022 年"世界水日""中国水周"活动主题为"推进地下水超采综合治理 复苏河湖生态环境"。

第三节 水资源状况

一、世界水资源状况

当今世界面临着人口、资源与环境三大问题，其中水资源是各种资源中不可替代的一种重要资源，水资源问题已成为举世瞩目的重要问题之一。地球表面约有70%以上面积为水所覆盖，其余约占地球表面30%的陆地也有水存在，但只有2.53%的水是供人类利用的淡水。由于开发困难或技术经济的限制，到目前为止，海水、深层地下水、冰雪固态淡水等很难被直接利用。比较容易开发利用的、与人类生活生产关系最为密切的湖泊、河流和浅层地下淡水资源，只占淡水总储量的0.34%，还不到全球水总量的万分之一，因此地球上的淡水资源并不丰富，若把一桶水比为地球上的水，可用的淡水只有几滴。随着经济的发展和人口的增加，世界用水量也在逐年增加。目前全球人均供水量比1970年减少了1/3，这是因为在这期间地球上又增加了18亿人口。世界银行1995年的调查报告指出：占世界人口40%的80个国家正面临着水危机，发展中国家约有10亿人喝不到清洁的水，17亿人没有良好的卫生设施，每年约有2500万人死于饮用不清洁的水。目前，世界上已有超过一半的陆地面积、遍及100多个国家和地区缺水，20亿人饮水困难。而人类正以每15年增加1倍的淡水需求消耗着水资源。到目前为止，人类淡水消费量已占全世界可用淡水的54%。

世界的水资源分布也十分不均，除了欧洲因地理环境优越、水资源较为丰富以外，其他各洲都不同程度地存在一些严重缺水地区，最为明显的是非洲撒哈拉以南的内陆国家，那里几乎没有一个国家不存在严重缺水的问题；在亚洲也存在类似问题。例如，公元前每天人均耗水约12L，中世纪时人均耗水增加到20～40L，18世纪增加到60L，当前发达国家一些大城市人均每天耗水500L。在发展中国家，对水的需求量也日益增加，如我国，近20年城市用水翻了几番。联合国预计，到2025年，世界将近一半的人口会生活在缺水的地区。水危机已经严重制约了人类的可持续发展。阿拉伯联合酋长国被迫从1984年起每年从日本进口雨水2000万 m^3。土耳其给幼发拉底河以及底格里斯河畔的大型水利工程配备了地对空导弹抵御军事袭击，约旦盆地潜伏着水的争端。那里许多蕴藏地被掠夺破坏，以致海水涌入，使地下水不能再为人所用。为了避免冲突，科学咨询委员会要求制定"世界水宪章"，签署国有义务以和平的方式解决水争端。

地球上的水，尽管数量巨大，而能直接被人们生产和生活利用的，却少得可怜。首先，海水又咸又苦，不能饮用，不能浇地，也难以用于工业。其次，地球的淡水资源仅占其总水量的 2.5%，而在这极少的淡水资源中，又有 70% 以上被冻结在南极和北极的冰盖中，加上难以利用的高山冰川和永冻积雪，有 87% 的淡水资源难以利用。人类真正能够利用的淡水资源是江河湖泊和地下水中的一部分，约占地球总水量的 0.26%。全球淡水资源不仅短缺而且地区分布极不平衡。按地区分布，巴西、俄罗斯、加拿大、中国、美国、印度尼西亚、印度、哥伦比亚和刚果等 9 个国家的淡水资源占了世界淡水资源的 60%。约占世界人口总数 40% 的 80 个国家和地区严重缺水。目前，全球 80 多个国家的约 15 亿人口面临淡水不足，其中 26 个国家的 3 亿人口完全生活在缺水状态。预计到 2025 年，全世界将有 30 亿人口缺水，涉及的国家和地区达 40 多个。21 世纪水资源正在变成一种宝贵的稀缺资源，水资源问题已不仅仅是资源问题，更成为关系到国家经济、社会可持续发展和长治久安的重大战略问题。

在水资源短缺越发突出的同时，人们又在大规模污染水源，导致水质恶化。水资源污染主要来自人类所有制造排放的废水、废气和废渣。长期以来，人们并不把治理污水放在心上，而放任污水横流，甚至把大江小河当作城市"清洁器"，只望一江春水向东流，带走垃圾和废物。全世界目前每年排放污水约为 4260 亿 t，造成 55000 亿 m^3 的水体受到污染，约占全球径流量的 14% 以上。另据联合国调查统计，全球河流的稳定流量的 40% 左右已被污染。水污染不仅对淡水，而且海洋污染的情况也是令人震惊的。海洋的浩瀚无边与自动净化能力，使人类一直把海洋当作最好最大的天然垃圾坑，倾废是人类利用海洋的主要方式。各国特别是工业国家每年都向海洋倾倒大量废物，如下水污泥、工业废物、疏浚污泥、放射性废物等。在各种倾废中，倾倒放射性废物尤为令人关注，因为这相当于在人们四周放置了一个又一个失控的核弹，一旦废物产生泄漏，其产生的生态灾难远远超过二战日本广岛核爆的程度。尽管如此，海上倾废至今仍然为一些国家所乐衷。

发达国家环保工作大部分都是走过一条"先污染后治理"的弯曲之路之后，以血的代价换取了公民的环保意识。最具有代表性的是日本的"痛痛病"、"四日市气喘病"。在经过了水污染的阵痛之后，各国政府不得不重视水资源保护工作，纷纷成立水环境保护机构。过去级别低的，提高级别，以加强对此项工作的组织领导。世界银行负责环境可持续开发的副总裁和国际农业研究咨询团主席 ismail serageldin 博士在谈到未来水资源可持续开发的新政策时提出，应从四个方面改进水资源管理：①水资源必须纳入国家的长期发展规划；②必须对水资源实行综合管理，即跨部门管理；③必须对水实行分权管理并让大机构参与，即中央政府将权力分散给地方政府，有一些工作让私营部门、财务自理机构和公众协会（如用水户协会）承担；④靠市场和水价来改进各部门的用水量分配。要在水资源管理中体现综合性、面向市场、用水户参与和环境保护四大方面。

荷兰的水污染防治管理权力机构是水管会，其法律依据是《水管理法》。每一个水管会均由代表大会、管理机构和一位主席组成。根据水管会章程，管理机构人员由各个受益方面的代表组成，受益越多，参与程度越高。荷兰全国性水利工作由水利部负责，地方和地区性的水管理则归水管会管辖。水管会的主要任务大体上有三个方面：防洪护堤、水量控制及水质管理。

从 20 世纪 90 年代开始，美国的资源开发进入了一个综合资源规划和全面质量管理的时期。综合资源规划是一个充分考虑了可持续发展的综合评价系统，它强调充分利用市场机制并建立一个较为公开的由支持方和对立方共同参与的决策过程，重视平衡与协调，克服传统规划方法只重视可靠供给而回避风险的缺点以及最低费用规划只重视调节的局限性。

自 1987 年加拿大"联邦水政策"颁布以来，加联邦和各省相继出台了一些改革措施，陆续制订和颁布了一系列水政策。在这些水政策中，水被当作是大生态系统中的一个方面，与土地、环境、经济等要素结合起来加以综合考虑。

法国根据 1964 年水法，全国分成六个流域进行水资源统一管理，成立了六个水务局是具有管理职能、法人资格和财务独立的事业单位。其目的是促进共同利益的实现而采取统一行动，以求达到水资源的供需平衡，在水质方面满足规定标准，并收取水费及排污费。

由以上可以看出，国外水环境保护机构不尽相同，各有千秋，但都取得了一定成效。

二、我国的水资源状况

全国水资源总量 2000 年与 1980 年评价结果变化不大。降水量 61728 亿 m^3，水资源总量 28405 亿 m^3，水资源总量约占降水量的 44%，其中地表水 96%，不重复地下水 4%。近 20 年来，北方地区水资源减少显著。黄淮海辽区降水减少 6%，地表水减少 17%，水资源总量减少 12%，海河区降水减少 10%，地表水减少 41%，总量减少 25%。水资源分布不均。南多北少，山区多、平原少：南方面积占 36%，人口54%，耕地 40%，GDP56%，水资源量 81%；北方面积占 64%，人口 46%，耕地 60%，GDP44%，水资源量 19%，其中黄淮海区水资源仅占 7%。水资源年际年内变化大，开发难度大。降水和河川径流 60%～80% 集中在汛期，北方最大最小年降水量一般相差 3～6 倍，河川径流可差 10 倍以上；水资源可利用量有限。全国水资源可利用总量 8548 亿 m^3，占水资源总量的 31%，黄淮海区（2000 年一次性）供水量已接近可利用总量，个别地区超过可利用总量。

（1）水资源构成。我国水资源补给来源主要为大气降水，赋存形式主要为地表水和地下水。

我国多年平均年降水总量为 6.2 万亿 m^3，折合年降水深 648mm。地表水资源量即为河川径流量，全国河川径流量为 2.7 万亿 m^3，其中地下水排泄量 6780 亿 m^3，冰川融水补给量 560 亿 m^3。全国多年平均地下水资源量 8288 亿 m，其中山丘区 6762亿 m^3，平原区地下水资源量 1874 亿 m^3。扣除地表水与地下水相互重复水量，全国水资源总量 2.8 万亿 m^3。

（2）水资源分布特点。我国水资源分布的总体特点是：年内分布集中，年际变化大；黄河、淮河、海河、辽河四流域水资源量较小，长江、珠江、松花江流域水量较大；西北内陆干旱区水量稀缺，西南地区水量丰沛。①水资源总量多，人均占有量少。我国水资源总量位居世界第4位。人均占有水资源量仅为世界平均值的1/4，约相当于日本的1/2，美国1/4，俄罗斯的1/12。②水土资源区域分布不相匹配。全国水资源80%分布在长江流域及其以南地区，人均水资源量3490m³，亩均水资源量4300m³，属于人多、地少，经济发达，水资源相对丰富的地区。长江流域以北广大地区的水资源量仅占全国的14.7%，人均水资源量770m³，亩均约471m³，属于人多、地多，经济相对发达，水资源短缺的地区，其中黄淮海流域水资源短缺尤为突出。中国内陆河地区水资源量只占全国的4.8%，生态环境脆弱，开发利用水资源受到生态环境需水的制约。③水资源补给年内与年际变化大。受季风气候影响，中国降水量年内分配极不均匀，大部分地区年内汛期4个月降水量占全年降水量的70%左右（南方60%，北方80%左右）。中国水资源中约2/3是洪水径流量。降水和径流的年际变化很大，大部分流域出现连续丰水年或连续枯水年的情况，是造成水旱灾害频繁、开发利用难度大和水资源供需矛盾十分尖锐的主要原因。

（3）水资源开发利用现状。新中国成立50多年来，全国累计修建加固堤防近25万km，建成大中小型水库8万多座，初步控制了大江大河的常遇洪水，形成了5800多亿m³的年供水能力，有效灌溉面积从2.4亿亩扩大到8.2亿亩，并为城市和工业的发展提供了水源。全国用水量从1949年1000多亿m³增加到2000年的5498亿m³，其中农业用水占68.8%，工业用水占20.7%，生活用水占10.5%。全国总用水量中，地表水源占80.3%，地下水源占19.3%，其他水源占0.4%。全国用水消耗量3012亿m³，占总用水量的55%。2000年全国人均用水量430m³，万元GDP（2000年价）用水量610m³，农田灌溉亩均用水量479m³，万元工业产值（2000年价）用水量78m³。

（4）水资源利用程度。1980年中国水资源开发利用率为16.1%，1993年升到18.9%，2000年则达20%。中国北方地区水资源开发利用率已接近50%，其中超过50%的流域有黄河（67%）、淮河（59%）、海河（近90%）。这些流域水资源的过量开发利用，引发了河道断流，地下水严重超采，河口生态恶化等问题。内陆河水资源开发利用程度也超过40%，松花江已达30%。中国南方各流域的水资源开发利用程度虽不高，但因污染造成水体质量下降，从而产生局部污染型缺水。

（5）水环境状况。根据全国水环境监测网2000年的水质监测资料和国家《地面水环境质量标准》（GB3838—88），对全国主要江河700多条河流的水质进行评价，在评价的11.4万km的河长中，Ⅰ类水占4.9%，Ⅱ类水占24.0%，Ⅲ类水占29.8%，Ⅳ类水占16.1%，Ⅴ类水占8.1%，劣Ⅴ类水占17.1%。枯、丰水期水质变化不大。全国符合和优于ID类水的河长占总体评价河长的59%。全国重点湖泊、水库的水质良好，部分湖泊处于富营养状态，主要水库水质符合供水水质要求。国家重点治理的"三河、三湖"水质有所改善。黄河、黑河、塔里木河实施调水，取得了流域水资源统一管理和合理配置的新突破，缓解了三条河流下游水生态环境变化的局面。

实际上只单独考虑水资源量的多少并没有什么实际意义，只有将质与量相结合才具有现实意义。质量的好坏直接关系到水资源的功能，决定着水资源的用途。多年来，我国水资源质量不断下降，水环境持续恶化，污染导致农业减产甚至绝收，人们的身体健康受到严重威胁，而且造成了不良的社会影响和较大的经济损失，严重地威胁了社会的可持续发展，威胁了人类的生存。"八五"期间水利部组织有关部门完成了《中国水资源质量评价》，其结果表明，我国北方五省区（新疆、甘肃、青海、宁夏、内蒙古）和海河流域地下水资源，无论是农村（包括牧区）还是城市，浅层水或深层水均遭到不同程度的污染。其中北方五省中，有一半城市的地下水受到严重污染，至于海河流域，地下水污染更是令人触目惊心。

在我国很多流域水资源的开发利用程度很低，如珠江、长江流域地下水资源的开发利用率仅有百分之几，而在北方地区，常因地表水量不够，地下水开采过量，造成部分地区出现地面沉降。另外，我国用水浪费严重，水资源利用效率较低。目前，我国农业用水利用率仅为40%～50%，灌溉用水有效利用系数只有约0.4。工业方面，工业用水重复利用率低，仅为20%～40%，单位产品用水定额高，目前我国工业万元产值用水量91立方米，是发达国家的10倍以上。

三、我国西北地区水资源概况

西北地区由陕西、甘肃、宁夏、青海、新疆和内蒙古6省（区）组成，地域辽阔，人口相对稀少，该区气候干旱，降水稀少，蒸发旺盛，这样特殊的地理位置及气候条件决定了西北地区水资源短缺，生态环境脆弱。该区光热资源和土地、矿产资源比较丰富，属于资源开发主导型地区。然而，西北地区的水资源问题是该地区当前及未来国民经济和社会发展的最大制约因素，已引起了国家和社会的广泛关注。

西北地区气候干旱、降雨稀少，全区多年平均降水量2300mm，而水面蒸发量高达1000～2600mm以上，是全国唯一降水量极度少于农田作物和天然植被需水量的地区。据资料分析，西北地区多年平均地表水资源量约为1463亿 m^3，地下水资源量998亿 m^3，地下水资源与地表水资源重复计算量789亿 m^3，水资源总量1672亿 m^3，人均水资源总量2189 m^3，耕地亩均水资源量857 m^3。从表面上看，内陆河流域的人均、亩均水资源量并不算少，但由于水资源与人口、耕地的地区分布极不均衡，有相当大一部分分布在地势高寒、自然条件较差的人烟稀少地区及无人区，而自然条件较好、人口稠密、经济发达的绿洲地区水资源量十分有限。黄河流域河川径流具有地区分布不均、年际变化大及连续枯水等特点，内陆河流域的水资源主要以冰雪融水补给为主，年内分配高度集中，汛期径流量可占全年径流量的80%，部分河流汛期陡涨，枯季断流，开发利用的难度较大。

由于自然条件的改变和人类活动的影响，导致西北地区水资源和生态环境发生重大问题，具体表现在以下几个方面：

（1）水土流失严重，增加水资源的需求并降低水体质量。西北地区多处都是黄土高原区，植被覆盖率小，导致水土流失严重，降低了土壤肥力，加剧了干旱发展，增加水资源的需求，而且大量泥沙进入水体，对水质产生一定影响。

（2）内陆河流域湖泊严重萎缩，矿化度升高，水资源调蓄能力降低，利用困难。西北内陆河地区的湖泊主要分布在新疆和青海两省，这些湖泊由于农业灌溉或强烈蒸发导致了湖泊的萎缩或咸化，减少了水资源储量，降低水资源调节能力，增加了水资源开发利用的困难。

（3）湖库淤积严重，减弱水利工程对水资源的调配能力。由于西北地区水土流失严重，导致湖库大量淤积，甚至导致水库报废，减小了人类对水资源在年内年际间的调配能力，不利于水资源的合理有效利用。

（4）农灌用水大量浪费，农区土壤发生严重的次生盐碱化。西北地区不合理的灌溉制度（如大水漫灌）不仅大量浪费宝贵的水资源，还导致农区土壤发生严重的次生盐碱化，限制了农区经济的发展，降低了水资源的利用效益。

（5）水质污染严重。西北地区水资源的缺乏，一方面表现在总量的缺乏，另一方面表现在与人类活动主要区域分布的不完全一致，因而在人类主要活动区域内的水环境容量非常有限。随着人口的增加和人类活动的加剧，大量废污水排入水体，造成水质严重恶化。

针对西北地区的水资源现状，主要采取如下对策：第一，强化水资源开发利用与保护的规划和监督管理，严格实施建设项目审批和管理制度。一方面，要制定出合理的水资源开发与保护方面的规划与制度，另一方面，要加强管理人员执法能力、技术能力等能力培养，加强执法必要设备的配置；第二，加强水利基本建设，如建设必要的调水工程，将部分水资源从富裕地区调往贫水区，或将优质水调往劣质水区，以改善缺水地区或不良水质地区的生产生活环境，也为生态环境建设提供必要的支持；第三，建设现代化的高效节水型经济社会，如适当提高水价，尤其是工业行业的水价，减少对水的浪费。发展集雨节灌，以解决农村用水困难，补充城市生态环境用水；第四，坚决实施有计划地退耕还林、还草，退耕还林还草是改善西北生态环境和水资源涵养能力的重要手段，应予以高度重视。

第四节　水资源学现状及发展趋势

一、水资源学现状

现代水资源的开发利用，已由单一水源发展到多水源，由单一工程发展到多工程，由单一目标发展到多目标综合利用，由利用地表水发展到地表水和地下水联合开发，由水量控制发展到水量水质联合控制，由单纯经济观点发展到社会、经济、环境等多因素的综合评价。现代化水资源供需体系已成为一个复杂的系统，运用系统工程方法，综合分析这些因素，才能为水资源的综合规划和管理提供科学决策的依据。

城市、工业和农业的迅速发展，用水量的急剧增长，废污水大量排放，使水资源大量消耗并不断受到污染。水资源利用不充分、不合理，加剧了水资源供需不平衡的矛盾。因此，提倡节约用水、合理用水，提高水的有效利用率，对废污水进行处理、再生、回用，海水淡化或利用海水作为工业冷却用水，以及在流域之间对多余的水量进行合理调配，都是解决水资源不足的有效措施。制定对水资源合理开发、利用、保护和管理的法令和法规，结合必要的经济、行政、法律以及宣传教育手段，对水资源进行科学分配、合理调度和综合管理，这样才能使有限的水资源在发展国民经济，提高人民生活水平的过程中，更加有效地发挥作用。

当前水资源研究的主要任务是：以水资源的可持续利用支撑国民经济和社会的可持续发展为目标，研究水资源形成、可再生性维持机理及时空变化规律，探讨水资源可持续利用的方式和对策。人类活动是引起流域水资源变化最活跃的因素，跟踪历史变化的轨迹，揭示现实变化的情景和成因，预测未来变化趋势，是对水资源系统实施适度调控的科学基础。为了实现水资源有效开发利用、经济高速增长与良好生态环境的协调发展，需要重点研究水与生态系统相互作用的模式、机理、过程与效应问题，在流域尺度上解决水资源－生态系统－社会经济复合大系统相互作用的定量描述和多维调控，为应用层面上合理确定生态需水量以及合理调控经济用水与生活、生态用水比例提供科技支撑。为了缓解水资源紧缺，洪水资源安全利用、污水资源化利用以及海水淡化等新型水资源的开发利用，将导致水资源开源方面的转移式发展，而从根本上开辟解决水资源问题的新途径。要重视水权、水价、水市场的理论研究，促进水资源和合理配置和高效利用。建立水资源的实时监控系统，实现水资源的合理配置和综合管理。

二、存在主要问题

当前迫切需要对下述重大科技问题进行研究：①人类活动对水资源变化的影响及趋势预测；②注重生态建设的水资源合理配置与科学调控；③洪水和污水资源化及新型水资源开发利用；④水资源综合管理的科学基础和关键技术。

三、当代前沿

（一）水资源研究的水循环问题

如：华北地区的缺水问题如何解决？长江流域资源如何调控？西北地区空中水资源如何利用？在基础理论方面有以下几个问题。

1. 水循环的实况

水循环实况是指蒸发、降水、通过陆地河流含水水层流入海洋的水量、大气的水汽含量等时空变化情况。从全球看，不搞清楚水循环的实况，那么讨论水循环的变化、趋势，确定全球水是否在加速循环以及人类活动对其影响程度等就没有牢靠的基础。

2. 我们感兴趣的区域和时段的降水及其水汽的来源

多年的平均情况和变率如何？对我国的某个区域、某个时段的降水的水汽的来源的诊断，将揭示出该地水汽来源是逐年变化很大，还是变化很小的，源地的蒸发量与降水量关系怎样。

当降水和大气状况给定后，地表状况的改变和人类活动对陆地水文过程的影响程度。例如对长江流域而言，1998 年的降水若发生在 1954 年会是什么情况？ 1954 年的降水若发生在 1998 年又会是什么情况呢？

3. 水循环过程是否存在"遥相关"

统计表明，菲律宾东部热带太平洋地区的对流活动对长江中下游地区和淮河流域的降水之间、青藏高原冬春雪盖与长江流域南部的汛期降水都存在较好的相关。水循环过程中是否还存在中、小尺度的"遥相关"现象？

4. 全球变暖和海平面升高对我国的水循环过程可能引起的变化如何量化

根据气候模式的预测，全球变暖最显著的表现就是增进了全球的水循环，这将导致全球降水的增加、蒸发的加快、天气和水文环境的恶化等，至于区域的细微情况就不那么清楚了，而且有相当大的不确定性。另外，海平面升高将影响长江口的水文状况，从而成为上海市必须关注的问题。

（二）气候变化对水资源的影响

①评价已有的气候变化科学信息；②评价气候变化产生的环境及社会经济影响；③制定相应对策。

国际地圈生物圈计划的 BAHC 核心项目，在经过近 10 年的探索后，归纳并形成了 8 个关键性课题：地块尺度上的能量、水分和碳元素流研究；地下面过程的作用估计；陆面 —— 大气互动作用的参数化；区域尺度的土地利用 —— 气候互动作用；全球植被 —— 气候互动作用；气候变化和人类活动对在河流系统中流动及输移的影响；山地水文和生态；建立全球资料库。此外，还有两个与其他有关项目交叉的课题；陆地系统统一实验的设计和实施；风险／脆弱性分析和方案制定。这些将是在 21 世纪研究气候变化对水资源影响的主要内容。

（三）环境变化对水文和水资源的影响

①全球水文学和地球化学过程；②地表环境生态水文过程；③地下水资源和风险；④在紧张和冲突中的水资源管理策略；⑤干旱半干旱地区的水资源综合管理；⑥湿润和热带的水文学和水资源管理；⑦城市水资源综合管理；⑧知识技术转让。

（四）水的互动作用

水除了在水文循环中具有地理的、化学的和生物学的功能外，还在互相关联和相互支撑的社会、经济和环境价值。①全球变化和水资源；②一体化的流域动力学；③区域展望；④水与社会；⑤知识、信息和技术转让。

四、发展趋势

2002 年在南非召开的可持续发展世界高峰会议上，一致通过将水资源危机列为未来 10 年人类面临的最严重挑战之一。联合国环境署同年在《全球环境展望》上指出："目前全球一半的河流水量大幅减少或被严重污染，世界上 80 个国家或占全球 40% 的人口严重缺水。如果这一趋势得不到遏制，今后 30 年内，全球 55% 以上的人口将面临水荒。"在此背景下世界各国致力于解决水资源安全问题，建设节水—防污型社会，建立高效、公平、统一的水资源管理体制是世界各国解决当前水资源危机的主要方向。

（一）水资源科技

（1）注重水资源开发利用、经济社会发展与生态环境保护的相互协调发展。在分布式水文模型、水文输沙模拟与地下水模型等水资源综合评价方面，在水资源开发、利用、保护的综合规划研究方面，水资源管理中的需水管理、供水管理、水质管理和水价管理的相互关系，以及水资源管理中的经济、法律和行政机制的作用等方面进行广泛深入的研究。

（2）研发先进的节水灌溉技术。农业用水占全世界水消费量的 70%，而 2025 年以前灌溉用水还会增加 50%～100%，所以农业节水技术的研发成为世界各国的首选。

（3）采用多样化水资源战略，提高工业用水的重复利用率。美国等先进国家工业用水已进入了零增长或负增长的高效利用阶段，因此，提高工业用水效率、改进用水工艺是国际水资源科技领域的一个重要趋势。

（4）水利信息化科技广泛发展，和其他领域一样，信息化成为现阶段国际水利科技发展的主要前沿。水利公用信息平台建设、大规模的应用系统建设成为国际上发达国家水资源科技发展的重要动向。特别是基于"3S"（GIS、GPS、RS）技术手段的各种监测与管理信息系统建设在加速进行，而且这种趋势在未来 20 年内仍将继续发展。

（二）21 世纪水资源管理

（1）实行流域水质与水量的综合管理。基于水资源承载力，建立流域水资源安全利用指标，制定开发利用的长期规划。

（2）通过 GIS、卫星遥感、气象雷达和专家知识系统建立流域、区域水资源基础信息系统，核算流域水资源的承载极限，确定最大供给水平。

（3）改变传统的水供给管理模式为竞争型水需求管理模式，包括水资源补偿使用、水权与排污权交易等，此外建立用水计划制度、取水许可制度、建设项目水资源论证制度和节水产品认证制度，制定工、农业和城镇生活用水定额，鼓励节水技术、方法的应用和创新。

（4）探索正确的水环境评价分析框架：水资源受各种自然因素如气候、地质地理条件和生态过程的影响，比纯人工的经济活动更复杂、更具不确定性。目前的水资源评价指标集中于地表径流量和城市水质情况，偏重于经济系统，而且只从人类需求出发，强调水的社会经济功能，忽略水在环境中不可替代的溶剂输送和自净化等自然功能。

（5）水经济学：水资源的天然流动性（开放性资源），使得市场经济的基础一所有权的独立性以及使用上的排他性难以确立并加以保护。水经济学的核心是水资源定价，其管理目标是把资源的外部性成本纳入生产成本并占一定比重，加强水利工程的融资和收益管理能力建设，并在各竞争性用途与用户之间实行水资源利益效率分配。

（6）建立世界性水资源银行。水资源管理是一种长期投资，需要从全球层次上对水资源的开发投资、保护性利用和废水处理进行资源重组和最优化协调管理。

（7）需要全社会的广泛参与。水资源管理不仅是一个科学问题，也是一个社会问题。为了提高水安全管理信息系统的效率和有效性，还需要公众的支持和参与，建立新的全球水道德，加强水忧患意识和节水意识教育，走向一个新的时代 —— 节水型社会。

（三）未来20年水资源科技的重大战略问题

1. 流域水资源演变规律与科学调控

（1）关键科学问题：流域水资源系统现代格局是怎样形成的？如何区分流域水资源系统演化中自然因素和人文因素的作用？在全球变化背景和经济与社会快速发展背景下，长江流域水资源未来发展趋势如何？如何对流域水资源变化实施有效适度调控，使其适应流域可持续发展的需要？

（2）主要研究内容有：流域水资源系统历史演变规律与现代变化特征；流域水资源系统对全球气候变化的响应；流域人-水-地系统现代格局与人类活动作用的识别；流域水沙输移及其与流域地貌系统的相互作用；重大水工程对流域水资源未来变化趋势的影响；流域水资源承载能力评价与人-水-地关系调控。

2. 水资源可持续利用的科技问题

（1）水资源循环再生利用技术。重点研究北方缺水地区由于气候变化和大规模的水资源开发利用对水资源形成和再生机理的影响，摸清水资源衰减和再生性维持机理，探讨新形势条件下水均衡估算的方法以及水资源可持续利用的方式和对策。

（2）节水和水资源高效利用技术。发展农业、工业和城市节水高效利用，建设节水防污型社会。需要进行水资源合理开发和合理配置技术研究；高效输水新技术研究；农业灌溉、工业和城市节水的新技术和污水资源化的新技术研究及设备产业化，以及相应的经济技术政策研究。

（3）水环境保护与流域生态建设。研究解决我国主要湖水体污染防治、西部自然生态脆弱区水资源开发利用与生态环境建设和水利水电工程建设的生态环境效应等重大科技问题。研究在人类活动和自然条件变化的共同作用下长江、黄河流域的治理和开发技术问题。

（4）防洪抗旱与减灾技术。研究如何在流域生态系统重建的大框架下部署防洪抗旱建设，研究解决人与自然协调共处的防洪抗旱战略相关的科学技术难题。

（5）水资源和水环境监测系统与信息共享平台建设。研究开发水资源和水环境监测技术和信息共享平台，实现对水资源和水环境以及洪旱灾害大范围全天候分布式的动态监测。

（6）咸水、海水利用与海水淡化技术。大力发展咸水、海水直接利用、海水淡化和海水综合利用技术，使咸水与海水利用成为部分替代性水资源。

总之，作为水资源学的研究必须为上述重大问题提供理论依据、方法、原则和切入点。从水资源学的三个研究层面上看，在基础研究层面，近期应加强人类活动对水资源的影响研究；在应用研究层面，近期应加强水资源优化配置和高效利用的研究；在综合研究层面，近期应加强水平衡特别是生态环境系统水平衡的研究，全面推动水资源学的发展。

（1）人类活动对水资源影响研究。随着人类社会生产力水平的提高，人类活动对水资源的影响越来越大，在水资源危机、洪涝灾害和水污染形势日益严峻的今天，更应着重研究，以规范人类的行为，自觉遵循水资源的自然规律，提高全社会的水文明水平。除了研究植被破坏、酸雨、水体污染、地下水超采和滨海赤潮等不利于水资源永续利用的现象以外，还要重点研究水环境、用水管理和节水型社会建设的理论方法和对策。需要研究不同类型地区地表水、地下水、空中水的"三水"转换定量关系，并在此基础上进一步研究水资源自然分配在人为因素作用下的变化规律，为水资源优化配置奠定基础。

（2）水资源优化配置研究。由于我国的水资源相对匮乏，以及人水、地水组合错位，只有通过人为地合理调控来优化配置水资源。实现水资源优化配置的手段主要有工程手段、经济手段、行政手段和法制手段等，实际操作中往往表现为各种手段的组合。调节水资源在时间、空间的分布，表现为蓄水、调水，需要充分考虑水资源的承载能力和加强研究维护生态环境用水的理论依据；调节水资源在部门、行业之间的分配，调节水资源在用水者、用水户之间的分配，表现为水商品消费行为，需要充分考虑用水定额管理和研究水权、水价、水市场。

（3）生态环境系统水平衡研究。水资源优化配置一个重要的前提条件就是要保证生态环境用水。国外曾经有人提出，开发利用量最好不要超过河道来水量的25%。从我国降水年内分配不均出发，提出开发限度以不超过河道年来水量的40%为宜，即在维持河道最小水流的前提下，可开发利用部分汛期来水。因此有专家提出用控制断面下泄流量法来计算河道生态环境用水。我国地域辽阔，自然条件千变万化，河道所处的位置、控制断面以上的面积、上下游用水情况都不同。因此，在决定控制断面下泄流量时，一定要多方比较，因地而异。同样条件下，干流比支流的下泄比例可小些；干旱地区比湿润地区同样河流下泄水量比例要大些；下游用水量大的河流比下游用水量小的河流要大些等。水资源可开发量的具体确定，应根据具体的时间、地点和条件，既要考虑当前的实际需要，也要考虑未来发展的需要，在水资源科学规划和经济社会发展规划的框架下统筹兼顾。

水资源学还是一个极为年轻的学科，在水科学面临种种悖论的条件下，表现出勃勃生机。人们思想也正在实现从传统水利向可持续发展水利转变。在 21 世纪，水资源学肩负着自己的历史重任，需要为构建可持续发展的中国水资源安全保障体系服务。这一体系至少包括五个方面，即水资源节约体系、市场体系、科技体系、管理体系和宣传教育体系。水资源学研究的特点是与水资源实践紧密结合，在实践中不断丰富、发展和完善，并将逐步形成自己完整的学科体系 —— 水资源科学。

第五章 水资源开发利用

第一节 水资源开发利用概述

一、水资源开发利用状况

在过去300年中，人类用水量增加35倍多。在近几十年内，取水量年递增4%～8%，增加幅度最大的是发展中国家，发达国家用水状况则趋于稳定。由于世界各地人口及水资源数量的差异性，人均年用水量差别很大。由此可见，发达地区人均年用水量是发展中地区和工农业落后地区的3～8倍。

就全球而论，历年来农业用水一直占总用水量的2/3以上。不同自然条件、作物组成和灌溉方式，用水量大小差异很大。

工业用水是水资源利用的一个重要组成部分，其取用水量约为全球用水总量的1/4左右。由于工业用水组成十分复杂，故用水量多少决定于工业类别、生产方式、用水工艺和水平以及自然条件和管理等，也和工业化水平有关。世界工业用水量的发展逐年增长很快。

生活用水随着人口增加和生活水平的提高而增加，也与气候和温度有关。随着社会进步，生活用水要求的量较大，而且对质量要求也较高。但总体而论，生活用水量占全球总用水量的比例较小，一般约8%左右。

地下水资源由于其水质优良，清洁卫生，少受污染而在供水中占据重要地位。我国农业用水中地下水占80%，全国近75%的人口饮用地下水。

二、中国水资源开发利用状况

20 世纪 80 年代初，我国供水水利设施的实际供水量为 443.7km³，占全国平均水资源总量的 16%。其中，引用河川径流量 381.8km³，占总供水量的 86%，开采地下水 61.9km³，占总供水量的 14%。我国的年用水总量与我国的水资源总量在世界上所占的位置类似，居世界前列，用水总量高居世界第二位。遗憾的是，人均用水量不足世界人均用水量的 1/3，仅为世界水平的 61%，相当于美国的 20%，相当于日本的 57%。在我国的用水中，工农业和城市用水的组成为：农业用水占 88.2%，工业用水占 1.3%，城市生活用水占 1.5%。与世界上先进国家相比，工业和城市生活用水所占的比例较低，农业用水占的比例过大，总用水水平较低。随着工业化、城市化的发展及用水结构的调整，我国用水的水平还将进一步提高。

三、地下水资源开发利用状况

我国地下水资源在开发利用程度上各地极不平衡，差异较大。总的说来，我国北方的地下水资源的开发利用程度要高于南方。尤其需要注意的是，南、北方之间气候、地理条件、地质条件的明显差异造成用水组成上差异较大，北方地区地下水在工农业生产和生活水中占据较大的比例，远远高于南方。在北方，地表水供水量占总供水量的 75.3%，地下水占 24.7%；南方地表水占其总供水量的 96.5%，而地下水仅占 3.5%。具体表现为：在北方地区，华北、东北两北地区地下水的用水比例以华北地区为最高，其次为东北。在工业、农业和城镇生活用水中均以华北地区的北京、天津、河北、山西、内蒙古及华东地区山东、河南的地下水用水比例为最高，约 68% 的工业用水、45% 的农业用水和 71% 的生活用水依靠地下水。这充分表明，地下水在华北地区有极为重要的作用。

在我国，全国 70% 的人口饮用地下水。据 1988 年对 107 个重点城市的统计，50% 以上的城市以地下水为主要饮用水，城市地下水供水量占城市总供水量的 1/3。北方 15 省（直辖市、自治区）城市生活和工业供水中，地下水供水量占总供水量的 50% 以上。

据对南方 41 个重点城市的统计，供水水源以地下水为主的城市占 20%，仅以地表水为水源的占 41%，地表水为主、地下水为辅的占 39%。调查结果表明，近些年来，在南方一些城市开采的地下水，作为生活饮用和工业自备水源使用；在干旱季节缺水山区开采地下水，供农村人畜和各种用途使用，总体可看出南方地下水开采量有明显增加的趋势。

第二节　水资源开发利用工程

水资源开发利用工程是对自然界的地表水和地下水进行控制和调配，以达兴利除害目的而修建的工程实体，可称之为水资源开发利用工程。从水资源开发利用角度讲，它具供水的意义，这就和目前有些水利工程有明显的区别。

按照开发利用的水资源类型，水资源工程（取水构筑物）一般分为地表水和地下水开发利用工程两类。

一、地表水取水构筑物

工程的型式应适应特定的河流水文、地形及地质条件，并考虑到工程的施工条件和技术要求。根据水源自然条件和用户对取水要求的差异，地表水取水构筑物可有不同形式。如取水形式可以分为蓄水工程、自流引水式和加压式（抽水站）等，按照加压式又可进一步将取水构筑物分为固定式、移动式，每类还可细分。每类工程自取水处至用户均应修建渠道（明渠）涵洞、管道等输水建筑物。

（一）自流引水式工程

河道天然流量能满足用水要求时，如水位高程也合适，可直接用引水渠引水；但当河流水位较低，或河水位虽高，但引水流量较大，或小水期需从河道引取大部分或全部来水时，则需修建拦河工程，以适当壅高上游水位和宣泄多余来水，并修建防沙及冲刷建筑物或根据需要修建发电、通航、过木、过鱼等专门建筑物，这些引水建筑物的综合体，就形成了引水枢纽，简称为渠首。除满足引水要求外，还应满足河道防洪和河道综合利用要求。

引水枢纽分为无坝引水和有坝引水两种型式。无坝引水枢纽是在河岸适当位置开设引水口和修建其他附属建筑物，但不拦河筑坝壅高水位。优点在于工程简单，投资少，引水对河道综合利用影响小。但缺点在于，引水口工作受控于河道水位涨落，水口所在河段的冲淤变形难以控制，故引水可靠性差。这种型式适于大河引水，需要依据河势，慎重选择引水口位置。

有坝引水枢纽修建有拦河低坝，这种低坝虽对河道径流无调节能力，仅用以控制河道引水水位。但可影响河床变形、航运和过鱼等。一般适用于大流量引水，应用非常广泛。

由于采取自流方式直接从河道引水，引水高程受河流河床断面控制，由于对河道水沙缺乏调节功能，引水流量受河道径流变化影响，且易引入大量泥沙。一般在洪水期间水位高，流量和含沙量较大，而枯水期则相反，故引水枢纽统一河源来水同用水供需间矛盾，在满足河道防洪和综合利用的同时，应能拦截或复归粗颗粒泥沙于河道，按照用水时间分配要求和限沙要求自流引水入渠。故此，引水口应开设于适宜高程并具有足够尺寸，且必须靠近主流，并辅以河道治理措施，防止引水口被洪水冲毁或被沙淤塞。

（二）蓄水工程

河流的天然流量及水位年际或年内均有丰、枯变化，而从供水，特别是城市、工业及人畜用水均有永续性和连续性要求，为了调节河源来水和用水在时间上的矛盾，常需要在河道上修建拦河坝以形成水库并抬高库内水位，利用水库的库容调节来水流量，以满足用户要求。

蓄水工程由挡水建筑物、泄水建筑物和放（引）水建筑物组成。若多目标运行时，还可建有水电站或船闸等专门建筑物。

（三）扬水工程

当两岸地面远高出河道水流水位的时候，即使修建蓄水工程或拦河坝，也不能自流引水时，则必须通过修建泵房，通过一级或多级加压而将水送至用户，这样的取水工程称为扬水工程。

扬水工程按取水口工程构筑物构造型式，分为固定、移动取水构筑物两类，但无论哪种类型，取水口建筑主要有集水建筑物（集水井、池）和加压泵房。

二、地下水取水构筑物

由于地下水的类型、含水层性质及其埋藏深度等取水条件、施工条件和供水要求各不相同，故而，开采取集地下水的方式和构筑物类型等选择必须因地制宜加以确定。

地下水取水构筑物依其设置方向是否与地表垂直分为垂直取水构筑物和水平取水构筑物 2 种形式。垂直取水构筑物主要为管井、大口井及辐射井。依其是否揭穿整个含水层厚度又可分为完整井和非完整井。而水平取水构筑物的设置方向与地表大体平行，主要有渗水管和渗渠及集水廊道等。此外有些条件下也可采用取水斜井等。此外，我国新疆一带以及西北地区的坎儿井和截潜流工程、引泉工程也在实际中得到广泛应用。

常见的地下水取水构筑物及适用条件列表见表 5-1。

表 5-1　地下水集水构筑物类型及适用条件

类型	尺寸	井深 /m	适用范围				出水量 / ($m^3 \cdot d^{-1}$)
			地下水类型	埋深 /m	含水层厚度 /m	水文地质特征	
管井	D=50 ～ 1000mm 常用 D=150 ～ 600mm	< 300 也有 > 300	潜水 承压水	< 200	> 5	各种性质的岩石及土层	500 ～ 600
大口井		2 ～ 10m 常见 4 ～ 8m < 20 6 ～ 20常见 潜水 承压水 < 10			5 ～ 15	砂卵砾石层及黄土层	500 ～ 30000
辐射井	D=4 ～ 6m 辐射管 D=50 ～ 300mm	3 ～ 12	潜水 承压水	< 12	> 2	中粗砂及砂石层、黄土层等	5000 ～ 50000
渗渠	D=450 ～ 1500mm 常见 D=600 ～ 1000mm	< 10 常见 4 ～ 6	潜水及河床地区	< 2	4 ～ 6	中粗砂及砂石层	10 ～ 30$m^3/d \cdot m$

第三节 水资源开发利用对水环境的影响

水资源的开发利用为人类社会进步和经济发展提供了必要的基本物质保证。但十分遗憾的是，长期以来人们习惯认为水是取之不尽、用之不竭的最廉价资源，故在开发利用过程中，不注重保护和爱护。长期的无序开采和不合理利用，产生了一系列与水资源有关的环境、生态和地质问题，严重制约了经济发展和社会进步，并且威胁着人类健康和安全。目前，在水资源开发利用中存在的最突出问题是水资源短缺、生态环境恶化、地质环境不良、水污染严重和管理不善等。显然，水资源的保护和管理，水污染的有效控制与治理已成为人类社会持续发展的重要课题。

一、我国在开发利用水资源过程中出现的问题

（一）水资源过度开发导致生态严重破坏

近半个世纪以来，和平为世界带来了经济大发展的良机。在经济发展的同时，资源及能源消耗空前加大。而随之伴生的是人类活动的规模范围不断地扩大，对自然环境的干预能力更大。在水资源开发利用方面，表现为只注重开发利用，很少注意水源涵养，甚至对河流水量"吃光喝净"，从而致使河流断流问题愈加严重，甚至导致外流河成季节性或内陆河。

我国的海河年径流量原先有 288 亿 m^3，由于上游修建水库，1980—1984 年平均入海水量每年为 20 亿 m^3，致使天津成为严重缺水城市。

由于沿黄地区农田灌溉多为自流式引水，特别是宁蒙河套灌区和黄河下游豫鲁灌区灌溉方式仍以大水漫灌为主，每公顷用水定额高达 15000m^3/a 以上，致使引灌水量远大于国家分配指标。加上近年来气候处于偏干旱趋势，上游来水偏小，所以从 1972 年以来，导致下游山东段几乎年年断流，对下游地区社会、经济和生态环境产生了严重影响，已经引起了社会各界的关注。

人类近乎掠夺性的开发形成的生态环境恶化，使西北内陆河流域的生态环境也面临日趋恶化状况。其主要原因是在河流出山口处修建水库和防渗渠系，河水在戈壁带显著减小，地下水补给来源减少，山前平原区地下水位呈区域性下降，溢出带泉流量衰减。下游地区因地表来水量少，只得抽取地下咸水灌溉，导致土壤盐碱化。而超采地下水，水位下降过大，使大片植被衰退，最后使土地退化，沙化严重。

（二）对水资源开发利用与水环境保护存在制度缺口

我国在水资源开发利用与水环境保护方面存在制度缺口。近年来，我国环境保护部门严格排查打压各种超标准排放污染物的企业，对环境的整治到了不错的作用，

但此举也侧面反映出相关方面的制度缺口。我国部分制造企业在进行产品加工过程中，为扩大企业利益、缩减成本，对污水的处理并未按照相关部门要求，更有甚者，在检查过程中做尽表面功夫，排查过后依然按照之前不合规的流程进行污染排放。目前，水资源的污染问题是人们关注的焦点，而制度方面的漏洞是不可忽视的原因。

（三）城市用水供需矛盾日益尖锐

城市地区，工业和人口相对集中，要求供水保证率高，但供水范围有限，随着城市和工业迅猛发展，全国各大中城市水资源供求矛盾日趋尖锐。

由于供水不足，全国近300个城市存在不同程度缺水，占全国城市69%其中100多个城市严重缺水，高峰季节只能满足需水量的65%～70%。

（四）过度开发地下水引起的水环境问题

以地下水作为主要供水水源的城市，因开采时间，开采深度和开采含水层存在着3个集中，故年地下水的采补失衡，多年一直处于超采状态，地下水位持续下降，并伴随着地面沉降，近海城市还有导致海水入侵的严重问题。这些问题均可认为属于环境水文地质问题。

（五）水资源开发管理不力，浪费严重

现阶段，我国存在严重的水资源浪费现象，而这归根究底是对水资源缺乏认识造成的。我国水资源在季节与地域方面差异较大，而淡水资源更是相对匮乏，与之呈现巨大差异的是我国居民对水资源的浪费。有资料显示，国际平均生活用水为80L/d，我国居民平均用水达到150～200L/d左右；在农业领域，国际定额一般为400～500m³/亩，我国一般在800～1200m³/亩。我国居民生产经营的用水量接近世界平均值的2倍，是严重的浪费现象，这与生产经营中不成熟的工艺流程、不完善的社会结构有关，但更多的是居民对水资源的认识以及对水资源利用方式方面的疏忽。

对水资源开发利用管理不力，体现在对某一流域或地区城市和工业规划布局，城市与农村、工业与农业乃至地表水与地下水，上游与中、下游之间缺乏统一的综合利用规划。如对黄河流域水资源管理缺乏一个统一的、行之有效的管理机构，难以调节、控制上下游之间的用水问题，使全流域各地、各河段目前基本处于无序开发利用状态。虽然早就颁布了各地引黄水量限额，但基本未起到控制作用。使全流域一方面水资源供不应求，供求矛盾十分紧张，另一方面农业用水多以大水漫灌方式为主，工业用水重复利用率不高。全国1989年后，城市工业用水重复利用率为45%，而发达国家已达70%～90%。因此加强管理，提高农田灌溉技术和工业节水技术，可大量节约水资源。

二、水资源开发利用影响下，地下水环境影响评价的关键问题

（一）选择合适的地下水环境评价方法

评价方法在环评工作中发挥着十分重要的作用，采用不合适的评价方法会严重影响环评工作获得的数据结果，直接影响到环评工作的成果质量和有效性。相较于地表水环境，地下水环境更加复杂、多样，在不同的地质、水文条件下，不同的评价方法可能获得截然不同的参数。因此，在地下水环境影响评价过程中，环评人员必须选择合适的评价方法，采集精度更高、有效性更高的地下水环境参数，提高环评工作质量。以工业废水排放为主区域的地下水环境必然与以农业种植为主区域的地下水环境不同，不同理化生性质的污染物对地下水环境造成的影响不同，工业废水的排放直接作用在地下水资源本身，农业种植导致的农药、化肥残留往往先改变地质条件、土壤条件，再经由土壤来影响地下水环境，二者的路径和所能造成的影响是不同的，需要环评人员采用合适的评价方法，提高环评工作的质量和有效性。

（二）选择合适的地下水环境监测方法

地下水资源的开发和利用是长期的工作，且地下水环境往往是变化的，因此，环评人员在进行地下水环境评价过程中，要选择合适的长期监测方法，对环境影响评价的对象进行动态长期监测，确定地下水环境的质量，在地下水资源开发利用过程中做好保护工作，改善地下水环境。在环评工作中，环评工作人员可以借助计算机软件和数值模型对地下水环境进行动态综合评价，深度挖掘地下水环境的潜在问题和价值，挖掘水资源开发利用为地下水环境造成的负面影响，采取相应的预防和补救措施降低水资源开发利用带来的不良影响，提高对地下水环境的保护程度。与此同时，环评人员为地下水环境建立的数值模型，还能够动态监测地下水资源开发利用所造成的细微变化，这些细微变化往往隐藏在长期的资源开发背后，短期难以从参数的变化上得到，但长期的参数变化能够通过趋势的变化而反应出，帮助环评人员更有效地评价水资源开发利用工作。

（三）正确认识地下水资源开发利用的价值

对于地下水资源而言，合理的开发是有必要的，并不是说不开发资源就是在保护资源，这一点是环评工作者需要正确认识的。根据实际环境参数可知，土壤的盐碱化与当地的水分蒸发量、降水量、地下水位高度都有脱离不开的关系。当区域内的蒸发量远大于降水量时，土壤表面的水分被大幅度蒸发，导致土壤表层干燥，表层的干燥会带动更多的地下水通过毛细现象到达土壤表层，这些地下水的上升会带动一定的盐分至土壤表层，当这些地下水被蒸发后，盐分就被留在土壤表层，日积月累之下改变土壤的理化性质，形成盐碱地。因此，当地下水位下降一定深度后，能够有效减少地下水被毛细现象带上土壤表层的量，减少土壤表层的地下水蒸发量，缓解土壤的盐碱化程度。也正因此，环评工作人员可以辅助当地环境保护工作者进行地下水位的控制，将其控制在减少地下水蒸发量又能够满足地表植被生长所需的范围内，保证当地地下水资源的开发利用，同时保护地下水环境。

第六章 水资源规划

第一节 水资源规划概述

一、水资源规划的概念

水资源规划是我国水利规划的主要组成部分，对水资源的合理评价、供需分析、优化配置和有效保护具有重要的指导意义。水资源规划的概念是人类长期从事水事活动的产物，是人类在漫长历史过程中在防洪、抗旱、灌溉等一系列的水利活动中逐步形成的，并随着人类生活及生产力的提高而不断地发展变化。

美国的古德曼（ASGoodman）认为水资源规划就是在开发利用水资源过程中，对水资源的开发目标及其功能在相互协调的前提下做出总体安排。陈家琦教授等认为，水资源规划是指在统一的方针、任务和目标的约束下，对有关水资源的评价、分配和供需平衡分析及对策，以及方案实施后可能对经济、社会和环境的影响方面而制定的总体安排。左其亭教授等认为，水资源规划是以水资源利用、调配为对象，在一定区域内为开发水资源、防治水患、保护生态环境、提高水资源综合利用效益而制定的总体措施、计划与安排。

二、水资源规划的编制原则

水资源规划是为适应社会和经济发展的需要而制定的对水资源开发利用和保护工作的战略性布局。其作用是协调各用水部门和地区间的用水要求，使有限的可用水资源在不同用户和地区间合理分配，减少用水矛盾，以达到社会、经济和环境效益的优化组合，并充分估计规划中拟定的水资源开发利用可能引发的对生态环境的不利影响，并提出对策，实现水资源可持续利用的目的。

（一）全局统筹，兼顾社会经济发展与生态环境保护的原则

水资源规划是一个系统工程，必须从整体、全局的观点来分析评价水资源系统，以整体最优为目标，避免片面追求某一方面、某一区域作用的水资源规划。水资源规划不仅要有全局统筹的要求，在当前生态环境变化的背景下，还要兼顾社会经济发展与生态环境保护之间的平衡。区域社会经济发展要以不破坏区域生态环境为前提，同时要与水资源承载力和生态环境承载力相适应，在充分考虑生态环境用水需求的前提下，制定合理的国民经济发展的可供水量，最终实现社会经济与生态环境的可持续协调发展。

（二）水资源优化配置原则

从水循环角度分析，考虑水资源利用的供用耗排过程，水资源配置的核心实际是关于流域耗水的分配和平衡。具体来讲，水资源合理配置是指依据社会经济与生态环境可持续发展的需要，以有效、公平和可持续发展的原则，对有限的、不同形式的水资源，通过工程和非工程措施，调节水资源的时空分布等，在社会经济与生态环境用水，以及社会经济构成中各类用水户之间进行科学合理的分配。由于水资源的有限性，在水资源分配利用中存在供需矛盾，如各类用水户竞争、流域协调、经济与生态环境用水效益、当前用水与未来用水等一系列的复杂关系。水资源的优化配置就是要在上述一系列复杂关系中寻求一个各个方面都可接受的水资源分配方案。一般而言，要以实现总体效益最大为目标，避免对某一个体的效益或利益的片面追求。而优化配置则是人们在寻找合理配置方案中所利用的方法和手段。

（三）可持续发展原则

从传统发展模式向可持续发展模式转变，必然要求传统发展模式下的水利工作方针向可持续发展模式下的水利工作方针实现相应的转变。因此，水资源规划的指导思想，要从传统的偏于对自然规律和工程规律的认识，向更多认识经济规律和管理作用过渡；从注重单一工程的建设，向发挥工程系统的整体作用并注意水资源的整体性努力；从以工程措施为主，逐步转向工程措施与非工程措施并重；由主要依靠外延增加供水，逐步向提高利用效率和挖潜配套改造等内涵发展方式过渡；从单纯注重经济用水，逐步转向社会经济用水与生态环境用水并重；从单纯依靠工程手段进行资源配置，向更多依靠经济、法律、管理手段逐步过渡。

（四）系统分析和综合利用原则

水资源规划涉及多个方面、多个部门及众多行业，同时在各用水户竞争、水资源时空分布、优化配置等一系列的复杂关系中很难实现水资源供需完全平衡。这就需要在制定水资源规划时，既要对问题进行系统分析，又要采取综合措施，开源与

节流并举，最大可能地满足各方面的需求，让有限的水资源创造更多的效益，实现其效用价值的最大化。同时进行水资源的再循环利用，提高污水的处理率，实现污水再处理后用于清洗、绿化灌溉等领域。

三、水资源规划的指导思想

（1）水资源规划需要综合考虑社会效益、经济效益和环境效益，确保社会经济发展与水资源利用、生态环境保护相协调。

（2）需要考虑水资源的可承载能力或可再生性，使水资源利用在可持续利用的允许范围内，确保当代人与后代人之间的协调。

（3）需要考虑水资源规划的实施与社会经济发展水平相适应，确保水资源规划方案在现有条件下是可行的。

（4）需要从区域或流域整体的角度来看待问题，考虑流域上下游以及不同区域用水间的平衡，确保区域社会经济持续协调发展。

（5）需要与社会经济发展密切结合，注重全社会公众的广泛参与，注重从社会发展根源上来寻找解决水问题的途径，也配合采取一些经济手段，确保"人"与"自然"的协调。

四、水资源规划的内容与任务

（一）水资源规划的内容

水资源规划涉及面比较广，涉及的内容包括水文学、水资源学、经济学、管理学、生态学、地理学等众多学科，涉及区域内一切与水资源有关的相关部分，以及工农业生产活动，如何制定合理的水资源规划方案，协调满足各行业及各类水资源使用者的利益，是水资源规划要解决的关键性基础问题，也是衡量水资源规划科学合理性的标准。

水资源规划的主要内容包括：

（1）水资源量与质的计算与评估、水资源功能的划分与协调；

（2）水资源的供需平衡分析与水量优化配置；

（3）水环境保护与灾害防治规划以及相应的水利工程规划方案设计及论证等。

水资源规划的核心问题，是水资源合理配置，即水资源与其他自然资源、生态环境及经济社会发展的优化配置，达到效用的最大化。

（二）水资源规划的任务

水资源系统规划是从系统整体出发，依据系统范围内的社会发展和国民经济部门用水的需求，制定流域或地区的水资源开发和河流治理的总体策划工作。其基本任务就是根据国家或地区的社会经济发展现状及计划，在满足生态环境保护以及国民经济各部门发展对水资源需求的前提下，针对区域内水资源条件及特点，按预定的规划目标，制定区域水资源的开发利用方案，提出具体的工程开发方案及开发次序方案等。区域水资源规划的制定不仅仅要考虑区域社会经济发展的要求，同时区域水资源条件和规划的制定对区域国民经济发展速度、结构、模式，生态环境保护标准等都具有一定的约束。区域水资源规划成果也对区域制定各项水利工程设施建设提供了依据。

水资源规划的具体任务是：

（1）评价区域内水资源开发利用现状；

（2）分析流域或区域条件和特点；

（3）预测经济社会发展趋势与用水前景；

（4）探索规划区内水与宏观经济活动间的相互关系，并根据国家建设方针政策和规定的目标要求，拟定区域在一定时间内应采取的方针、任务，提出主要措施方向、关键工程布局、水资源合理配置、水资源保护对策，以及实施步骤和对区域水资源管理的意见等。

五、水资源规划的类型

水资源系统规划根据不同范围和要求，主要分为以下几种类型。

（一）江河流域水资源规划

流域水资源规划的对象是整个江河流域。它包括大型江河流域的水资源规划和中小型河流流域的水资源规划。其研究区域一般是按照地表水系空间地理位置划分的，以流域分水岭为系统边界的水资源系统。内容涉及国民经济发展、地区开发、自然资源与环境保护、社会福利以及其他与水资源有关的问题。

（二）跨流域水资源规划

它是以一个以上的流域为对象，以跨流域调水为目标的水资源规划。跨流域调水涉及多个流域的社会经济发展、水资源利用和生态环境保护等问题。因此，规划中考虑的问题要比单个流域水资源规划更加广泛、复杂，需要探讨水资源分配可能对各个流域带来的社会经济影响。

（三）地区水资源规划

地区水资源规划一般是以行政区域或经济区、工程影响区为对象的水资源系统规划。研究内容基本与流域水资源规划相近，规划的重点因具体的区域和水资源功能的不同而有所侧重。

（四）专门水资源规划

专门水资源规划是以流域或地区某一专门任务为对象或某一行业所作的水资源规划。如防洪规划、水力发电规划、灌溉规划、水资源保护规划、航运规划以及重大水利工程规划等。

六、水资源规划的一般程序

水资源规划的步骤，因研究区域、水资源功能侧重点的不同、所属行业的不同以及规划目标的差异而有所区别。但基本程序步骤一致，概括起来主要有以下几个步骤。

（一）现场勘探，收集资料

现场勘探、收集资料是最重要的基础工作。基础资料掌握的情况越详细越具体，越有利于规划工作的顺利进行。水资源规划需要收集的基础数据，主要包括相关的社会经济发展资料、水文气象资料、地质资料、水资源开发利用资料以及地形资料等。资料的精度和详细程度主要是根据规划工作所采用的方法和规划目标要求决定的。

（二）整理资料，分析问题，确定规划目标

对资料进行整理，包括资料的归并、分类、可靠性检查以及资料的合理插补等。通过整理、分析资料，明确规划区内的问题和开发要求，选定规划目标，作为制定规划方案的依据。

（三）水资源评价及供需分析

水资源评价的内容包括规划区水文要素的规律研究和降水量、地表水资源量、地下水资源量以及水资源总量的计算。在进行水资源评价之后，需要进一步对水资源供需关系进行分析。其实质是针对不同时期的需水量，计算相应的水资源工程可供水量，进而分析需水的供应满足程度。

（四）拟定和选定规划方案

根据规划问题和目标，拟定若干规划方案，进行系统分析。拟订方案是在前面工作基础之上，根据规划目标、要求和资源的情况，人为拟定的。方案的选择要尽可能地反映各方面的意见和需求，防止片面的规划方案。优选方案是通过建立数学模型，采用计算机模拟技术，对拟选方案进行检验评价。

（五）实施的具体措施及综合评价

根据优选方案得到的规划方案，制定相应的具体措施，并进行社会、经济和环境等多准则综合评价，最终确定水资源规划方案。方案实施后，对国民经济、社会发展、生态与环境保护均会产生不同程度的影响，通过综合评价法，多方面、多指标进行综合分析，全面权衡利弊得失，最后确定方案。

（六）成果审查与实施

成果审查是把规划成果按程序上报，通过一定程序审查。如果审查通过，进入到规划安排实施阶段；如果提出修改意见，就要进一步修改。

水资源规划是一项复杂、涉及面广的系统工程，在规划实际制定过程中很难一次性完成让各个部门和个人都满意的规划。规划需要经过多次的反馈、协调，直至各个部门对规划成果都较满意为止。此外，由于外部条件的改变以及人们对水资源

规划认识的深入，要对规划方案进行适当的修改、补充和完善。

第二节 水资源规划的基础理论

水资源规划涉及面广，问题往往比较复杂，不仅涉及自然科学领域知识，如水资源学、生态学、环境学等众多学科，以及水利工程建设等工程技术领域，同时还涉及经济学、社会学、管理学等社会科学领域。因此，水资源规划是建立在自然科学和社会科学两大基础之上的综合应用学科。水资源规划简化为三个层次的权衡。

（1）哲学层次：即基本价值观问题，如何看待自然状态下的水资源价值、生态环境价值，以及以人类自身利益为标准的水资源价值、生态环境价值，两者之间权衡的问题等。

（2）经济学层次：识别各类规划活动的边际成本，率定水利活动的社会效益、经济效益及生态环境效益。

（3）工程学层次：认识自然规律、工程规律和管理规律，通过工程措施和非工程措施保证规划预期实现。

一、水资源学基础

水资源学是水资源规划的基础，是研究地球水资源形成、循环、演化过程规律的科学。随着水资源科学的不断发展完善，在其成长过程中，其主要研究对象可以归结为三个方面：研究自然界水资源的形成、演化、运动的机理，水资源在地球上的空间分布及其变化的规律，以及在不同区域上的数量；研究在人类社会及其经济发展中为满足对水资源的需要而开发利用水资源的科学途径；研究在人类开发利用水资源过程中引起的环境变化，以及水循环自身变化对自然水资源规律的影响，探求在变化环境中如何保持水资源的可持续利用途径等。从水资源学的三个主要研究内容就可以看出，水资源学本身的研究内容涉及众多相关领域的基础科学，如水文学、水力学、水动力学等。以水的三相转化以及全球、区域水循环过程为基础，通过对水循环过程的深入研究，实现水资源规划的优化提高。

二、经济学基础

水资源规划的经济学基础主要表现在两个方面：一方面是水资源规划作为具体工程与管理项目本身对经济与财务核算的需要；另一方面是水资源规划作为区域国民宏观经济规划的重要组成部分，需要在国家经济体制条件下在国家政府层面进行宏观经济分析。在微观层面，水利工程项目的建设，需要进行投资效益、益本比、内部回收率以及边际成本等分析，具体工程的投资建设都需要进行工程投资财务核算，要求达到工程建设实施的财务计算净盈利。在宏观层面，仅以市场经济学的价值规律作为水资源规划的基础，必然使水资源的社会价值、生态环境效益、生态服务效益得不到充分的体现。因此，水资源规划既要在微观层面考虑具体水利工程的收益问题，更要考虑区域宏观经济可持续发展的需要。根据社会净福利最大和边际成本替代两个准则确定合理的水资源供需平衡水平，二者间的平衡水平应以更大范围内的全社会总代价最小为准则（即社会净福利最大），为区域国民经济发展提供合理科学持续的水资源保障。

三、工程技术基础

水资源的开发利用模式多种多样，涉及社会经济的各个方面，因此与之相关的科学基础均可看作是水资源规划的学科基础，如工程力学、结构力学、材料力学、水能利用学、水工建筑物学、农田水利、给排水工程学、水利经济学等，也包括有关的应用基础科学，如水文学、水力学、工程力学、土力学、岩石力学、河流动力学、工程地质学等，还包括现代信息科学，如计算机技术、通信、网络、遥感、自动控制等。此外，还涉及相关的地球科学，如气象学、地质学、地理学、测绘学、农学、林学、生态学、管理学等学科。

四、环境工程、环境科学基础

水资源规划中涉及的"环境"是一个广义的环境，包括环境保护意义下的环境，即环境的污染问题；另一个是生态环境，即普遍性的生态环境问题。水资源的开发利用不可避免地会影响到自然生态环境中水循环的改变，引起水环境、水化学性质、水生态等诸多方面发生相应的改变。从自然规律看，各种自然地理要素作用下形成的流域水循环，是流域复合生态系统的主要控制性因素，对人为产生的物理与化学干扰极为敏感。流域的水循环规律改变可能引起在资源、环境、生态方面的一系列不利效应：流域产流机制改变，在同等降水条件下，水资源总量会发生相应的改变；径流减少则导致河床泥沙淤积规律改变，在多沙河流上泥沙淤积又使河床抬高、河势重塑；径流减少还导致水环境容量减少而水质等级降低等。

第三节 水资源供需平衡分析

水资源供需平衡分析就是在综合考虑社会、经济、环境和水资源的相互关系基础上，分析不同发展时期、各种规划方案的水资源供需状况。水资源供需平衡分析就是采取各种措施使水资源供水量与需水量处于平衡状态。水资源供需平衡的基本思想就是"开源节流"。开源就是增加水源，包括各类新的水源、海水利用、非常规水资源的开发利用、虚拟水等，而节流就是通过各种手段抑制水资源的需求，包括通过技术手段提高水资源利用率和利用效率，如进行产业结构调整、改革管理制度等。

一、需求预测分析

需水预测是水资源长期规划的基础，也是水资源管理的重要依据。区域或流域的需水预测是制定区域未来发展规划的重要参考依据。需水预测是水资源供需平衡分析的重要环节。需水预测与供水预测及供需分析有密切的联系，需水预测要根据供需分析反馈的结果，对需水方案及预测成果进行反复和互动式的调整。

需水预测是在现状用水调查与用水水平分析的基础上，依据水资源高效利用和统筹安排生活、生产、生态用水的原则，根据经济社会发展趋势的预测成果，进行不同水平年、不同保证率和不同方案的需水量预测。需水量预测是一个动态预测过程，与利用效率、节约用水及水资源配量不断循环反馈，同时需水量变化与社会经济发展速度、结构、模式、工农业生产布局等诸多因素相关。如我国改革开放后，社会经济的迅速发展，人口的增长，城市化进程加速及生活水平的提高，都导致了我国水资源需求量的急剧增长。

（一）需水预测原则

需水预测应以各地不同水平年的社会经济发展指标为依据，有条件时应以投入产出表为基础建立宏观经济模型。从人口与经济驱动增长的两大因素入手，结合具体的水资源状况、水利工程条件以及过去长期多年来各部门需水量增长的实际过程，分析其发展趋势，采用多种方法进行计算比对，并论证所采用的指标和数据的合理性。需水预测应着重分析评价各项用水定额的变化特点、用水结构和用水量的变化趋势，并分析计算各项耗水量的指标。

此外，预测中应遵循以下主要原则：

（1）以各规划水平年社会经济发展指标为依据，贯彻可持续发展的原则，统筹兼顾社会、经济、生态、环境等各部门发展对需水的要求。

（2）全面贯彻节水方针，研究节水措施推广对需水的影响。

（3）研究工、农业结构变化和工艺改革对需水的影响。

（4）需水预测要符合区域特点和用水习惯。

（二）需水预测内容

按照水资源的用途和对象，可将需水类型分为生产需水、生活需水和生态环境需水，其中生产需水包括第一产业需水（农业需水）和第二产业需水（主要指工业需水）（表6-1）。

表 6-1 用水户分类口径及其层次结构表

一级	二级	三级	四级	备注
生活	生活	城镇生活	城镇居民生活	城镇居民生活用水（不包括公共用水）
		农村生活	农村居民生活	农村居民生活用水（不包括牲畜用水）
生产	第一产业	种植业	水田	水稻等
			水浇地	小麦、玉米、棉花、蔬菜、油料等
		林、牧、渔业	灌溉林果地	果树、苗圃、经济林等
			灌溉草场	人工草场、灌溉的天然草场、饲料基地等
			牲畜	大、小牲畜
			鱼塘	鱼塘补水
	第二产业	工业	高用水工业	纺织、造纸、石化、冶金
			一般工业	采掘、食品、木材、建材、机械、电子、其他［包括电力工业中非火（核）电部分］
			火（核）电工业	循环式、直流式
		建筑业	建筑业	建筑业
	第三产业	商饮业	商饮业	商业、饮食业
		服务业	服务业	货运邮电业、其他服务业、城市消防、公共服务及城市特殊用水
生态环境	河道内	生态环境功能	河道基本功能	基流、冲沙、防凌、稀释净化等
			河口生态环境	冲淤保港、防潮压碱、河口生物等
			通河湖泊与湿地	通河湖泊与湿地等
			其他河道内	根据具体情况设定
	河道外	生态环境功能	湖泊湿地	湖泊、沼泽、滩涂等
		生态环境建设	美化城市景观	绿化用水、城镇河湖补水、环境卫生用水等
			生态环境建设	地下水回补、防沙固沙、防护林草、水土保持等

注：①农作物分类、耗水行业和生态环境分类等因地而异，根据各地区情况而确定；
　　②分项生态环境用水量之间有重复，提出总量时取外包线；
　　③河道内其他非消耗水量的用户包括水力发电、内河航运等，未列入本表；
　　④生产用水应分成城镇和农村两类口径分别进行统计或预测，并将城市市区单列。

1. 工业需水

工业需水是指在整个工业生产过程中所需水量，包括制造、加工、冷却、空调、净化、洗涤等各方面用水。一个地区的工业需水量大小，与该地区的产业结构、行业生产性质及产品结构、用水效率，企业生产规模、生产工艺、生产设备及技术水平、用水管理与水价水平、自然因素与取水条件有关。

2. 农业需水

农业需水是指农业生产过程中所需水量，按产业类型又可细化为种植业、林业、牧业、渔业。农业需水量与灌溉面积、方式、作物构成、田间配套、灌溉方式、渠系渗漏、有效降雨、土壤性质和管理水平等因素密切相关。

3. 生活需水

生活需水包括居民用水和公共用水两部分，根据地域又可分为城市生活用水和农村生活用水。居民生活用水是指居民维持日常生活的家庭和个人用水，包括饮用、洗涤等用水；公共用水包括机关办公、商业、服务业、医疗、文化体育、学校等设施用水，以及市政用水（绿化、道路清洁）。一个地区的生活用水与该地区的人均收入水平、水价水平、节水器具推广与普及情况、生活用水习惯、城市规划、供水条件和现状用水水平等多方面因素有关。

4. 生态环境需水

生态环境需水是维持生态系统最基本的生存条件及最基本的生态服务价值功能所需要的水量，包括森林、草地等天然生态系统用水，湿地、绿洲保护需水，维持河道基流用水等。它与区域的气候、植被、土壤等自然因素和水资源条件、开发程度、环境意识等多种因素有关。

（三）需水预测方法

1. 指标量值的预测方法

按照是否采用统计方法分为统计方法与非统计方法；按预测时期长短分为即期预测、短期预测、中期预测和长期预测；按是否采用数学模型方法分为定量预测法和定性预测法；常用的定量预测方法有趋势外推法、多元回归法和经济计量模型。

（1）趋势外推法。

根据预测指标时间序列数据的趋势变化规律建立模型，并用以推断未来值。这种方法从时间序列的总体进行考察，体现出各种影响因素的综合作用，当预测指标的影响因素错综复杂或有关数据无法得到时，可直接选用时间工作为自变量，综合替代各种影响因素，建立时间序列模型，对未来的发展变化做出大致的判断和估计。该方法只需要预测指标历年的数据资料，工作量较小，应用也较方便。该方法根据原理的不同又可分为多种方法，如平均增减趋势预测、周期叠加外延预测（随机理论）与灰色预测等。

（2）多元回归法。

该方法通过建立预测指标（因变量）与多个主相关变量的因果关系来推断指标的未来值，所采用的回归方程为单一方程。它的优点是能简单定量地表示因变量与多个自变量间的关系，只要知道各自变量的数值就可简单地计算出因变量的大小，方法简单，应用也比较多。

（3）经济计量模型。

该模型不是一个简单的回归方程，而是两个或多个回归方程组成的回归方程组。

这种方法揭示了多种因素相互之间的复杂关系，因而对实际情况的描述更加准确。

2. 用水定额的预测方法

通常情况下，需要预测的用水定额有各行业的净用水定额和毛用水定额，可采用定量预测法，包括趋势外推法、多元回归法与参考对比取值法等，其中参考对比取值法可以结合节水分析成果，考虑产业结构及其布局调整的影响，并可参考有关省市相关部门和行业制定的用水定额标准，再经综合分析后确定用水定额，故该方法较为常用。

二、供给预测分析

供水预测是在规划分区内，对现有供水设施的工程布局、供水能力、运行状况，以及水资源开发程度与存在问题等综合调查分析的基础上，进行对水资源开发利用前景和潜力分析，以及不同水平年、不同保证率的可供水量预测。

可供水量包括地表水可供水量、浅层地下水可供水量、其他水源可供水量。可供水量估算要充分考虑技术经济因素、水质状况、对生态环境的影响以及开发不同水源的有利和不利条件，预测不同水资源开发利用模式下可能的供水量，并进行技术经济比较，拟定供水方案。供水预测中新增水源工程包括现有工程的挖潜配套、新建水源、污水处理回用、雨水利用工程等。

现有经济技术条件下，供水水源主要由以下几个部分组成，见图6-1。

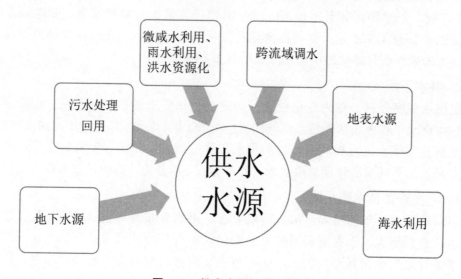

图 6-1　供水水源组成示意图

（一）相关概念的界定

供水能力是指区域供水系统能够提供给用户的供水量大小。它主要反映了区域内所有供水工程组成的供水系统，依据系统的来水条件、工程状况、需水要求及相应的运行调度方式和规则，提供给用户不同保证率下的供水量大小。

可供水量是指在不同水平年、不同保证率情况下，通过各项工程设施，在合理开发利用的前提下，可提供的能满足一定水质要求的水量。可供水量的概念包括以下内涵：可供水量并不是实际供水量，而是通过对不同保证率情况下的水资源供需情况进行分析计算后，得出的"可能"提供的水量；可供水量既要考虑到当前情况下工程的供水能力，又要对未来经济发展水平下的供水情况进行预测；可供水量计算时，要考虑丰、平、枯不同来水情况下，工程能提供的水量；可供水量是通过工程设施为用户提供的，没有通过工程设施而为用户利用的水量不能算作可供水量；可供水量的水质必须达到一定使用标准。

可供水量与可利用量的区别：水资源可利用量与可供水量是两个不同的概念。一般情况下，由于兴建供水工程的实际供水能力同水资源丰、平、枯水量在时间分配上存在矛盾，这大大降低了水资源的利用水平，所以可供水量总是小于可利用量。现状条件下的可供水量是根据用水需要能提供的水量，它是水资源开发利用程度和能力的现实状况，并不能代表水资源的可利用量。

（二）影响可供水量的因素

1. 来水特点

受季风影响，我国大部分地区水资源的年际、年内变化较大，存在"南多北少"的趋势。南方地区，最大年径流量与最小年径流量的比值在 2～4 之间，汛期径流量占年总径流量的 60%～70%。北方地区，最大年径流量与最小年径流量的比值在 3～8 之间，干旱地区甚至超过 100 倍，汛期径流量占年总径流量的 80% 以上。可供水量的计算与年来水量及其年内变化有着密切的关系，年际间以及年内不同时间和空间上的来水变化都会影响可供水量的计算结果。

2. 供水工程

我国水资源年际、年内变化较大，同时与用水需求的变化不匹配。因此，需要建设各类供水工程来调节天然水资源的时空分布，蓄丰补枯，以满足用户的需水要求。供水量总是与供水工程相联系，各类供水工程的改变，如工程参数的变化、不同的调度方案以及不同发展时期新增水源工程等情况，都会使计算的可供水量有所不同。

3. 用水条件及水质状况

不同规划水平年的用水结构、用水要求、用水分布与用水规模等特性，以及节约用水、合理用水、水资源利用效率的变化，都会导致计算出的可供水量不同。不同用水条件之间也相互影响制约，如河道生态用水。有时会影响到河道外直接用水户的可供水量。此外，不同规划水平年供水水源的水质状况、水源的污染程度等都会影响可供水量的大小。

（三）可供水量计算方法

1. 地表水可供水量计算

地表水可供水量大小取决于地表水的可引水量和工程的引提水能力。假如地表水有足够的可引用量，但引提水工程能力不足，则其可供水量也不大；相反，假如地表水可引水量小，再大能力的引提水工程也不能保证有足够的可供水量。地表水可供水量的计算公式为：

$$W_{地表可供} = \sum_{i=1}^{t} min \ (Q_i, \ Y_i)$$

式中：Q_i、Y_i——为 i 段满足水质要求的可引水量、工程的引提水能力；

T——计算时段数。地表水的可引水量 Q_i 应不大于地表水的可利用量。可供水量预测，应预计工程状况在不同规划水平年的变化情况，应充分考虑工程老化失修、泥沙淤积、地表水水位下降等原因造成的实际供水能力的减少。

2. 地下水可供水量计算

地下水规划供水量以其相应水平年可开采量为极限，在地下水超采地区要采取措施减少开采量使其与可开采量接近，在规划中不应大于基准年的开采量；在未超采地区可以根据现有工程和新建工程的供水能力确定规划供水量。地下水可供水量采用公式（6-2）计算：

$$W_{地表可供} = \sum_{i=1}^{t} min \ (Q_i, \ W_i, \ X_i)$$

式中：X_i——第 i 时段需水量，m^3；

W_i——第 i 时段当地地下水开采量，m^3；

Q_i——第 i 时段机井提水量，m^3；

t——计算时段数。

（四）其他水源的可供水量

在一定条件下，雨水集蓄利用、污水处理利用、海水、深层地下水、跨流域调水等都可作为供水水源，参与到水资源供需分析中。

1. 雨水集蓄

利用主要指收集储存屋顶、场院、道路等场所的降雨或径流的微型蓄水工程，包括水窖、水池、水柜、水塘等。通过调查、分析现有集雨工程的供水量以及对当地河川径流的影响，提出各地区不同水平年集雨工程的可供水量。

2. 微咸水（矿化度 2 ~ 3g/L）

一般可补充农业灌溉用水，某些地区矿化度超过 3g/L 的咸水也可与淡水混合利用。通过对微咸水的分布及其可利用地域范围和需求的调查分析，综合评价微咸水的开发利用潜力，提出各地区不同水平年微咸水的可利用量。

3. 城市污水

城市污水经集中处理后，在满足一定水质要求的情况下，可用于农田灌溉及生态环境用水。对缺水较严重城市，污水处理再利用对象可扩及水质要求不高的工业冷却用水，以及改善生态环境和市政用水，如城市绿化、冲洗道路、河湖补水等。

（1）污水处理再利用于农田灌溉，要通过调查，分析再利用水量的需求、时间要求和使用范围，落实再利用水的数量和用途。部分地区存在直接引用污水灌溉的现象，在供水预测中，不能将未经处理、未达到水质要求的污水量计入可供水量中。

（2）有些污水处理再利用需要新建供水管路和管网设施，实行分质供水，有些需要建设深度处理或特殊污水处理厂，以满足特殊用户对水质的目标要求。

（3）估算污水处理后的入河排污水量，分析对改善河道水质的作用。

（4）调查分析污水处理再利用现状及存在的问题，落实用户对再利用的需求，制定各规划水平年再利用方案。

4. 海水利用

海水利用包括海水淡化和海水直接利用两种方式。对沿海城市海水利用现状情况进行调查。海水淡化和海水直接利用要分别统计，其中海水直接利用量要求折算成淡水替代量。

5. 严格控制深层承压水的开采

深层承压水利用应详细分析其分布、补给和循环规律，做出深层承压水的可开发利用潜力综合评价。在严格控制不超过其可开采数量和范围的基础上，提出各规划水平年深层承压水的可供水量计算成果。

6. 跨流域

跨省的调水工程的水资源配置，应由流域管理机构和上级主管部门负责协调。跨流域调水工程的水量分配原则上按已有的分水协议执行，也可与规划调水工程一样采用水资源系统模型方法计算出更优的分水方案，在征求有关部门和单位后采用。

三、水资源供需平衡分析

（一）概念及内容

水资源供需平衡分析是指在综合考虑社会、经济、环境和水资源的相互关系基础上，分析不同发展时期、各种规划方案的水资源供需状况。水资源供需平衡分析就是采取各种措施使水资源供水量和需水量处于平衡状态。

水资源供需平衡分析的核心思想就是开源节流。一方面增加水源，包括开辟各类新的水源，如海水利用；另一方面就是减少用水需求，通过各种手段减少对水资源的需求，如提高水资源利用效率、改革管理机制等。

水资源供需分析以流域或区域的水量平衡为基本原理，对流域或区域内的水资源的供、用、耗、排等进行长系列的调算或典型年分析，得出不同水平年各流域的相关指标。供需分析计算一般采取 2～3 次供需分析方法。

水资源供需分析的内容包括：

（1）分析水资源供需现状，查找当前存在的各类水问题；

（2）针对不同水平年，进行水资源供需状况分析，寻求在将来实现水资源供需平衡的目标和问题；

（3）最终找出实现水资源可持续利用的方法和措施。

（二）基本原则与要求

1. 水资源供需分析建立于现状分析

水资源供需分析是在现状供需分析的基础上，分析规划水平年各种合理抑制需求、有效增加供水、积极保护生态环境的可能措施（包括工程措施与非工程措施），组合成规划水平年的多种方案，结合需水预测与供水预测，进行规划水平年各种组合方案的供需水量平衡分析，并对这些方案进行评价与比选，提出推荐方案。

2. 水资源供需分析应在多次供需反馈和协调平衡的基础上进行

一般进行2～3次平衡分析，一次平衡分析是考虑人口的自然增长、经济的发展、城市化程度和人民生活水平的提高，在现状水资源开发利用格局和发挥现有供水工程潜力情况下的水资源供需分析；若一次平衡有缺口，则在此基础上进行二次平衡分析，在进一步强化节水、治污与污水处理回用、挖潜等工程措施，以及合理提高水价、调整产业结构、合理抑制需求和改善生态环境等措施的基础上进行水资源供需分析；若二次平衡仍有较大缺口，应进一步加大调整经济布局和产业结构及节水的力度，具有跨流域调水可能的，应增加外流域调水，进行三次供需平衡分析。

3. 选择多指标分析

选择经济、社会、环境、技术方面的指标，对不同组合方案进行分析、比较和综合评价。评价各种方案对合理抑制需求、有效增加供水和保护生态环境的作用与效果，以及相应的投入和代价。

4. 水资源供需分析要满足不同用户对水量和水质的要求

根据不同水源的水质状况，安排不同水质要求用户的供水。水质不能满足要求者，其水量不能列入供水方案中参加供需平衡分析。

（三）平衡计算方法

进行水资源供需平衡计算时采用以下公式：

（1）在进行水资源供需平衡计算时，首先要进行水资源平衡计算区域的划分，一般采用分流域分地区进行划分计算。在流域或省级行政区内以计算分区进行，在分区时城镇与乡村要单独划分，并对建制市城市进行单独计算。其次，要进行平衡计算时段的划分，计算时段可以采用月或旬。一般采用长系列月调节计算方法，能正确反映计算区域水资源供需的特点和规律。主要水利工程、控制节点、计算分区的月流量系列应根据水资源调查评价和供水量预测分析的结果进行分析计算。

（2）在供需平衡计算出现余水时，即可供水量大于需水量时，如果蓄水工程尚未蓄满，余水可以在蓄水工程中滞留，把余水作为调蓄水量参加下一时段的供需平衡；如果蓄水工程已经蓄满水，则余水可以作为下游计算分区的入境水量，参加下游分区的供需平衡计算；可以通过减少供水（增加需水）来实现平衡。

（3）在供需平衡计算出现缺水时，即可供水量小于需水量时，要根据需水方反馈信息要求的供水增加量与需水调整的可能性与合理性，进行综合分析及合理调整。在条件允许的前提下，可以通过减少用水方的用水量（主要通过提高用水效率来实现）；或者通过从外流域调水实现供需水的平衡。

总的原则是不留供需缺口，在出现不平衡的情况下，可以按以上意见进行二次、三次水资源供需平衡以达到平衡的目的。

（四）解决供需平衡矛盾的主要措施

水资源供需平衡矛盾的解决，应从供给与需求两个方面入手，即供需平衡分析的核心思想"开源节流"，增加供给量，减少需求量。

1. 建设节约型社会，促进水资源的可持续利用

节约型社会是一种全新的社会发展模式。建设节约型社会不仅是由我国的基本国情决定的，更是实现可持续发展战略的要求。节约型社会是解决我国地区性缺水问题的战略性对策，需在水资源可持续利用的前提下，因地制宜地建立起全国各地节水型的城市与工农业系统，尤其是用水大户的工农业生产系统，改进农业灌溉技术、推广农业节水技术、提高农业水资源利用效率，也是搞好农业节水的关键；在工业生产中，加快对现有经济和产业的结构调整，加快对现有生产工艺的改进，提高水资源的循环利用效率，完善企业节水管理，促进企业向高效利用节水型转变。此外，增加国民经济中水源工程建设与供水设施的投资比例，进一步控制洪水，预防干旱，提高水资源的利用效率，控制和治理水污染，发挥工程管理内涵的作用。

建设节约型社会是调整治水，实现人与自然和谐可持续发展的重要措施。一要突出抓好节水法规的制定；二要启动节水型社会建设的试点工作，试点先行，逐步推进；三要以水权市场理论为指导，充分发挥市场配置水资源的基础作用，积极探索运用市场机制，建立用水户主动自愿节水意识及行为的建设。

2. 加强水资源的权属管理

水资源的权属包括水资源的所有权和使用权两方面。水资源的权属管理相应地包括：水资源的所有权管理和水资源的使用权管理。水资源在国民经济和社会生活中具有重要的地位，具有公共资源的特性，强化政府对水资源的调控和管理。长期以来，由于各种原因，低价使用水资源造成了水资源的大量浪费，使水资源处于一种无序状态。随着水资源需求量的迅猛增长，水资源供需矛盾尖锐，加强对水资源权属进行管理迫在眉睫，如现行的取水许可制度。

3. 采取经济手段调控水资源供需矛盾

水价是调节用水量的一个强有力的经济杠杆，是最有效的节水措施之一。水价格的变化关系到每一个家庭、每个用水企业、每个单位的经费支出，是他们经济核

算的指标。如果水价按市场经济的价格规律运作，按供水成本、市场的供需矛盾决定水价，水价必定会提高，水价的提高，用水大户势必因用水成本升高，趋于对自身利益最优化的要求而进行节约用水，达到节水的目的。科学的水资源价值体系及合理的水价，能够使各方面的利益得到协调，促进水资源配置处于最优化状态。

4. 加强南水北调与发展多途径开源

中国水资源时空分布极其不均，南方水多地少，北方水少地多。通过对水资源的调配，缩小地区上水分布差异，是具有长远性的战略，是缓解我国水资源时空分布不均衡的根本措施。开源的内容包括增加调蓄和提高水资源利用率，挖掘现有水利工程供水能力，调配以及扩大新的水源等方面。控制洪水，增加水源调蓄水利工程兴建的主要任务是发电和防洪。因此，对已建的大中型水库增加其汛期与丰水年来水的调蓄量，进行科学合理的水库调度十分重要。增加河道基流及地下水的合理利用；发展集雨、海水及微咸水利用等。

第四节 水资源规划的制定

一、规划方案制定的一般步骤

（一）基本要求

（1）依据水资源配置提出的推荐方案，统筹考虑水资源的开发、利用、治理、配置、节约和保护，研究提出水资源开发利用总体布局、实施方案与管理方式，总体布局要求工程措施与非工程措施紧密结合。

（2）制定总体布局要根据不同地区自然特点和经济社会发展目标要求，努力提高用水效率，合理利用地表水与地下水资源；有效保护水资源，积极治理，利用废污水、微咸水和海水等其他水源；统筹考虑开源、节流、治污的工程措施。在充分发挥现有工程效益的基础上，兴建综合利用的骨干水利枢纽，增强和提高水资源开发利用程度与调控能力。

（3）水资源总体布局要与国土整治、防洪减灾、生态环境保护与建设相协调，与有关规划相互衔接。

（4）实施方案要统筹考虑投资规模、资金来源与发展机制等，做到协调可行。

（二）水资源规划决策的一般步骤

水资源规划是一个系统分析过程，也是一个宏观决策过程，同一般问题的决策程序一样，具有五个主要的内容，即：问题的提出、目标选定、制定对策、方案比选及方案决策等。

1. 问题的提出

水资源规划中问题的提出，实际上是对规划区域水资源问题的诊断，这就要求规划者弄清楚水资源工程的实际问题：问题的由来及背景；问题的性质；问题的条件；收集资料、数据的情况。

2. 目标选定

正确提出问题后，就可以开始解决问题。目标选定就是要拟定一个解决问题的宏观策略，提出解决问题的方向。目标的选定通常是由决策者决定的，往往由规划者具体提出。在大多数情况下，决策者很难用清晰周密的语言描述他们的真正目标，而规划者又很难站在决策者的高度提出解决方案。即使决策者在开始分析阶段就能明确地提出目标，规划者也不能不加分析地加以应用，而要分析目标的层次结构，选择适当的目标。如何适当地选定目标，还需要规划者根据决策者的意愿，进行综合分析并结合实际经验，才能正确选定。

3. 制定对策

制定对策就是针对问题的具体条件和规划的期望目标而制定解决问题、实现目标的对策。水资源规划中，为使规划决策定量化，一般都从决策问题的系统设计开始，建立针对决策问题的模型。模型一般分为物理模型和数学模型两大类，其中数学模型又可分为优化模型和模拟模型两种。不同的问题选定与其相适应的模型类型。

4. 方案比选

在模型建立后，根据实测或人工生成的水文系列作为输入，在计算机上对各用水部门的供需过程进行对比，求出若干可行方案的相应效益，通过对主次目标的评价，筛选出若干可行方案，并提供给决策者评价。决策者则可根据自己的经验和意愿，对系统分析的成果进行对比分析，在总体权衡利弊得失后，进行决策。

5. 方案决策及其检验

决策是对一种或几种值得采用的或可供进一步参考的方案进行选定；在通过初选方案后，还需对入选方案获得的结论作进一步检验，即方案在通过正确性检验后才能进入到实施阶段。

6. 规划实施

根据决策制定出的具体行动计划，亦即将最后选定的规划方案在系统内有计划地具体实施。如果在工程实施中遇到的新问题不多，可对方案略加调整后继续实施，直到完成整个计划。如果在方案实施过程中遇到的新问题较多，

就要返回到前面相应步骤中，重新进行计算。以上仅是逻辑过程，并不是很严格，且在运算过程中需进行不断反馈。

二、规划方案的工作流程

水资源综合规划的工作流程如下：

（1）视研究范围的大小，先按研究范围的流域进行组织。

（2）流域机构按照各自的职责范围，组织本流域内各分区一起开展流域规划编制，在各分区反复协调的基础上，形成流域或区域规划初步成果。

（3）在流域或区域规划初步成果基础上，进行研究范围总体汇总，在上下多次成果协调的基础上形成总体性的水资源综合规划。

（4）在总体规划的指导下，完成流域水资源综合规划。

（5）在流域或区域规划指导下，完成区域水资源综合规划。

（6）规划成果的总协调。

总之，流域规划在整个规划过程中起到承上启下的关键性作用，规划工作的关键在于流域规划。

三、规划方案的实施及评价

（一）规划方案的实施

水资源规划的实施，即根据水资源规划方案决策及工程优化开发程序进行水资源工程的建设阶段或管理工程的实施阶段。工程建成后，按照所确定的优化调度方案，进行实时调度运行。

（二）规划实施效果评价

1. 基本要求

（1）综合评估规划推荐方案实施后可达到的经济、社会、生态环境的预期效果及效益。

（2）对各类规划措施的投资规模和效果进行分析。

（3）识别对规划实施效果影响较大的主要因素，并提出相应的对策。

2. 评价内容

规划实施效果评价按下列三个层次进行。

（1）第一层次评价规划实施后，建立的水资源安全供给保障系统与经济社会发展和生态环境保护的协调程度，主要包括：①规划实施后水资源开发利用与经济社会发展之间的协调程度；②规划实施后水资源节约、保护与生态保护及环境建设的协调程度；③规划实施后所产生的宏观社会效益、经济效益和生态环境效益。

（2）第二层次评价规划实施后水资源系统的总体效果，主要包括：

①规划实施后对提高供水和生态与环境安全的效果，以及对提高水资源承载能力的效果；②规划实施后对水资源配置格局的改善程度，包括水资源供给数量、质量和时空分布的配置与经济社会发展适应和协调程度等；③规划实施后对缓解重点缺水地区和城市水资源紧缺状况和改善生态环境的效果；④规划实施后流域、区域及城市供用水系统的保障程度、抗风险能力以及抗御特枯水及连续枯水年的能力和效果；⑤工程措施和非工程措施的总体效益分析。

（3）第三层次评价各类规划实施方案的经济效益，主要包括：

①评价节水措施实施后节水量和效益；②评价水资源保护措施实施后所产生的社会效益、经济效益和生态环境效益；③评价增加供水方案实施后由于供水能力和供水保证率的提高，所产生的社会效益、经济效益和生态环境效益；④评价非工程措施的实施效果：包括对提出的抑制不合理需求、有效地增加供水和保护生态环境的各类管理制度、监督、监测及有关政策的实施效果进行检验；⑤有条件的地区可对总体布局中起重大作用的骨干水利工程的实施效果进行评价；⑥对综合规划的近期实施方案进行环境影响总体评价，对可能产生的负面影响提出补偿改善措施。

规划实施效果按水资源一级分区和省级行政区进行评价，评价采取定性与定量相结合的方法，以定量为主。

第七章 水资源保护

第一节 水资源保护概述

　　水是生命的源泉，它滋润了万物，哺育了生命。我们赖以生存的地球有70%是被水覆盖着，而其中97%为海水，与我们生活关系最为密切的淡水，只有3%，而淡水中又有70%～～80%为川淡水，目前很难利用。因此，我们能利用的淡水资源是十分有限的，并且受到污染的威胁。

　　中国水资源分布存在如下特点：总量不丰富，人均占有量更低；地区分布不均，水土资源不相匹配；年内年际分配不匀，旱涝灾害频繁。而水资源开发利用中的供需矛盾日益加剧。首先是农业干旱缺水，随着经济的发展和气候的变化，中国农业，特别是北方地区农业干旱缺水状况加重，干旱缺水成为影响农业发展和粮食安全的主要制约因素。其次是城市缺水，中国城市缺水，特别是改革开放以来，城市缺水愈来愈严重。同时，农业灌溉造成水的浪费，工业用水浪费也很严重，城市生活污水浪费惊人。

　　目前，我国的水资源环境污染已经十分严重，根据我国环保局的有关报道：我国的主要河流有机污染严重，水源污染日益突出。大型淡水湖泊中大多数湖泊处在富营养状态，水质较差。另外，全国大多数城市的地下水受到污染，局部地区的部分指标超标。由于一些地区过度开采地下水，导致地下水位下降，引发地面的坍塌和沉陷、地裂缝和海水入侵等地质问题，并形成地下水位降落漏斗。

　　农业、工业和城市供水需求量不断提高导致了有限的淡水资源更为紧张。为了避免水危机，我们必须保护水资源。水资源保护是指为防止因水资源不恰当利用造成的水源污染和破坏而采取的法律、行政、经济、技术、教育等措施的总和。水资源保护的主要内容包括水量保护和水质保护两个方面。在水量保护方面，主要是对水资源统筹规划、涵养水源、调节水量、科学用水、节约用水、建设节水型工农业和节水型社会。在水质保护方面，主要是制定水质规划，提出防治措施。具体工作内容是制定水环境保护法规和标准；进行水质调查、监测与评价；研究水体中污染物质迁移、污染物质转化和污染物质降解与水体自净作用的规律；建立水质模型，制定水环境规划；实行科学的水质管理。

水资源保护的核心是根据水资源时空分布、演化规律，调整和控制人类的各种取用水行为，使水资源系统维持一种良性循环的状态，以达到水资源的可持续利用。水资源保护不是以恢复或保持地表水、地下水天然状态为目的的活动，而是一种积极的、促进水资源开发利用更合理、更科学的问题。水资源保护与水资源开发利用是对立统一的，两者既相互制约，又相互促进。保护工作做得好，水资源才能可持续开发利用；开发利用科学合理了，也就达到了保护的目的。

水资源保护工作应贯穿在人与水的各个环节中。从更广泛的意义上讲，正确客观地调查、评价水资源，合理地规划和管理水资源，都是水资源保护的重要手段，因为这些工作是水资源保护的基础。从管理的角度来看，水资源保护主要是"开源节流"、防治和控制水源污染。它一方面涉及水资源、经济、环境三者平衡与协调发展的问题，另一方面还涉及各地区、各部门、集体和个人用水利益的分配与调整。这里面既有工程技术问题，也有经济学和社会学问题。同时，还要广大群众积极响应，共同参与，就这一点来说，水资源保护也是一项社会性的公益事业。

第二节　天然水的组成与性质

一、水的基本性质

（一）水的分子结构

水分子是由一个氧原子和两个氢原子过共价键键合所形成。通过对水分子结构的测定分析，两个 O-H 键之间的夹角为 $104.5°$，H-O 键的键长为 96pm。由于氧原子的电负性大于氢原子，O—H 的成键电子对更趋向于氧原子而偏离氢原子，从而氧原子的电子云密度大于氢原子，使得水分子具有较大的偶极矩（=1.84D），是一种极性分子。水分子的这种性质使得自然界中具有极性的化合物容易溶解在水中。水分子中氧原子的电负性大，O—H 的偶极矩大，使得氢原子部分正电荷，可以把另一个水分子中的氧原子吸引到很近的距离形成氢键。水分子间氢键能为 18.81KJ/mol，约为 O-H 共价键的 1/20 氢键的存在，增强了水分子之间的作用力。冰融化成水或者水汽化生成水蒸气，都需要环境中吸收能量来破坏氢键。

（二）水的物理性质

水是一种无色、无味、透明的液体，主要以液态、固态、气态三种形式存在。水本身也是良好的溶剂，大部分无机化合物可溶于水。由于水分子之间氢键的存在，使水具有许多不同于其他液体的物理、化学性质，从而决定了水在人类生命过程和生活环境中无可替代的作用。

1. 凝固（熔）点和沸点

在常压条件下，水的凝固点为 0℃，沸点为 100℃。水的凝固点和沸点与同一主族元素的其他氢化物熔点、沸点的递变规律不相符，这是由于水分子间存在氢键的作用。水的分子间形成的氢键会使物质的熔点和沸点升高，这是因为固体熔化或液体汽化时必须破坏分子间的氢键，从而需要消耗较多能量的缘故。水的沸点会随着大气压力的增加而升高，而水的凝固点随着压力的增加而降低。

2. 密度

在大气压条件下，水的密度在 4℃时最大，为 $1 \times 10^3 kg/m^3$，温度高于 4℃时，水的密度随温度升高而减小，在 0 ～ 4℃时，密度随温度的升高而增加。

水分子之间能通过氢键作用发生缔合现象。水分子的缔合作用是一种放热过程，温度降低，水分子之间的缔合程度增大。当温度 ≤ 0℃，水以固态的冰的形式存在时，水分子缔合在一起成为一个大的分子。冰晶体中，水分子中的氧原子周围有四个氢原子，水分子之间构成了一个四面体状的骨架结构。冰的结构中有较大的空隙，所以冰的密度反比同温度的水小。当冰从环境中吸收热量，熔化生成水时，冰晶体中一部分氢键开始发生断裂，晶体结构崩溃，体积减小，密度增大。当进一步升高温度时，水分子间的氢键被进一步破坏，体积进而继续减小，使得密度增大；同时，温度的升高增加了水分子的动能，分子振动加剧，水具有体积增加而密度减小的趋势。在这两种因素的作用下，水的密度在 4℃时最大。

水的这种反常的膨胀性质对水生生物的生存发挥了重要的作用。因为寒冷的冬季，河面的温度可以降低到冰点或者更低，这是无法适合动植物生存的。当水结冰的时候，冰的密度小，浮在水面，4℃的水由于密度最大，而沉降到河底或者湖底，可以保水下生物的生存。而当天暖的时候，冰在上面也是最先熔化。

3. 高比热容、高气化热

水的比热容为 $4.18 \times 10^3 J/(kg \cdot K)$，是常见液体和固体中最大的。水的汽化热也极高，在 2℃下为 $2.4 \times 10^3 (KJ/kg)$。正是由于这种高比热容、高汽化热的特性，地球上的海洋、湖泊、河流等水体白天吸收到达地表的太阳光热能，夜晚又将热能释放到大气中，避免了剧烈的温度变化，使地表温度长期保持在一个相对恒定的范围内。通常生产上使用水做传热介质，除了它分布广外，主要是利用水的高比热容的特性。

4. 高介电常数

水的介电常数在所有的液体中是最高的，可使大多数蛋白质、核酸和无机盐能够在其中溶解并发生最大程度的电离，这对营养物质的吸收和生物体内各种生化反应的进行具有重要意义。

5. 水的依数性

水的稀溶液中，由于溶质微粒数与水分子数的比值的变化，会导致水溶液的蒸汽压、凝固点、沸点和渗透压发生变化。

6. 透光性

水是无色透明的，太阳光中可见光和波长较长的近紫外光部分可以透过，使水生植物光合作用所需的光能够到达水面以下的一定深度，而对生物体有害的短波远紫外光则几乎不能通过。这在地球上生命的产生和进化过程中起到了关键性的作用，对生活在水中的各种生物具有至关重要的意义。

（三）水的化学性质

1. 水的化学稳定性

在常温常压下，水是化学稳定的，很难分解产生氢气和氧气。在高温和催化剂存在的条件下，水会发生分解，同时电解也是水分解的一种常用方式。水在直流电作用下，分解生成氢气和氧气，工业上用此法制纯氢和纯氧。

2. 水合作用

溶于水的离子和极性分子能够与水分子发生水合作用，相互结合，生成水合离子或者水合分子。这一过程属于放热过程。水合作用是物质溶于水时必然发生的一个化学过程，只是不同的物质水合作用方式和结果不同。

3. 水的电离

水能够发生微弱的电离，产生 H^+ 和 HO^-。纯净水的 pH 值理论上为 7，天然水体的 pH 值一般为 $6 \sim 9$。水体中同时存在 H^+ 和 HO^- 呈现出两性物质的特性。

4. 水解反应

物质溶于水所形成的金属离子或者弱酸根离子能够与水发生水解反应，弱酸根离子发生水解反应，生成相应的共轭酸。

二、天然水的组成

（一）天然水的组成

天然水在形成和迁移的过程中与许多具有一定溶解性的物质相接触．由于溶解和交换作用，使得天然水体富含有各种化学组分。天然水体所含有的物质主要包括无机离子、溶解性气体、微量元素、水生生物、有机物以及泥沙和黏土等。

1. 天然水中的主要离子

天然水体中常见的离子为 Na^+、K^+、Ca^{2+}、Mg^{2+}、HCO_3^-、CO_3^{2-}、Cl^-、SO_4^{2-}。它们的含量占天然水离子总量的 95% ～ 99% 以上。

重碳酸根离子和碳酸根离子在天然水体中的分布很广，几乎所有水体都有它的存在，主要来源于碳酸盐矿物的溶解。一般河水与湖水中超过 250mg/L，在地下水中的含量略高。造成这种现象的原因在于在水中如果要保持大量的重碳酸根离子，则必须要有大量的二氧化碳，而空气中二氧化碳的分压很小、二氧化碳很容易从水中逸出。

天然水中的氯离子是水体中常见的一种阴离子，主要来源于火成岩的风化产物和蒸发盐矿物。它在水中有广泛分布，在水中含量变化范围很大，一般河流和湖泊中含量很小，要用 mg/L 来表示。但随着水矿化度的增加，氯离子的含量也在增加，在海水以及部分盐湖中，氯离子含量达到十几克每升以上，而且成为主要阴离子。

硫酸根离子是天然水中重要的阴离子，主要来源于石膏的溶解、自然硫的氧化、硫化物的氧化、火山喷发产物、含硫植物及动物体的分解和氧化。硫酸根离子分布在各种水体中，河水中硫酸根离子含量在 0.8～199mg/L 之间；大多数的淡水湖泊，其硫酸根离子含量比河水中含量高；在干旱地区的地表及地下水中，硫酸根离子的含量往往可达到几克每升；海水中硫酸根离子含量为 2～3g/L 而在海洋的深部，由于还原作用，硫酸根离子有时甚至不存在。硫酸盐含量不高时，对人体健康几乎没有影响，但是当含量超过 250mg/L 时，有致泻作用，同时高浓度的硫酸盐会使水有微苦涩味，因此，国家饮用水水质标准规定饮用水中的硫酸盐含量不超过 250mg/L。

钙离子是大多数天然淡水的主要阳离子。钙广泛地分布于岩石中，沉积岩中方解石、石膏和萤石的溶解是钙离子的主要来源。河水中的钙离子含量一般为 20mg/L 左右。镁离子主要来自白云岩以及其他岩石的风化产物的溶解，大多数天然水中镁离子的含量在 1～40mg/L，一般很少有以镁离子为主要阳离子的天然水。通常在淡水中的阳离子以钙离子为主；在咸水中则以钠离子为主。水中的钙离子和镁离子的总量称为水体的总硬度。硬度的单位为度，硬度为 1 度的水体相当于含有 10mg/L 的 CaO。

水体过软时，会引起或加剧身体骨骼的某些疾病，因此，水体中适当的钙含量是人类生活不可或缺的。但水体的硬度过高时，饮用会引起人体的肠胃不适，同时也不利于人们生活中的洗涤和烹饪；当高硬度水用于锅炉时，会在锅炉的内壁结成水垢，影响传热效率，严重时还会引起爆炸，所以高硬度水用于工业生产中应该进行必要的软化处理。

钠离子主要来自火成岩的风化产物，天然水中的含量在 1～500mg/L 范围内变化。含钠盐过高的水体用于灌溉时，会造成土壤的盐渍化，危害农作物的生长。同时，钠离子具有固定水分的作用，高血压病人和浮肿病人需要限制钠盐的摄取量。钾离子主要分布于酸性岩浆岩及石英岩中，在天然水中的含量要远低于钠离子。在大多数饮用水中，钾离子的含量一般小于 20mg/L；而某些溶解性固体含量高的水和温泉中，钾离子的含量可高达到 100～1000mg/L。

2. 溶解性气体

天然水体中的溶解性气体主要有氧气、二氧化碳、硫化氢等。

天然水中的溶解性氧气主要来自大气的复氧作用和水生植物的光合作用。溶解在水体中的分子氧称为溶解氧（Dissolvedoxygen，DO），溶解氧在天然水中起着非常重要的作用。水中动植物及微生物需要溶解氧来维持生命，同时溶解氧是水体中发生的氧化还原反应的主要氧化剂，此外水体中有机物的分解也是好氧微生物在溶解氧的参与下进行的。水体的溶解氧是一项重要的水质参数，溶解氧的数值不仅受大气复氧速率和水生植物的光合速率影响，还受水体中微生物代谢有机污染物的速率影响，当水体中可降解的有机污染物浓度不是很高时，好氧细菌消耗溶解氧分解有机物，溶解氧的数值降低到一定程度后不再下降；而当水体中可降解的有机污染物较高，超出了水体自然净化的能力时，水体中的溶解氧可能会被耗尽，厌氧细菌的分解作用占主导地位，从而产生臭味。

天然水中的二氧化碳主要来自水生动植物的呼吸作用。从空气中获取的二氧化碳几乎只发生在海洋中，陆地上的水体很少从空气中获取二氧化碳，因为陆地水中的二氧化碳含量经常超过它与空气中二氧化碳保持平衡时的含量，水中的二氧化碳会逸出。河流和湖泊中二氧化碳的含量一般不超过 $20 \sim 30mg/L$。

天然水中的硫化氢来自水体底层中各种物残骸腐烂过程中含硫蛋白质的分解，水中的无机硫化物或硫酸盐在缺氧条件下，也可还原成硫化氢。一般来说硫化氢位于水体的底层，当水体受到扰动时，硫化氢气体就会从水体中逸出。当水体中的硫化氢含量达到 $10mg/L$ 时，水体就会发出难闻的臭味。

3. 微量元素

所谓微量元素是指在水中含量小于 0.1% 的元素。在这些微量元素中比较重要的有卤素（氟、溴、碘）、重金属（铜、锌、铅、铬、镍、钛、汞、镉）和放射性元素等。尽管微量元素的含量很低，但与人的生存和健康息息相关，对人的生命起至关重要的作用。它们的摄入过量、不足、不平衡或缺乏都会不同程度地引起人体生理的异常或发生疾病。

4. 水生生物

天然水体中的水生生物种类繁多，有微生物、藻类以及水生高等植物、各种无脊椎动物和脊椎动物。水体中的微生物是包括细菌、病毒、真菌以及一些小型的原生动物、微藻类等在内的一大类生物群体，它个体微小，却与水体净化能力关系密切。微生物通过自身的代谢作用（异化作用和同化作用）使水中悬浮和溶解在水里的有机物污染物分解成简单、稳定的无机物二氧化碳。水体中的藻类和高级水生植物通过吸附、利用和浓缩作用去除或者降低水体中的重金属元素和水体中的氮、磷元素。生活在水中的较高级动物如鱼类，对水体的化学性质影响较小，但是水质对鱼类的生存影响却很大。

5. 有机物

天然水体的有机物主要来源于水体和土壤中的生物的分泌物和生物残体以及人类生产生活所产生的污水，包括碳水化合物、蛋质、氨基酸、脂肪酸、色素、纤维素、腐殖质等。水中的可降解有机物的含量较高时，有机物的降解过程中会消耗大量的溶解氧，导致水体腐败变臭。当饮用水源水有机物含量比较高时，会降低水处理工艺的处理效果，并且会增加消毒副产物的生成量。

（二）天然水的分类

天然水体在形成和迁移的过程中不断地与周围环境相互作用，其化学成分组成也多种多样，这就需要采用某种方式对水体进行分类，从而反映天然水体水质的形成和演化过程，为水资源的评价、利用和保护提供依据。下面介绍学者经常提出的两种常用分类方法。

1. 按水体中的总盐量分类

按水体中的总盐量对水体进行分类，在这种分类法中，把淡水的总含盐量范围确定在 1.0g/kg 之内，是基于人的感觉。当水的总盐量大于该值时便具有咸味；微咸水与咸水的总含盐量界线确定为 25g/kg，是因为在该总盐量下，水的冻结温度与其最大密度时的温度相同；咸水与盐水界线为 50g/kg，则是根据海水中还未出现过总盐量大于该值的情况来确定的。

2. 按水体中主要无机离子分类

首先按照含量最多的阴离子将水体分为三类：重碳酸盐类、硫酸盐类、氯化物，并分别用 C、S、Cl 三种符号表示。然后按照含量最多的阳离子把每类水体再进一步划分为三组，即钙组、镁组、和钠组。最后按阴离子和阳离子间的相对关系，把各组分为 4 种水型。

Ⅰ型是低矿化水体，主要是含有大量 Na^+ 和 K^+ 的水体，水中含有相当数量的 $NaHCO_3$；Ⅱ型是低矿化水体和中矿化水体，河水、湖水和地下水都属于这种类型；Ⅲ型水体有很高的矿化度，海洋水和海湾水及高矿化度的地下水属于这一类型；Ⅳ型水体属于酸性水体，其特点是没有 HCO_3，酸性沼泽水和硫化矿床水体属于这一类水体。另外在硫酸盐和氯化物的钙组和镁组中不可出现Ⅰ型水，只能由Ⅳ型水代替。

第三节 水体污染与水污染控制

一、天然水的污染及主要污染物

1. 水体污染

水污染主要是由于人类排放的各种外源性物质进入水体后，而导致其化学、物理、生物或者放射性等方面特性的改变，超出了水体本身自净作用所能承受的范围，造成水质恶化的现象。

2. 污染源

造成水体污染的因素是多方面的，如向水体排放未经妥善处理的城市污水和工业废水；施用化肥、农药及城市地面的污染物被水冲刷而进入水体；随大气扩散的有毒物质通过重力沉降或降水过程而进入水体等。

按照污染源的成因进行分类，可以分成自然污染源和人为污染源两类。自然污染源是因自然因素引起污染的，如某些特殊地质条件（特殊矿藏、地热等）、火山爆发等。由于现代人们还无法完全对许多自然现象实行强有力的控制，因此也难控制自然污染源。人为污染源是指由于人类活动所形成的污染源，包括工业、农业和生活等所产生的污染源。人为污染源是可以控制的，但是不加控制的人为污染源对水体的污染远比自然污染源所引起的水体污染程度严重。人为污染源产生的污染频率高、污染的数量大、污染的种类多、污染的危害深，是造成水环境污染的主要因素。

按污染源的存在形态进行分类，可以分为点源污染和面源污染。点源污染是以点状形式排放而使水体造成污染，如工业生产水和城市生活污水。它的特点是排污经常，污染物量多且成分复杂，依据工业生产废水和城市生活污水的排放规律，具有季节性和随机性，它的量可以直接测定或者定量化，其影响可以直接评价。而面源污染则是以面积形式分布和排放污染物而造成水体污染，如城市地面、农田、林田等。面源污染的排放是以扩散方式进行的，时断时续，并与气象因素有联系，其排放量不易调查清楚。

3. 天然水体的主要污染物

天然水体中的污染物质成分极为复杂，从化学角度分为四大类：

无机无毒物：酸、碱、一般无机盐、氮、磷等植物营养物质。

无机有毒物：重金属、砷、氰化物、氟化物等。

有机无毒物：碳水化合物、脂肪、蛋白质等。

有机有毒物：苯酚、多环芳烃、PCB（多氯联苯）、有机氯农药等。

水体中的污染物从环境科学角度可以分为耗氧有机物、重金属、营养物质、有毒有机污染物、酸碱及一般无机盐类、病原微生物、放射性物质、热污染等。

（1）耗氧有机物。生活污水、牲畜饲料及污水和造纸、制革、奶制品等工业废水中含有大量的碳水化合物、蛋白质、脂肪、木质素等有机物，他们属于无毒有机物。但是如果不经处理直接排入自然水体中，经过微生物的生化作用，最终分解为二氧化碳和水等简单的无机物。在有机物的微生物降解过程中，会消耗水体中大量的溶解氧，水中溶解氧浓度下降。当水中的溶解氧被耗尽时，会导致水体中的鱼类及他需氧生物因缺氧而死亡，同时在水中厌氧微生物的作用下，会产生有害的物质如甲烷、氨和硫化氢等，使水体发臭变黑。

一般采用下面几个参数来表示有机物的相对浓度：

生物化学需氧量（BOD）：指水中有机物经微生物分解所需的氧量，用 BOD 来表示，其测定结果用 mgO_2 表示。因为微生物的活动与温度有关，一般以 20Y 作为测定的标准温度。当温度20℃时，一般生活污水的有机物需要 20 天左右才能基本完成氧化分解过程，但这在实际工作中是有困难的，通常都以 5 天作为测定生化需氧量的标准时间，简称 5 日生化需氧量，用 BOD5 来表示。

化学需氧量（COD）：指用化学氧化剂氧水中的还原性物质，消耗的氧化剂的量折换成氧当量（mg/L），用 COD 表示。COD 越高，表示污水中还原性有机物越多。

总需氧量（TOD）：指在高温下燃烧有机物所耗去的氧量（mg/L），用 TOD 表示一般用仪器测定，可在几分钟内完成。

总有机碳（TOC）：用 TOC 表示。通常是将水样在高温下燃烧，使有机碳氧化成 CO_2，然后测量所产生的 CO_2 的量，进而计算污水中有机碳的数量。一般也用仪器测定，速度很快。

（2）重金属污染物。矿石与水体的相互作用以及采矿、冶炼、电镀等工业废水的泄漏会使得水体中有一定量的重金属物质，如汞、铅、铜、锌、镉等。这些重金属物质在水中达到很低的浓度便会产生危害，这是由于它们在水体中不能被微生物降解，而只能发生各种形态相互转化和迁移。重金属物质除被悬浮物带走外，会由于沉淀作用和吸附作用而富集于水体的底泥中，成为长期的次生污染源；同时，水中氯离子、硫酸离子、氢氧离子、腐殖质等无机和有机配位体会与其生成络合物或螯合物，导致重金属有更大的水溶解度而从底泥中重新释放出来。人类如果长期饮用重金属污染的水、农作物、鱼类、贝类，有害重金属为人体所摄取，积累于体内，对身体健康产生不良影响，致病甚至危害生命。例如，金属汞中毒所引起的水俣病，1956 年，日本一家氮肥公司排放的废水中含有汞，这些废水排入海湾后经过生物的转化，形成甲基汞，经过海水底泥和鱼类的富集，又经过食物链使人中毒，中毒后产生发疯痉挛症状。人长期饮用被镉污染的河水或者食用含镉河水浇灌生产的稻谷，就会得"骨痛病"。病人骨骼严重畸形、剧痛，身长缩短，骨脆易折。

（3）植物营养物质。营养性污染物是指水体中含有的可被水体中微型藻类吸收利用并可能造成水体中藻类大量繁殖的植物营养元素，通常是指含有氮元素和磷元素的化合物。

（4）有毒有机物。有毒有机污染物指酚、多环芳烃和各种人工合成的并具有积累性生物毒性的物质，如多氯农药、有机氯化物等持久性有机毒物，以及石油类污染物质等。

（5）酸碱及一般无机盐类。这类污染物主要是使水体 pH 值发生变化，抑制细菌及微生物的生长，降低水体自净能力。同时，增加水中无机盐类和水的硬度，给工业和生活用水带来不利因素，也会引起土壤盐渍化。

酸性物质主要来自酸雨和工厂酸洗水、硫酸、黏胶纤维、酸法造纸厂等产生的酸性工业废水。碱性物质主要来自造纸、化纤、炼油、皮革等工业废水。酸碱污染不仅可腐蚀船舶和水上构筑物，而且改变水生生物的生活条件，影响水的用途，增加工业用水处理费用等。含盐的水在公共用水及配水管留下水垢，增加水流的阻力和降低水管的过水能力。硬水将影响纺织工业的染色、啤酒酿造及食品罐头产品的质量。碳酸盐硬度容易产生锅垢，因而降低锅炉效率「酸性和碱性物质会影响水处理过程中絮体的形成，降低水处理效果。长期灌溉 pH>9 的水，会使蔬菜死亡。可见水体中的酸性、碱性以及盐类含量过高会给人类的生产和生活带来危害。但水体中盐类是人体不可缺少的成分，对于维持细胞的渗透压和调节人体的活动起到重要意义，同时，适量的盐类亦会改善水体的口感。

（6）病原微生物污染物。病原微生物污染物主要是指病毒、病菌、寄生虫等，主要来源于制革厂、生物制品厂、洗毛厂、屠宰厂、医疗单位及城市生活污水等。危害主要表现为传播疾病：病菌可引起痢疾、伤寒、霍乱等；病毒可引起病毒性肝炎、小儿麻痹等；寄生虫可引起血吸虫病，钩端螺旋体病等。

（7）放射性污染物。放射性污染物是指由于人类活动排放的放射性物质。随着核能、核素在诸多领域中的应用，放射性废物的排放量在不断增加，已对环境和人类构成严重威胁。

自然界中本身就存在着微量的放射性物质。天然放射性核素分为两大类：一类由宇宙射线的粒子与大气中的物质相互作用产生；另一类是地球在形成过程中存在的核素及其衰变产物，如 238U（铀）、40K（钾）、87RB（铷）等。天然放射性物质在自然界中分布很广，存在于矿石、土壤、天然水、大气及动植物所有组织中。目前已经确定并已做出鉴定的天然放射性物质已超过 40 种。一般认为，天然放射性本底基本上不会影响人体和动物的健康。

人为放射性物质主要来源于核试验、核爆炸的沉降物，核工业放射性核素废物的排放，医疗、机械、科研等单位在应用放性同位素时排放的含放射性物质的粉尘、废水和废弃物，以及意外事故造成的环境污等。人们对于放射性的危害既熟悉又陌生，它通常是与威力无比的原子弹、氢弹的爆炸关联在一起的，随着全世界和平利用核能呼声的高涨，核武器的禁止使用，核试验已大大减少，人们似乎已经远离放射性危害。然而近年来，随着放射性同位素及射线装置在工农业、医疗、科研等各个领域的广泛应用，放射线危害的可能性却在增大。

环境放射性污染物通过牧草、饲草和饮水等途径进入家禽体内，并蓄积于组织器官中。放射性物质能够直接或者间接地破坏机体内某些大分子如脱氧核糖核酸、核糖核酸蛋白质分子及一些重要的酶结构。结果使这些分子的共价键断裂，也可能将它们打成碎片。放射性物质辐射还能够产生远期的危害效应，包括辐射致癌、白血病、白内障、寿命缩短等方面的损害以及遗传效应等。

（8）热污染。水体热污染主要来源于工矿企业向江河排放的冷却水，其中以电力工业为主，其次是冶金、化工、石油、造纸、建材和机械等工业。它主要的影响是：使水体中溶解氧减少提高某些有毒物质的毒性，抑制鱼类的繁殖，破坏水生生态环境进而引起水质恶化。

二、水体自净

污染物随污水排入水体后，经过物理、化学与生物的作用，使污染物的浓度降低，受污染的水体部分地或完全地恢复到受污染前的状态，这种现象称为水体自净。

（一）水体自净作用

水体自净过程非常复杂，按其机理可分为物理净化作用、化学及物理化学净化作用和生物净化作用。水体的自净过程是三种净化过程的综合，其中以生物净化过程为主。水体的地形和水文条件、水中微生物的种类和数量、水温和溶解氧的浓度、污染物的性质和浓度都会影响水体自净过程。

1. 物理净化作用

水体中的污染物质由于稀释、扩散、挥发、沉淀等物理作用而使水体污染物质浓度降低的过程，其中稀释作用是一项重要的物理净化过程。

2. 化学及物理化学作用

水体中污染物通过氧化、还原、吸附、酸碱中和等反应而使其浓度降低的过程。

3. 生物净化作用

由于水生生物的活动，特别是微生物对有机物的代谢作用，使得污染物的浓度降低的过程。

影响水体自净能力的主要因素有污染物的种类和浓度、溶解氧、水温、流速、流量、水生生物等。当排放至水体中的污染物浓度不高时，水体能够通过水体自净功能使水体的水质部分或者完全恢复到受污染前的状态。但是当排入水体的污染物的量很大时，在没有外界干涉的情况下，有机物的分解会造成水体严重缺氧，形成厌氧条件，在有机物的厌氧分解过程中会产生硫化氢等有毒臭气。水中溶解氧是维持水生生物生存和净化能力的基本条件，往往也是衡量水体自净能力的主要指标。水温影响水中饱和溶解氧浓度和污染物的降解速率。水体的流量、流速等水文水力学条件，直接影响水体的稀释、扩散能力和水体复氧能力。水体中的生物种类和数量与水体自净能力关系密切，同时也反映了水体污染自净的程度和变化趋势。

（二）水环境容量

水环境容量指在不影响水的正常用途的情况下，水体所能容纳污染物的最大负荷量，因此又称为水体负荷量或纳污能力。水环境容量是制定地方性、专业性水域排放标准的依据之一，环境管理部门还利用它确定在固定水域到底允许排入多少污染物。水环境容量由两部分组成，一是稀释容量也称差值容量，二是自净容量也称同化容量。稀释容量是由于水的稀释作用所致，水量起决定作用。自净容量是水的各种自净作用综合的去污容量。对于水环境容量，水体的运动特性和污染物的排放方式起决定作用。

三、水污染控制

（一）水污染控制的基本原则与方法

1. 水污染控制的基本原则

水污染控制的基本原则。首先是从清洁生产的角度出发，改革生产工艺和设备，减少污染物，防止污水外排，进行综合利用和回收。必须外排的污水，其处理方法随水质和要求而异。

2. 水污染控制的方法

水污染控制的方法按对污染物实施的作用不同，大体上可分为两类：一类是通过各种外力作用，把有害物质从废水中分离出来，称为分离法；另一类是通过化学或生化的作用，使其转化为无害的物质或可分离的物质，后者再经过分离予以去除，称为转化法。习惯上也按处理原理不同，将水污染控制的方法分为物理处理法、化学处理法、物理化学法和生物处理法四类。

（二）点源污染控制

点源污染主要包括工业废水和城市生活污水污染，通常由固定的排污口集中排放，非点源污染正是相对点源污染而言，是指溶解的和固体的污染物从非特定的地点，在降水（或融雪）冲刷作用下，通过径流过程而汇入受纳水体（包括河流、湖泊、水库和海湾等）并引起水体的富营养化或其他形式的污染。

一般工业污染源和生活污染源分别产生的工业废水和城市生活污水，经城市污水处理厂或经管渠输送到水体排放口，作为重要污染点源向水体排放。这种点源含污染物多，成分复杂，其变化规律依据工业废水和生活污水的排放规律，具有季节性和随机性。点源污染的主要特征有：①集中排放；②易于检测和污染控制；③便于管理等。

点源污染的控制对策有以下几种：

1. 节水控源

在污染产生流域推广节水控源措施，如开展户内分级用水，再生水利用等。通过源头减污和污水回用，使实际外排污水量和污染负荷同时减少，缓解污水管网和污水处理厂的压力，有利于维护城市的生态水量，对于城市水环境改善和流域生态恢复具有重要意义。

2. 完善排水管网

在城市地区查明城市排水管网现状的基础上，进行管网优化方案设计，分区、分段、分块完善末梢庭院管一支次干管一主干管的连接，解决雨水和污水出路问题，改变内部分流、出口处合流的问题。

3. 截污溢清、动态调蓄

针对短时期内部分区域合流制排水体制无法改变的情况，对于现有污水处理厂，必须在现有工艺的基础上针对雨季合流污水水质和水量的特点，探索合理有效的工艺参数调整方案，增加污水处理能力和抗冲击负荷能力，防止雨季合流污水对受纳水体的污染；合流制初期暴雨径流含有较多的受雨水冲刷的地表污染物，初期降雨径流的污染程度通常较高，直接排放势必造成水环境的严重污染，有必要采取截污溢清措施，将高浓度的初期降雨径流污水截流入污水处理厂进行处理，低浓度的中后期降雨径流污水则经撇流进入河道，利用现有设施最大程度地削减水体污染负荷。

4. 污水深度处理

针对水资源短缺和使用量大的现状，合理提高污水处理厂出水水质标准与要求，如提升污水处理厂出水水质达到再生水娱乐性景观环境用水、再生水观赏性景观环境用水、再生水补充水源水要求或地表Ⅴ类水、Ⅵ类水质标准后排放，将其作为流域生态补水水源之一。

（三）内源污染控制

内源污染主要指进入水体中的营养物质通过各种物理、化学和生物作用，逐渐沉降至水体底质表层。积累在底泥表层的氮、磷营养物质，一方面可被微生物直接摄入，进入食物链，参与水生生态系统的循环；另一方面，可在一定的物理化学及环境条件下，从底泥中释放出来而重新进入水中，从而形成水体内污染负荷。积极采取措施减少水体内污染负荷，如实施底泥疏浚，是控制水体富营养化的对策之一。

1. 水文学方法

水文学方法主要包括稀释、冲刷、底部引流、人工造流等方法。

稀释和冲刷方法的基本原理是通过稀释降低水中的污染物浓度，通过增加水的循环、缩短水的更新周期，来减少污染物的累积，达到改善水质的目标。

底部引流方法的基本原理是通过抽吸的方法，把湖泊或水库底部污染物排出水库或湖泊。该方法适用于较小区域的水污染治理。

人工造流也称之为底部曝气，目的是破坏水体中的温跃层，减少底部的内源释放，适用于内源污染比较严重而水体深度较小的水域。人工造流的方法有水泵和射流相结合的方式，也有将压缩空气加入到水底再向上喷射的方法。

2. 物理方法

物理方法主要有覆盖和疏浚两大类。

原位覆盖是将粗沙、土壤甚至未污染底泥等均匀沉压在污染底泥的上部，以有效地限制污染底泥对上覆水体影响的技术。将污染沉积物与底栖生物，用物理性的方法分开并固定污染物沉积物，防止其再悬浮或迁移，降低污染物向水中的扩散通量。沉积物覆盖方法的基本原理是利用未受污染的黄沙、黏土或其他材料覆盖在富含有机物和污染物的沉积物上，形成一个物理隔离层，阻碍底泥向上覆水体释放污染物。

3. 化学方法

化学方法主要有铝、铁、钙絮凝和深水曝气法等。

铝、铁、钙絮凝方法的基本原理是通过向污染水体中投加混凝剂，使细小的悬浮态的颗粒物和胶体微粒聚集成较大的颗粒而沉淀，将氮磷等污染物从水体中清除出去。

深水曝气法是指通过改变底泥界面厌氧环境为好氧条件来降低内源性污染的负荷，如磷。通过向底泥上覆水充氧的做法能有效地增加深水层的溶氧，同时可以降低氨氮和硫化氢的浓度。也可以采取强化的植被修复，阻止沉积物的再悬浮和污染物的溶解扩散。

4. 生物修复

生物修复是指应用有机物，主要是用微生物降解污染物质，减小或者消除污染物的危害。优点：生物修复作为传统生物治理技术的扩展，生物修复技术通常比传统治理技术应用对象面积要大。

第四节 水质模型

一、水质模型的发展

水质模型是根据物理守恒原理，用数学的语言和方法描述参加水循环的水体中水质组分所发生的物理、化学、生物化学和生态学诸方面的变化、内在规律和相互关系的数学模型。它是水环境污染治理、规划决策分析的重要工具。对现有模型的研究是改良其功效、设计新型模型所必需的，为水环境规划治理提供更科学更有效决策的基础，是设计出更完善更能适应复杂水环境预测评价模型的依据。

自 1925 年建立的第一个研究水体 BOD—DO 变化规律的 Streeter-Phelps 水质模型以来，水质模型的研究内容与方法不断改进与完善。在对水体的研究上，从河流、河口到湖泊水库、海湾；在数学模型空间分布特性上，从零维、一维发展到二维、三维；在水质模型的数学特性上，由确定性发展为随机模型；在水质指标上，从比较简单的生物需氧量和溶解氧两个指标发展到复杂多指标模型。

其发展历程可以分为以下三个阶段：

第一阶段（20 世纪 20 年代中期—70 年代初期）：是地表水质模型发展的初级阶段，该阶段模型是简单的氧平衡模型，主要集中于对氧平衡的研究，也涉及一些非耗氧物质，属于一种维稳态模型。

第二阶段（20 世纪 70 年代初期—80 年代中期）：是地表水质模型的迅速发展阶段，随着对污染水环境行为的深入研究，传统的氧平衡模型已不能满足实际工作的需要，描述同一个污染物由于在水体中存在状态和化学行为的不同而表现出完全不同的环境行为和生态效应的形态模型出现。由于复杂物理、化学和生物过程，释放到环境中的污染物在大气、水、土壤和植被等许多环境介质中进行分配，由污染物引起的可能的环境影响与他们在各种环境单元中的浓度水平和停留时间密切相关，为了综合描述它们之间的相互关系，产生了多介质环境综合生态模型，同时由一维稳态模型发展到多维动态模型，水质模型更接近于实际。

第三阶段（20 世纪 80 年代中期至今）：是水质模型研究的深化、完善与广泛应用阶段，科学家的注意力主要集中在改善模的可靠性和评价能力的研究。该阶段模型的主要特点是考虑水质模型与面源模型的对接，并采用多种新技术方法，如随机数学、模糊数学、人工神经网络、专家系统等。

二、水质模型的分类

自第一个水质数学模型 StreeteLPhelps 模型应用于环境问题的研究以来，已经历了 70 多年。科学家已研究了各种类型的水体并提出了许多类型的水质模型，用于河流、河口、水库以及湖泊的水质预报和管理。根据其用途、性质以及系统工程的观点，大致有以下几种分类：

1. 根据水体类型分类

以管理和规划为目的，水质模型可分为三类，即河流的、河口的（包括潮汐的和非潮汐的）和湖泊（水库）的水质模型。河流的水质模型比较成熟，研究得亦比较深，而且能较真实地描述水质行为，所以用得较普遍。

2. 根据水质组分分类

根据水质组分划分，水质模型可以分为单一组分的、耦合的和多重组分的三类。其中 BOD—DO 耦合水质模型是能够比较成功地描述受有机物污染的河流的水质变化。多重组分水质模型比较复杂，它考虑的水质因素比较多，如综合的水生生态模型。

3. 根据系统工程观点分类

从系统工程的观点，可以分为稳态和非稳态水质模型。这两类水质模型的不同之处在于水力学条件和排放条件是否随时间变化。不随时间变化的为稳态水质模型，反之为非稳态水质模型。对于这两类模型，科学研究工作者主要研究河流水质模型的边界条件，即在什么条件下水质处于较好的状态。稳态水质模型可用于模拟水质的物理、化学、生物和水力学的过程，而非稳态模型可用于计算径流、暴雨等过程，即描述水质的瞬时变化。

4. 根据所描述数学方程解分类

根据所描述的数学方程的解，水质模型有准理论模型和随机水质模型。以宏观的角度来看，准理论模型用于研究湖泊、河流以及河口的水质，这些模型考虑了系统内部的物理、化学、生物过程及流体边界的物质和能量的交换。随机模型来描述河流中物质的行为是非常困难的，因为河流水体中各种变量必须根据可能的分布，而不是它们的平均值或期望值来确定。

5. 根据反应动力学性质分类

根据反应动力学性质，水质模型分为纯化反应模型、迁移和反应动力学模型、生态模型，其中生态模型是一个综合的模型它不仅包括化学、生物的过程，而且亦包括水质迁移以及各种水质因素的变化过程。

6. 根据模型性质分类

根据模型的性质，可以分为黑箱模型、白箱模型和灰箱模型。黑箱模型由系统的输入直接计算出输出，对污染物在水体中的变化一无所知；白箱模型对系统的过程和变化机制有完全透彻的了解；灰箱模型界于黑箱与白箱之间，目前所建立的水质数学模型基本上都属于灰箱模型。

三、水质模型的应用

水质模型之所以受到科学工作者的高度重视，除了其应用范围广外，还因为在某些情况下它起着重要作用。例如，新建一个工业区，为了评估它产生的污水对受纳水体所产生的影响，用水质模型来进行评价就至关重要，以下将对水质模型的应用进行简要评述。

1. 污染物水环境行为的模拟和预测

污染物进入水环境后，由于物理、化学和生物作用的综合效应，其行为的变化是十分复杂的，很难直接认识它们。这就需要用水质模型（水环境数学模型）对污染物水环境的行为进行模拟和预测，以便给出全面而清晰的变化规律及发展趋势。用模型的方法进行模拟和预测，既经济又省时，是水环境质量管理科学决策的有效手段。但由于模型本身的局限性，以及对污染物水环境行为认识的不确定性，计算结果与实际测量之间往往有较大的误差，所以模型的模拟和预测只是给出了相对变化值及其趋势。对于这一点，水质管理决策者们应特别注意。

2. 水质管理规划

水质规划是环境工程与系统工程相结合的产物，它的核心部分是水环境数学模型。确定允许排放量等水质规划，常用的是氧平衡类型的数学模型。求解污染物去除率的最佳组合，关键是目标函数的线性化。而流域的水质规划是区域范围的水资源管理，是一个动态过程，必须考虑 3 个方面的问题：首先，水资源利用利益之间的矛盾；其次，水文随机现象使天然系统动态行为（生活、工业、灌溉、废水处置、自然保护）预测的复杂化；最后，技术、社会和经济的约束。为了解决这些问题，可将一般水环境数学模型与最优化模型相结合，形成所谓的水质管理模型。目前，水质管理模型已有很成功的应用。

3. 水质评价

水质评价是水质规划的基本程序。根据不同的目标，水质模型可用来对河流、湖泊（水库）、河口、海洋和地下水等水环境的质量进行评价。现在的水质评价不仅给出水体对各种不同使用功能的质量，而且还会给出水环境对污染物的同化能力以及污染物在水环境浓度和总量的时空分布。水污染评价已由点源污染转向非点源污染，这就需要用农业非点源污染评价模型来评价水环境中营养物质和沉积物以及其他污染物。如利用贝叶斯概念（Bayesian Concepts）和组合神经网络来预测集水流域的径流量。研究的对象也由过去的污染物扩展到现在的有害物质在水环境的积累、迁移和归宿。

4. 污染物对水环境及人体的暴露分析

由于许多复杂的物理、化学和生物作用以及迁移过程，在多介质环境中运动的污染物会对人体或其他受体产生潜在的毒性暴露，因此出现了用水质模型进行污染物对水环境即人体的暴露分析（Exposure Analysis）。目前已有许多学者对此展开了研究，但许多研究都是在实验室条件下的模拟，研究对象也比较单一，并且范围也不广泛，如何才能够建立经济有效的针对多种生物体的综合的暴露分析模型，还有待于环境科学工作者们去探索。

5. 水质监测网络的设计

水质监测数据是进行水环境研究和科学管理的基础，对于一条河流或一个水系，准确的监测网站设置的原则应当是：在最低限量监测断面和采样点的前提下获得最大限量的具有代表性的水环境质量信息，既经济又合理、省时。对于河流或水系的取样点的最新研究，采用了地理信息系统和模拟的退火算法等来优化选择河流采样点。

第五节　水环境标准

一、水质指标

各种天然水体是工业、农业和生活用水的水源。作为一种资源来说，水质、水量和水能是度量水资源可利用价值的三个重要指标，其中与水环境污染密切相关的则是水质指标。在水的社会循环中，天然水体作为人类生产、生活用水的水源，需要经过一系列的净化处理，满足人类生产、生活用水的相应的水质标准；当水体作为人类社会产生的污水的受纳水体时，为降低对天然水体的污染，排放的污水都需要进行相应的处理，使水质指标达到排放标准。

水质指标是指水中除去水分子外所含杂的种类和数量，它是描述水质状况的一系列指标，可分为物理指标、化学指标、生物指标和放射性指标。有些指标用某一物质的浓度来表示，如溶解氧、铁等；而有些指标则是根据某一类物质的共同特性来间接反映其含量，称为综合指标，如化学需氧量、总需氧量、硬度等。

（一）物理指标

1. 水温

水的物理化学性质与水温密切相关。水中的溶解性气体（如氧、二氧化碳等）的溶解度、水中生物和微生物的活动、非离子态、盐度、pH 值以及碳酸钙饱和度等都受水温变化的影响。

温度为现场监测项目之一，常用的测量仪器有水温计和颠倒温度计，前者用于地表水、污水等浅层水温的测量，后者用于湖、水库、海洋等深层水温的测量。此外，还有热敏电阻温度计等。

2. 臭

臭是一种感官性指标，是检验原水和处理水质的必测指标之一，可借以判断某些杂质或者有害成分是否存在。水体产生臭的一些有机物和无机物，主要是由于生活污水和工业废水的污染物和天然物质的分解或细菌动的结果。某些物质的浓度只要达到零点几微克每升时即可察觉。然而，很难鉴定臭物质的组成。

臭一般是依靠检查人员的嗅觉进行检测，目前尚无标准单位。臭阈值是指用无臭水将水样稀释至可闻出最低可辨别臭气的浓度时的稀释倍数，如水样最低取 25mL 稀释至 200mL 时，可闻到臭气，其臭阈值为 8。

3. 色度

色度是反映水体外观的指标。纯水为无透明，天然水中存在腐殖酸、泥土、浮游植物、铁和锰等金属离子能够使水体呈现一定的颜色。纺织、印染、造纸、食品、有机合成等工业废水中，常含有大量的染料、生物色素和有色悬浮微粒等，通常是环境水体颜色的主要来源。有色废水排入环境水体后，使天然水体着色，降低水体的透光性，影响水生生物的生长。

水的颜色定义为改变透射可见光光谱组成的光学性质。水中呈色的物质可处于悬浮态、胶体和溶解态，水体的颜色可以真色和表色来描述。真色是指水体中悬浮物质完全移去后水体所呈现的颜色，水质分析中所表示的颜色是指水的真色，即水的色度是对水的真色进行测定的一项水质指标。表色是指有去除悬浮物质时水体所呈现的颜色，包括悬浮态、胶体和溶解态物质所产生的颜色，只能用文字定性描述，如工业废水或受污染的地表水呈现黄色、灰色等，并以稀释倍数法测定颜色的强度。

我国生活饮用水的水质标准规定色度小于 15 度，工业用水对水的色度要求更严格，如染色用水色度小于 5 度，纺织用水色度小于 10 ～ 12 度等。水的颜色的测定方法有钳钴标准比色法、稀释倍数法、分光光度法。水的颜色受 pH 值的影响，因此测定时需要注明水样的 pH 值。

4. 浊度

浊度是表现水中悬浮性物质和胶体对光线透过时所发生的阻碍程度，是天然水和饮用水的一个重要水质指标。浊度是由于水含有泥土、粉砂、有机物、无机物、浮游生物和其他微生物等悬浮物和胶体物质所造成的。我国饮用水标准规定浊度不超过 1 度，特殊情况不超过 3 度。测定浊度的方法有分光光度法、目视比浊法、浊度计法。

5. 残渣

残渣分为总残渣（总固体）、可滤残渣（溶解性总固体）和不可滤残渣（悬浮物）3 种。它们是表征水中溶解性物质、不溶性物质含量的指标。

残渣在许多方面对水和排出水的水质有不利影响。残渣高的水不适于饮用，高矿化度的水对许多工业用水也不适用。我国饮用水中规定总可滤残渣不得大于 1000mg/L。含有大量不可滤残渣的水，外观上也不能满足洗浴等使用。残渣采用重量法测定，适用于饮用水、地面水、盐水、生活污水和工业废水的测定。

总残渣是将混合均匀的水样，在称至恒重的蒸发皿中置于水浴上，蒸干并于 103 ～ 105℃烘干至恒重的残留物质，它是可滤残渣和不可滤残渣的总和。可滤残渣（可溶性固体）指过滤后的滤液于蒸发皿中蒸发，并在 103 ～ 105℃或 180±2℃ 烘干至恒重的固体包括 103 ～ 105℃烘干的可滤残渣和 180℃烘干的可滤残渣两种。

不可滤残渣又称悬浮物不可滤残渣含量一般可表示废水污染的程度。将充分混合均匀的水样过滤后，截留在标准玻璃纤维滤膜（0.45am）上的物质，在 $103 \sim 105$℃烘干至恒重。如果悬浮物堵塞滤膜并难于过滤，不可滤残渣可由总残渣与可滤残渣之差计算。

6. 电导率

电导率是表示水溶液传导电流的能力。因为电导率与溶液中离子含量大致呈比例地变化，电导率的测定可以间接地推测离解物总浓度。电导率用电导率仪测定，通常用于检验蒸馏水、去离子水或高纯水的纯度、监测水质受污染情况以及用于锅炉水和纯水制备中的自动控制等。

（二）化学指标

1. pH 值

pH 值是水体中氢离子活度的负对数。pH 值是最常用的水质指标之一。由于 pH 值受水温影响而变化，测定时应在规定的温度下进行，或者校正温度。通常采用玻璃电极法和比色法测定 pH 值。天然水的 pH 值多在 $6 \sim 9$ 范围内，这也是我国污水排放标准中的 pH 值控制范围。饮用水的 pH 值规定在 $6.5 \sim 8.5$ 范围内，锅炉用水的 pH 值要求大于 7。

2. 酸度和碱度

酸度和碱度是水质综合性特征指标之一，水中酸度和碱度的测定在评价水环境中污染物质的迁移转化规律和研究水体的缓冲容量等方面有重要的意义。

水体的酸度是水中给出质子物质的总量，水的碱度是水中接受质子物质的总量。只有当水样中的化学成分已知时，它才被解释为具体的物质。酸度和碱度均采用酸碱指示剂滴定法或电位滴定法测定。

地表水中由于溶入二氧化碳或由于机械、选矿、电镀、农药、印染、化工等行业排放的含酸废水的进入，致使水体的 pH 值降低。由于酸的腐蚀性，破坏了鱼类及其他水生生物和农作物的正常生存条件，造成鱼类及农作物等死亡。含酸废水可腐蚀管道，破坏建筑物。因此，酸度是衡量水体变化的一项重要指标。

水体碱度的来源较多，地表水的碱度主要由碳酸盐和重碳酸盐以及氢氧化物组成，所以总碱度被当作这些成分浓度的总和。当中含有硼酸盐、磷酸盐或硅酸盐等时，则总碱度的测定值也包含它们所起的作用。废水及其他复杂体系的水体中，还含有有机碱类、金属水解性盐等，均为碱度组成部分。有些情况下，碱度就成为一种水体的综合性指标代表能被强酸滴定物质的总和。

3. 硬度

总硬度指水体中 Ca^{2+} \ Mg^{2+}，离子的总量。水的硬度分为碳酸盐硬度和非碳酸盐硬度两类，总硬度即为二者之和。碳酸盐硬度也称暂时硬度。钙、镁以碳酸盐和重碳酸盐的形式存在，一般通过加热煮沸生成沉淀除去。非碳酸盐硬度也称永久硬度。钙、镁以硫酸盐、氯化物或硝酸盐的形式存在时，该硬度不能用加热的方法除去，只能采用蒸馏、离子交换等方法处理，才能使其软化。

水中硬度的测定是一项重要的水质分析指标，与日常生活和工业生产的关系十分密切。如长期饮用硬度过大的水会影响人们的身体健康，甚至引发各种疾病；含有硬度的水洗衣服会造成肥皂浪费，锅炉若长期使用高硬度的水，会形成水垢，既浪费燃料还可能引起锅炉爆炸等。因此对各种用途的水的硬度作了规定，如饮用水的硬度规定不大于 450mg/L（以 $CaCO_3$ 计）。

硬度的单位除以 mg/L（以 $CaCO_3$ 计）表示以外，还常用 mmol/L、德国度、法国度表示。它们之间的关系是：

1mmol/L 硬度 =100.1mgCaCO3/L=5.61 德国度 =10 法国度

1 德国度 =10mgCaO/L

1 法国度 =10mgCaCO$_3$/L

我国和世界其他许多国家习惯采用的是德国度，简称度。

4. 总含盐量

总含量盐又称矿化度，表示水中全部阴离子总量，是农田灌溉用水适用性评价的主要指标之一。一般只用于天然水的测定，常用的测定方法为重量法。

5. 有机污染物综合指标

因为水中的有机物质种类繁多、组成复杂、分子量范围大、环境中的含量较低，所以分别测定比较困难。常用综合指标来间接测定水中的有机物总量。有机污染物综合指标主要有高锰酸盐指数、化学需氧量（COD）、生物化学需氧量（BOD）、总有机碳（TOC）、总需氧量（TOD）和氯仿萃取物等。这些综合指标可作为水中有机物总量的水质指标在水质分析中有着重要意义。

（三）生物指标

水中微生物学指标主要有细菌总数、总肠菌群、游离性余氯等。

1. 细菌总数

细菌总数是指 1mL 水样在营养琼脂培养基中，37Y 培养 24h 后生长出来的细菌菌落总数。主要作为判断生活饮用水、水源水、地表水等的污染程度。我国规定生活饮用水中细菌总数 ≤ 100CFU/mL。

2. 总大肠菌群

大肠菌群是指那些能在 37℃、48h 内发酵乳糖产酸产气的、兼性厌氧、无芽泡的革兰氏阴性菌。总大肠菌群的测定方法有多管发酵法和滤膜法。水中存在病原菌的可能性很小，其他各种细菌的种类却很多，要排除一切细菌而单独直接检出某种病原菌来，在培养技术上较为复杂，需要较多的人力和较长的时间。大肠菌群作为肠道正常菌的代表其在水中的存活时间和对氯的抵抗力与肠道致病菌相似，将其作为间接指标判断水体受粪便污染的程度。我国饮用水中规定大肠菌群不得检出。

3. 游离性余氯

游离性余氯是指饮用水氯消毒后剩余的游离性有效氯。饮用水消毒后为保证对水有持续消毒的效果，我国规定出厂水中的限值为 4mg/L，集中式给水厂出水游离性余氯不得低于 0.3mg/L，管网末梢水不低于 0.05mg/L。

4. 放射性指标

水中放射性物质主要来源于天然放射性核素和人工放射性核素。放射性物质在核衰变过程中会放射出 a 和 & 射线，而这些放射线对人体都是有害的。放射性物质除引起体外照射外，还可以通过呼吸道吸入、消化道摄入、皮肤或黏膜侵入等不同途径进入人体并在体内蓄积，导致放射性损伤、病变甚至死亡。我国饮用水规定总 a 放射性强度不得大于 0.5Bq/L，总 P 放射性强度不得大于 1Bq/L。

二、水质标准

水质标准是由国家或地方政府对水中污染物或其他物质的最大容许浓度或最小容许浓度所作的规定，是对各种水质指标作出的定量规范。水质标准实际上是水的物理、化学和生物学的质量标准，为保障人类健康的最基本卫生分为水环境质量标准、污水排放标准、饮用水水质标准、工业用水水质标准。

（一）水环境质量标准

目前，我国颁布并正在执行的水环境质量标准有《地表水环境质量标准》（GB3838—2002）、《海水水质标准》（GB3097—1997）、《地下水质量标准》（GB/T14848-2017）等。

《地表水环境质量标准》（GB3838—2002）将标准项目分为地表水环境质量标准项目、集中式生活饮用水地表水源地补充项目和集中式生活饮用水地表水源地特定项目。地表水环境质量标准基本项目适用于全国江河、湖泊、运河、渠道、水库等具有使用功能的地表水水域；集中式生活饮用水地表水源地补充项目和特定项目适用于集中式生活饮用水地表水源地一级保护区和二级保护区。《地表水环境质量标准 XGB3838—2002）依据地表水水域环境功能和保护目标，按功能高低依次划分为 5 类。

Ⅰ类：主要适用于源头水、国家自然保护区。

Ⅱ类：主要适用于集中式生活饮用水地表水源地一级保护区、珍稀水生生物栖息地、鱼虾类产场、仔稚幼鱼的索饵场等。

Ⅲ类：主要适用于集中式生活饮用水地表水源地二级保护区、鱼虾类越冬场、洄游通道、水产养殖区等渔业水域及游泳区。

Ⅳ类：主要适用于一般工业用水区及人体非直接接触的娱乐用水区。

Ⅴ类：主要适用于农业用水区及一般景观要求水域。

对应地表水上述 5 类水域功能，将地表水环境质量标准基本项目标准值分为 5 类，不同功能类别分别执行相应类别的标准值。水域功能类别高的标准值严于水域功能类别低的标准值。同一水域兼有多类使用功能的，执行最高功能类别对应的标准值。

《海水水质标准》（GB3097—1997）规定了海域各类使用功能的水质要求。该标准按照海域的不同使用功能和保护目标，海水水质分为四类。

Ⅰ类：适用于海洋渔业水域，海上自然保护区和珍稀濒危海洋生物保护区。

Ⅱ类：适用于水产养殖区、海水浴场、人体直接接触海水的海上运动或娱乐区，以及与人类食用直接有关的工业用水区。

Ⅲ类：适用于一般工业用水、海滨风景旅游区。

Ⅳ类：适用于海洋港口水域、海洋开发作业区。

《地下水质量标准》GB/T14848—2017)适用于一般地下水，不适用于地下热水、矿水、盐卤水。根据我国地下水水质现状、人体健康基准值及地下水质量保护目标，并参照了生活饮用水、工业用水水质要求，将地下水质量划分为五类。

Ⅰ类：主要反映地下水化学组分的天然低背景含量，适用于各种用途。

Ⅱ类：主要反映地下水化学组分的天然背景含量，适用于各种用途。

Ⅲ类：以人体健康基准值为依据，主要适用于集中式生活饮用水水源及工农业用水。

Ⅳ类：以农业和工业用水要求为依据，除适用于农业和部分工业用水外，适当处理后可作生活饮用水。

Ⅴ类：不宜饮用，其他用水可根据使用目的选用。

（二）污水排放标准

为了控制水体污染，保护江河、湖泊、运河、渠道、水库和海洋等地面水以及地下水水质的良好状态，保障人体健康，维护生态环境平衡，国家颁布了《污水综合排放标准》（GB89781996）和《城镇污水处理厂污染物排放标准 XGB18918—2002）等《污水综合排放标准》（GB8978—19）根据受纳水体的不同划分为三级标准。排入 GB3838 中Ⅲ类水域（划定的保护区和游泳区除外）和排入 GB3097 中的Ⅱ类海域执行一类标准；排入 GB3838 中Ⅳ、Ⅴ类水和排入 GB3097 中的Ⅲ类海域执行二级标准；排入设置二级污水处理厂的城镇排水系统的污水执行三级标准。排入未设置二级污水处理厂的城镇排水系统的污水，必须根据排水系统出水受纳水域的功能要求，执行上述相应的规定。GB3838 中Ⅰ、Ⅱ类水域和Ⅲ类水域中划定的保护区，GB3097 中Ⅰ类海域，禁止新建排污口，现有排污口应按水体功能要，实行污染物总量控制，以保证受纳水体水质符合规定用途的水质标准。同时该标准将污染物按照其性质及控制方式分为两类，第一类污染物不分行业和污水排放方式，也不分受纳水体的功能类别，一律在车间或车间处理设施排放口采样，最高允许浓度必须达到该标准要求；第二类污染物在排污单位排放口采样其最高允许排放浓度必须达到本标准要求。

《城镇污水处理厂污染物排放标准》（GB18918—2006）规定了城镇污水处理厂出水废气排放和污泥处置（控制）的污染物限值，适用于城镇污水处理厂出水、废气排放和污泥处置（控制）的管理。该标准根据污染物的来源及性质，将污染物控制项目分为基本控制项目和选择控制项目两类。根据城镇污水处理厂排入地表水域环境功能和保护目标，以及污水处理厂的处理工艺，将基本控制项目的常规污染物标准值分为一级标准、二级标准、三级标准。一级标准分为 A 标准和 B 标准。一类重金属污染物和选择控制项目不分级。

（三）生活饮用水水质标准

《生活饮用水卫生标准》（GB5749—2006）规定了生活饮用水水质卫生要求、生活饮用水水源水质卫生要求、集中式供水单位卫生要求、二次供水卫生要求、涉及生活饮用水卫生安全产品卫生要求、水质监测和水质检验方法。

该标准主要从以下几方面考虑保证饮用水的水质安全：生活饮用水中不得含有病原微生物；饮用水中化学物质不得危害人体健康；饮用水中放射性物质不得危害人体健康；饮用水的感官性状良好；饮用水应经消毒处理；水质应该符合生活饮用水水质常规指标及非常规指标的卫生要求。该标准项目共计 106 项，其中感官性状指标和一般化学指标 20 项，饮用水消毒剂 4 项，毒理学指标 74 项，微生物指标 6 项，放射性指标 2 项。

（四）农业用水与渔业用水

农业用水主要是灌溉用水，要求在农田灌溉后，水中各种盐类被植物吸收后，不会因食用中毒或引起其他影响，并且其含盐量不得过多，否则会导致土壤盐碱化。渔业用水除保证鱼类的正常生存、繁殖以外，还要防止有毒有害物质通过食物链在水体内积累、转化而导致食用者中毒。相应地，国家制定颁布了《农田灌溉水质标准》（GB5084-GB 5084—2021）和《渔业水质标准》（GB11607—1989）。

《农田灌溉水质标准》（XGB5084-GB 5084—2021）规定了农田灌溉水质要求、监测与分析方法和监督管理要求。该标准适用于以地表水、地下水作为农田灌溉水源的水质监督管理。城镇污水（工业废水和医疗污水除外）以及未综合利用的畜禽养殖废水、农产品加工废水和农村生活污水进入农田灌溉渠道，其下游最近的灌溉取水点的水质按该标准进行监督管理。

《渔业水质标准》（GB11607—1989）适用于鱼虾类的产卵场、索饵场、越冬场、洄游通道和水产增养殖区等海、淡水的渔业水域。

第六节　水质监测与评价

水质是指水与其中所含杂质共同表现出来的物理、化学和生物学的综合特性。水质是水环境要素之一，其物理指标主要包括：温度、色度、浊度、透明度、悬浮物、电导率、嗅和味等；化学指标主要包括 pH 值、溶解氧、溶解性固体、灼烧残渣、化学耗氧量、生化需氧量、游离氯、酸度、碱度、硬度、钾、钠、钙、镁、二价和三价铁、锰、铝、氯化物、硫酸根、磷酸根、氟、碘、氨、硝酸根、亚硝酸根、游离二氧化碳、碳酸根、重碳酸根、侵蚀性二氧化碳、二氧化硅、表面活性物质、硫化氢、重金属离子（如铜、铅、锌镉、汞、铬）等；生物指标主要指浮游生物、底栖生物和微生物（如大肠杆菌和细菌）等。根据水的用途及科学管理的要求，可将水质指标进行分类。例如，饮用水的水质指标可分为微生物指标、毒理指标、感观性状和一般化学指标、放射性指标；为了进行水污染防治，可将水质指标分为易降解有机污染物、难降解有机污染物、悬浮固体及漂浮固体物、可溶性盐类、重金属污染物、病原微生物、热污染、放射性污染等指标。分析研究各类水质指标在水体中的数量、比例、相互作用、迁移、转化、地理分布、历年变化以及同社会经济、生态平衡等的关系，是开发、利用和保护水资源的基础。

为了保护各类水体免受污染危害或治理已受污染的水体环境，首先必须了解需要研究的水体的各项物理、化学及生物特性，污染现状和污染来源。水体污染调查与监测就是采用一定的途径和方法，调查和量测水体中污染物的浓度和总量，研究其分布规律、研究对水体的污染过程及其变化规律。对各种来水（包括支流和排入水体的各类废水）进行监测，并调查各种污染物质的来源。及时、准确地掌握水体环境质量的现状和发展趋势，为开展水体环境的质量评价、预测预报、管理与规划等工作提供可靠的科学资料。这是我们进行水体污染调查与监测的基本目的。显然，这对于保障人民健康和促进我国现代化建设的发展具有重要意义。

一、水质监测

水质监测是为了掌握水体质量动态，对水质参数进行的测定和分析。作为水源保护的一项重要内容是对各种水体的水质情况进行监测，定期采样分析有毒物质含量和动态，包括水温、pH值、COD、溶解氧、氨氮、酚、砷、汞、铬、总硬度、氟化物、氯化物、细菌、大肠菌群等。依监测目的可分为常规监测和专门监测两类。

常规监测是为了判别、评价水体环境质量，掌握水体质量变化规律，预测发展趋势和积累本底值资料等，需对水体水质进行定点、定时的监测。常规监测是水质监测的主体，具有长期性和连续性。专门监测：为某一特定研究服务的监测。通常，监测项目与影响水质因素同时观察，需要周密设计，合理安排，多学科协作。

水质监测的主要内容有水环境监测站网布设、水样的采集与保存、确定监测项目、选用分析方法及水质分析、数据处理与资料整理等。

（一）水环境监测站网的布设

建立水环境监测站网应具有代表性、完整。站点密度要适宜，以能全面控制水系水质基本状况为原则，并应与投入的人力、财力相适应。

1. 水质监测站及分类

水质监测站是进行水环境监测采样和现场测定以及定期收集和提供水质、水量等水环境资料的基本单元，可由一个或者多个采样断面或采样点组成。

水质监测站根据设置的目的和作用分为基本站和专用站。基本站是为水资源开发利用与保护提供水质、水量基本资料，并与水文站、雨量站、地下水水位观测井等统一规划设置的站。基本站长期掌握水系水质的历年变化，搜集和积累水质基本资料而设立的，其测定项目和次数均较多。专用站是为某种专门用途而设置的，其监测项目和次数根据站的用途和要求而确定。

水质监测站根据运行方式可分为：固定监测站、流动监测站和自动监测站。固定监测站是利用桥、船、缆道或其他工具，在固定的位置上采样。流动监测站是利用装载检测仪器的车、船或飞行工具，进行移动式监测，搜集固定监测站以外的有关资料，以弥补固定监测站的不足。自动监测站主要设置在重要供水水源地或重要打破常规地点，依据管理标准，进行连续自动监测，以控制供水、用水或排污的水质。

水质监测站根据水体类型可分为地表水水质监测站、地下水水质监测站和大气降水水质监测站。地表水水质监测站是以地表水为监测对象的水质监测站。地表水水质监测站可分为河流水质监测站和湖泊（水库）水质监测站。地下水水质监测站是以地下水为监测对象的水质监测站。大气降水水质监测是以大气降水为监测对象的水质监测站。

2. 水质监测站的布设

水质监测站的布设关系着水质监测工作的成败。水质在空间上和时间上的分布是不均匀的，具有时空性。水质监测站的布设是在区域的不同位置布设各种监测站，控制水质在区域的变化。在一定范围内布设的测站数量越多，则越能反映水体的质量状况，但需要较高的经济代价；测站数量越少，则经济上越节约，但不能正确地反映水体的质量状况。所以，布设的测站数量既要能正确地反映水体的质量状况，又要满足经济性。

在设置水质监测站前，应调查并收集本地区有关基本资料，如水质、水量、地质、地理、工业、城市规划布局，主要污染源与入河排污口以及水利工程和水产等资料，用作设置具有代表性水质监测站的依据。

（1）地表水水质监测站的布设。①河流水质监测站的布设。背景水质应该布设于河流的上游河段，受人类活动的影响较小。干支流的水质站一般设在下列水域、区域：干流控制河段，包括主要一、二级支流汇入处、重要水源地和主要退水区；大中城市河段或主要城市河段和工矿企业集中区；已建或即将兴建大型水利设施河段、大型灌区或引水工程渠首处；入海河口水域；不同水文地质或植被区、土壤盐碱化区、地方病发病区、地球化学异常区、总矿化度或总硬度变化率超过50%的地区。②湖泊（水库）水质监测站的布设。湖泊（水库）水质监测站应设在下列水域：面积大于$100km^2$的湖泊；梯级水库和库容大于1亿 n? 的水库；具有重要供水、水产养殖旅游等功能或污染严重的湖泊（水库）；重要国际河流、湖泊，流入、流出行政区界的主要河流、湖泊（水库），以及水环境敏感水域，应布设界河（湖、库）水质站。

（2）地下水水质监测到站的布设。

地下水水质监测站的布设应根据本地区水文地质条件及污染源分布状况，与地下水水位观测井结合起来进行设置。

地下水类型不同的区域、地下水开采度不同的区域应分别设置水质监测站。

（3）降水水质监测站的布设。

应根据水文气象、风向、地形、地貌及城市大气污染源分布状况等，与现有雨量观测站相结合设置。下列区域应设置降水水质监测站：不同水文气象条件、不同地形与地貌区；大型城市区与工业集中区；大型水库、湖泊区。

3. 水环境监测站网

水环境监测站网是按一定的目的与要求，由适量的各类水质监测站组成的水环境监测网络。水环境监测站网可分为地表水、地下水和大气降水

三种基本类型。根据监测目的或服务对象的不同，各类水质监测站可成不同类型的专业监测网或专用监测网。水环境监测站网规划应遵循以下原则：

以流域为单元进行统一规划，与水文站网、地下水水位观测井网、雨量观测站网相结合；各行政区站网规划应与流域站网规划相结合。各省、自治区、市环境站网规划应不断进行优化调整，力求做到多用途、多功能，具有较强的代表性。目前，我国地表水的监测主要由水利和环保部门承担。

（二）水样的采集与保存

水样的代表性关系着水质监测结果的正确性。采样位置、时间、频率、方法及保存等都影响着水质监测的结果。我国水利部门规定：基本测站至少每月采样一次；湖泊（水库）一般每两个月采样一次；污染严重的水体，每年应采样 8～12 次；底泥和水生生物，每年在枯水期采样一次。

水样采集后，由于环境的改变、微生物及化学作用，水样水质会受到不同程度的影响，所以，应尽快进行分析测定，以免在存放过程中引起较大的水质变化。有的监测项目要在采样现场采用相应方法立即测定，如水温、pH 值、溶解氧、电导率、透明度、色嗅及感官性状等。有的监测项目不能很快测定，需要保存一段时间。水样保存的期限取决于水样的性质、测定要求和保存条件。未采取任何保存措施的水样，允许存放的时间分别为：清洁水样 72h；轻度污染的水样 48h；严重污染的水样 12h。为了最大限度地减少水样水质的变化，须采取正确有效的保存措施。

（三）监测项目和分析方法

水质监测项目包括反映水质状况的各项物理指标、化学指标、微生物指标等。选测项目过多可造成人力、物力的浪费，过少则不能正确反映水体水质状况。所以，必须合理地确定监测项目，使之能正确地反映水质状况。确定监测项目时要根据被测水体和监测目的综合考虑。通常按以下原则确定监测项目。

（1）国家与行业水环境与水资源质量标准或评价标准中已列入的监测项目。

（2）国家及行业正式颁布的标准分析方法中列入的监测项目。

（3）反映本地区水体中主要污染物的监测项目。

（4）专用站应依据监测目的选择监测项目。

水质分析的基本方法有化学分析法（滴定分析、重量分析等）、仪器分析法（光

学分析法、色谱分析法、电化学分析法等），分析方法的选用应根据样品类型、污染物含量以及方法适用范围等确定。分析方法的选择应符合以下原则：

（1）国家或行业标准分析方法。

（2）等效或者参照适用 ISO 分析方法或其他国际公认的分析方法。

（3）经过验证的新方法，其精密度、灵敏度和准确度不得低于常规方法。

（四）数据处理与资料整理

水质监测所测得的化学、物理以及生物学的监测数据，是描述和评价水环境质量，进行环境管理的基本依据，必须进行科学的计算和处理，并按照要求的形式在监测报告中表达出来。水质资料的整编包括两个阶段：一是资料的初步整编；二是水质资料的复审汇编。习惯上称前者为整编，后者为汇编。

1. 水质资料整编

水质资料整编工作是以基层水环境监测中心为单位进行的，是对水质资料的初步整理，是整编全过程中最主要最基础的工作，它的工作内容有搜集原始资料（包括监测任务书、采样记录、送样单至最终监测报告及有关说明等一切原始记录资料）、审核原始资料编制有关整编图表（水质监测站监测情况说明表及位置图、监测成果表、监测成果特征值年统计表）。

2. 水质资料汇编

水质资料汇编工作一般以流域为单位，是流域水环境监测中心对所辖区内基层水环境监测中心已整编的水质资料的进一步复查审核。它的工作内容有抽样、资料合理性检查及审核、编制汇编图表。汇编成果一般包括的内容有资料索引表、编制说明、水质监测站及监测断面一览表、水质监测站及监测断面分布图、水质监测站监测情况说明表及位置图、监测成果表、监测成果特征值年统计表。

经过整编和汇编的水质资料可以用纸质、磁盘和光盘保存起来，如水质监测年鉴、水环境监测报告、水质监测数据库、水质检测档案库等。

二、水质评价

水质评价是水环境质量评价的简称，是根据水的不同用途，选定评价参数，按照一定的质量标准和评价方法，对水体质量定性或定量评定的过程。目的在于准确地反映水质的情况，指出发展趋势，为水资源的规划、管理、开发、利用和污染防治提供依据。

水质评价是环境质量评价的重要组成部分，其内容很广泛，工作目的和研究角度的不同，分类的方法不同。

（一）水质评价分类

水质评价分类：水质评价按时间分，有回顾评价、预断评价；按水体用途分，有生活饮用水质评价、渔业水质评价、工业水质评价、农田灌溉水质评价、风景和游览水质评价；按水体类别分，有江河水质评价、湖泊（水库）水质评价、海洋水质评价、地下水水质评价；按评价参数分，有单要素评价和综合评价。

（二）水质评价步骤

水质评价步骤一般包括：提出问题、污染源调查及评价、收集资料与水质监测、参数选择和取值、选择评价标准、确定评价内容和方法、编制评价图表和报告书等。

1. 提出问题

这包括明确评价对象、评价目的、评价范围和评价精度等。

2. 污染源调查及评价

查明污染物排放地点、形式、数量、种类和排放规律，并在此基础上，结合污染物毒性，确定影响水体质量的主要污染物和主要污染源，作出相应的评价。

3. 收集资料与水质监测

水质评价要收集和监测足以代表研究水域水体质量的各种数据。将数据整理验证后，用适当方法进行统计计算，以获得各种必要的参数统计特征值。监测数据的准确性和精确度以及统计方法的合理性，是决定评价结果可靠程度的重要因素。

4. 参数选择和取值

水体污染的物质很多，一般可根据评的目的和要求，选择对生物、人类及社会经济危害大的污染物作为主要评价参数。常选用的参数有水温、pH 值、化学耗氧量、生化需氧量、悬浮物、氨、氮、酚、汞、铜、镉、铅、氟化物、硫化物、有机氯有机磷、油类、大肠杆菌等。参数一般取算术平均值或几何平均值。水质参数受水文条件和污染源条件影响，具有随机性，故从统计学角度看，参数按概率取值较为合理。

5. 选择评价标准

水质评价标准是进行水质评价的主要依据。根据水体用途和评价目的，选择相应的评价标准。一般地表水评价可选用地表水环境质量标准；海洋评价可选用海洋水质标准；专业用途水体评价可分别选用生活饮用水卫生标准、渔业水质标准、农田灌溉水质标准、工业用水水质标准以及有关流域或地区制定的各类地方水质标准等。地质目前还缺乏统一评价标准，通常可参照清洁区土壤自然含量调查资料或地球化学背景值来拟定。

6. 确定评价内容及方法

评价内容一般包括感观性、氧平衡、化学指标、生物学指标等。评价方法的种类繁多，常用的有：生物学评价法、以化学指标为主的水质指数评价法、模糊数学评价法等。

7. 编制评价图表及报告书

评价图表可以直观反映水体质量好坏。图表的内容可根据评价目的确定，一般包括评价范围图、水系图、污染源分布图、监测断面（或监测点）位置图、污染物含量等值线图、水质、底质、水生物质量评价图、水体质量综合评价图等。图表的绘制一般采用：符号法、定位图法、类型图法、等值线法、网格法等。评价报告书编制内容包括：评价对象、范围、目的和要求，评价程序，环境概况，污染源调查及评价，水体质量评价，评价结论及建议等。

第七节　水资源保护措施与生态修复

早在20世纪60年代，就已知中国一些省份的地下水受到了砷污染。自那以后，受影响人口的数量连年增长。长期接触即使少量的砷也可能引发人体机能严重失调，包括色素沉着、皮肤角化症、肝肾疾病和多种癌症。世界卫生组织指出，每升低于10g的砷含量对人体是安全的，在中国某些地区例如内蒙古，水中的砷含量高达1500g/L。新疆内蒙古、甘肃、河南和山东等省都有潜在的高危地区。中国砷含量可能超过10g/L的地区总面积估计在58万km^{2}左右，近2000万人生活在砷污染高危地区。

砷中毒是国内一种"最严重的地方性疾病"，其慢性不良反应包括癌症、糖尿病和心血管病。我国一直在对水井进行耗时的检测，不过这个过程需要数十年时间才能完成。这也促使相关研究人员制作有效的电脑模型，以便能预测出哪些地区最有可能处于危险当中。

相关研究表明，1470万人所生活的地区水污染水平超出了世界卫生组织建议的10g/L，还有大约600万人所生活的地区水污染水平是上述建议值的5倍以上。

根据《中华人民共和国水法》和《中华人民共和国水污染防治法》的相关规定，我国公民有义务按照以下措施对水资源进行保护。

一、水资源保护措施

（一）加强节约用水管理

依据《中华人民共和国水法》和《中华人民共和国水污染防治法》有关节约用水的规定，从四个方面抓好落实。

1. 落实建设项目节水"三同时"制度

即新建、扩建、改建的建设项目，应当制订节水措施方案并配套建设节水设施；节水设施与主体工程同时设计、同时施工同时投产；今后新、改、扩建项目，先向水务部门报送节水措施方案，经审查同意后，项目主管部门才批准建设，项目完工后，对节水设施验收合格后才能投入使用，否则供水企业不予供水。

2. 大力推广节水工艺，节水设备和节水器具

新建、改建、扩建的工业项目，项目主管部门在批准建设和水行政主管部门批准取水许可时，以生产工艺达到省规定的取水定额要求为标准；对新建居民生活用

水、机关事业及商业服务业等用水强制推广使用节水型用水器具，凡不符合要求的，不得投入使用。通过多种方式促进现有非节水型器具改造，对现有居民住宅供水计量设施全部实行户表外移改造，所需资金由地方财政、供水企业和用户承担，对新建居民住宅要严格按照"供水计量设施户外设置"的要求进行建设。

3. 调整农业结构，建设节水型高效农业

推广抗旱、优质农作物品种，推广工程措施、管理措施、农艺措施和生物措施相结合的高效节水农业配套技术，农业用水逐步实行计量管理、总量控制，实行节奖超罚的制度，适时开征农业水资源费，由工程节水向制度节水转变。

4. 启动节水型社会试点建设工作

突出抓好水权分配、定额制定、结构调整、计量监测和制度建设，通过用水制度改革，建立与用水指标控制相适应的水资源管理体制，大力开展节水型社区和节水型企业创建活动。

（二）合理开发利用水资源

1. 严格限制自备井的开采和使用

已被划定为深层地下水严重超采区的城市，今后除为解决农村饮水困难确需取水的不再审批开凿新的自备井，市区供水管网覆盖范围内的自备井，限时全部关停；对于公共供水不能满足用户需求的自备井，安装监控设施，实行定额限量开采，适时关停。

2. 贯彻水资源论证制度

国民经济和社会发展规划以及城市总体规划的编制，重大建设项目的布局，应与当地水资源条件相适应，并进行科学论证。项目取水先期进行水资源论证，论证通过后方能由项目主管部门立项。调整产业结构、产品结构和空间布局，切实做到以水定产业，以水定规模，以水定发展，确保用水安全，以水资源可持续利用支撑经济可持续发展。

3. 做好水资源优化配置

鼓励使用再生水、微咸水、汛期雨水等非传统水资源；优先利用浅层地下水，控制开采深层地下水，综合采取行政和经济手段，实现水资源优化配置。

（三）加大污水处理力度，改善水环境

（1）根据《入河排污口监督管理办法》的规定，对现有入河排污口进行登记，建立入河排污口管理档案。此后设置入河排污口的，应当在向环境保护行政主管部门报送建设项目环境影响报告书之前，向水行政主管部门提出入河排污口设置申请，水行政主管部门审查同意后，合理设置。

（2）积极推进城镇居民区、机关事业及商业服务业等再生水设施建设。建筑面积在万平方米以上的居民住宅小区及新建大型文化、教育、宾馆、饭店设施，都必须配套建设再生水利用设施；没有再生水利用设施的在用大型公建工程，也要完善

再生水配套设施。

（3）足额征收污水处理费。各省、市应当根据特定情况，制定并出台《污水处理费征收管理办法》。要加大污水处理费征收力度，为污水处理设施运行提供资金支持。

（4）加快城市排水管网建设，要按照"先排水管网、后污水处理设施"的建设原则，加快城市排水管网建设。在新建设时，必须建设雨水管网和污水管网，推行雨污分流排水体系；要在城市道路建设改造的同时，对城市排水管网进行雨、污分流改造和完善，提高污水收水率。

（四）深化水价改革，建立科学的水价体系

（1）利用价格杠杆促进节约用水、保护水资源。逐步提高城市供水价格，不仅包括供水合理成本和利润，还要包括户表改造费用、居住区供水管网改造等费用。

（2）合理确定非传统水源的供水价格。再生水价格以补偿成本和合理收益原则，结合水质、用途等情况，按城市供水价格的一定比例确定。要根据非传统水源的开发利用进展情况，及时制定合理的供水价格。

（3）积极推行"阶梯式水价（含水资源费）"。电力、钢铁、石油、纺织、造纸、啤酒、酒精七个高耗水行业，应当实施"定额用水"和"阶梯式水价（水资源费）"。水价分三级，级差为 1 ：2 ：10。工业用水的第一级含量，按《省用水定额》确定，第二、三级水量为超出基本水量 10（含）和 10 以上的水量。

（五）加强水资源费征管和使用

（1）加大水资源费征收力度。征收水资源费是优化配置水资源、促进节约用水的重要措施。使用自备井（农村生活和农业用水除外）的单位和个人都应当按规定缴纳水资源费（含南水北调基金）。水资源费（含南水北调基金）主要用于水资源管理、节约、保护工作和南水北调工程建设，不得挪作他用。

（2）加强取水的科学管理工作，全面推动水资源远程监控系统建设、智能水表等科技含量高的计量设施安装工作，所有自备井都要安装计量设施，实现水资源计量，收费和管理科学化、现代化、规范化。

（六）加强领导，落实责任，保障各项制度落实到位

水资源管理、水价改革和节约用水涉及面广、政策性强、实施难度大，各部门要进一步提高认识，确保责任到位、政策到位。落实建设项目节水措施"三同时"和建设项目水资源论证制度，取水许可和入河排污口审批、污水处理费和水资源费征收、节水工艺和节水器具的推广都需要有法律、法规做保障，对违法、违规行为要依法查处，确保各项制度措施落实到位。要大力地做好宣传工作，使人民群众充分认识我国水资源的严峻形势，增强水资源的忧患意识和节约意识，形成"节水光荣，浪费可耻"的良好社会风尚，形成共建节约型社会的合力。

二、水生态保护与修复

随着我国人口的快速增长和经济社会的高速发展，生态系统尤其是水生态系统承受越来越大的压力，出现了水源枯竭、水体污染和富营养化等问题，河道断流、湿地萎缩消亡、地下水超采、绿洲退化等现象也在很多地方发生。水生态系统是指自然生态系统中由河流、湖泊等水域及其滨河、滨湖湿地组成的河湖生态子系统，其水域空间和水、陆生生物群落交错带是水生生物群落的重要生境，与包括地下水的流域水文循环密切相关。良好的水生生态系统在维系自然界物质循环、能量流动、净化环境、缓解温室效应等方面功能显著，对维护生物多样性、保持生态平衡有着重要作用。

（一）湿地的生态修复

1. 存在的生态问题

湿地生态系统目前存在着许多生态问题，主要是物理干扰、生物干扰、化学干扰等原因导致的湿地生态系统退化和丧失。具体表现为：盲目围垦和改造湿地，造成湿地面积迅速减少；过度开发湿地内的水生生物资源，导致生物多样性锐减；任意排放污染物和堆积废弃物，导致湿地污染加剧；人为破坏剧烈，海岸侵蚀严重；全球气候变化可能导致湿地退化或消失。

2. 湿地恢复的方法

恢复湿地生态系统的目标、策略不同，采用的关键技术也不同，因此很难有统一的模式方法。根据目前国内外的研究进展，可以概括成以下几项技术：废水处理技术，包括物理处理技术、化学处理技术、氧化塘技术；点源、非点源控制技术；土地处理（包括湿地处理）技术；光化学处理技术；沉淀物抽取技术等。根据湿地生态恢复的具体对象不同，又可以将恢复方法技术划分为湿地生境恢复技术、湿地生物恢复技术、湿地生态系统结构和功能恢复技术。

（二）平原区小河沟的生态修复

1. 存在的生态问题

平原小河沟生态问题主要表现为污染严重，河道断流甚至干涸，河岸及河床的侵蚀，河道淤积及生物多样性锐减。原因在于：平原区小河沟多在城市郊区及农村地区，贫穷落后，人们的环保意识低甚至毫无环保意识。

2. 平原区小河沟生态恢复的方法

要从根本上解决农村平原小河沟的生态问题，需要从以下两个方面入手：一是在沟渠生态系统外围地区防止环境污染及生态破坏的产生；二是在沟渠生态系统内建沟岸、渠岸绿化带等。

（三）城市河流的生态修复

1. 存在的生态问题

造成城市河道生态系统退化。不能进行正常的信息传递、能量流动和物质循环，从而不能提供应有的生态服务功能的原因主要有两个方面，一方面是城市化进程加快本身会对城市河流产生影响，加大了对河流生态系统的干扰和胁迫，破坏了河流生态系统结构，改变了其物质生产与循环、能量流动与信息传递的规模、效率与方式，损害了河流生态系统的健康，主要体现在城市河流污染严重、城市河流生态环境用水短缺和城市河流生态系统破坏严重。另一方面，人们对城市河流规划利用的理念理解不当，在经济发展的大潮中，人们渐渐忘记了城市水系对于城市的重要作用，仅仅从经济利益出发，对城市水系进行了任意的破坏，改变了城市水系的整体功能，使城市水系生态系统服务功能降低或丧失。

2. 城市河流生态恢复的方法

进行河流生态修复主要包括三方面内容：①水质条件、水文条件的改善；②河流地貌特征的改善；③生物物种的恢复。总目的是改善河流生态系统的结构与功能，主要标志是生物群落多样性的提高。

三、地下水资源保护

（一）地下水资源开发利用中存在的问题

中国地质调查局最新公布的我国地下水资源与环境调查结果显示，近年来我国地下水的实际年开采量达到了 1100 亿 m^3，约占全国供水总量的 1/5。全国 400 多个城市开采利用地下水，在城市用水总量中地下水占 30%。然而由于不尊重科学，在开发利用地下水资源时缺乏科学发展观，大量超采地下水和对地下水的严重污染，已经引发了一系列生态问题：地下水水位下降形成降落漏斗，导致地面沉降，大量或大强度开采岩溶区地下水引起地面塌陷、地裂缝；地下水水位下降易使海水倒灌入侵，地下水水质恶化；地下水位的下降使生态景观遭到破坏，易形成荒漠化和石漠化；大面积区域性的地下水位下降，造成大范围的疏干漏斗，破坏了自然界的水循环系统。

（二）地下水资源保护的对策与措施

鉴于我国地下水资源开发利用中存在的问题和我国地下水资源保护现状，对地下水资源的保护应采取如下的对策与措施。

1. 加强组织机构建设，建立国家地下水资源保护中心

我国地下水资源的保护机构还不完善，联网系统没有建立，为避免地下水开采失控带来灾难性的后果，建议在水利部建立"国家地下水保护中心"。利用先进的信息技术建立国家地下水资源监控网，对地下水资源进行动态管理和规划，实施不间断的动态联网监控，并重新编绘中国地下水水文地质图。

2. 地下水可持续利用理念贯穿于地下水资源保护立法中

这种理念应该通过一切地下水水污染防治法和地下水资源保护法的立法目的和立法原则体现。因此要求立法者在制定每一部地下水污染防治相关法规时，要充分体现地下水资源可持续利用的立法理念，防止地下水污染行为的发生，以地下水资源的可持续利用为发展方向，确保社会经济实现可持续发展。

3. 健全地下水污染防治监管体制

地下水资源的一大天敌就是污染，污染也是影响地下水资源的主要原因之一，因此地下水污染的防治工作是保护地下水资源的关键，着重侧重于地下水污染源的防止和地下水资源污染的治理两方面。因此我们可以成立一个专门管理部门，直接负责国家地下水污染情况的监测和地下水资源保护，确保地下水水质及水量的可持续利用。

第八章 节水理论及实践

第一节 节水内涵

传统意义上的节水主要是指采取现实可行的综合措施，减少水资源的损失和浪费，提高用水效率与效益，合理高效地利用水资源。随着社会和技术的进步，节水的内涵也在不断扩展，至今仍未有公认的定论。沈振荣等提出真实节水、资源型节水和效率型节水的概念，认为节水就是最大限度地提高水的利用率和生产效率，最大限度地减少淡水资源的净消耗量和各种无效流失量。陈家琦等认为，节约用水不仅是减少用水量和简单地限制用水，而且是高效的、合理的充分发挥水的多功能和一水多用，重复利用，即在用水最节省的条件下达到最优的经济、社会和环境效益。

我国《节水型城市目标导则》对城市节水作了如下定义："节约用水，指通过行政、技术、经济等管理手段加强用水管理，调整用水结构，改进用水工艺，实行计划用水，杜绝用水浪费，运用先进的科学技术建立科学的用水体系，有效地使用水资源，保护水资源,适应城市经济和城市建设持续发展的需要"。该定义更接近英文中的"Water Conservation"。在这里，节约用水的含义已经超脱了节省用水量的意义，内容更广泛，还包括有关水资源立法、水价、管理体制等一系行政管理措施，意义上更趋近于"合理用水"或"有效用水"。"节约用水"重要的是强调如何有效利用有限的水资源，实现区域水资源的平衡。其前提是基于地域性经济、技术和社会的发展状况。毫无疑问，如果不考虑地域性的经济与生产力的发展程度，脱离技术发展水平，很难采取经济有效的措施，以保证"节约用水"的实施。"节约用水"的关键在于根据有关的水资源保护法律法规，通过广泛的宣传教育，提高全民的节水意识；引入多种节水技术与措施、采用有效的节水器具与设备，降低生产或生活过程中水资源的利用量，达到环境、生态、经济效益的一致性与可持续发展的目标。

综合起来，"节约用水"可定义为：基于经济、社会、环境与技术发展水平，通过法律法规、管理、技术与教育手段，以及改善供水系统，减少需水量，提高用水效率，降低水的损失与浪费，合理增加水可利用量，实现水资源的有效利用，达到环境、生态、经济效益的一致性与可持续发展。

节水不同于简单地消极地少用水，是依赖科学技术进步，通过降低单位目标的耗水量实现水资源的高效利用。随着人口的急剧增长和城市化、工业化及农业灌溉对水资源需求的日益增长，水资源供需矛盾日益尖锐。为解决这一矛盾，达到水资源的可持续利用，需要节水政策、节水意识和节水技术三个环节密切配合；农业节水、工业节水、城市节水和污水回用等多管齐下，以便达到逐步走向节水型社会的前景目标。

节水型社会注重使有限的水资源发挥更大的社会经济效益，创造更好的物质财富和良好的生态效益，即以最小的人力、物力、财力以及最少水量来满足人类的生活、社会经济的发展和生态环境的保护需要。节水政策包括多个方面，其中制定科学合理的水价和建立水资源价格体系是节水政策的核心内容。合理的水资源价格，是对水资源进行经济管理的重要手段之一，也是水利工程单位实行商品化经营管理，将水利工程单位办成企业的基本条件。目前，我国水资源价格的定价太低是突出的问题，价格不能反映成本和供求的关系也不能反映水资源的价值，供水水价核定不含水资源本身的价值。尽管正在寻找合理有效的办法，如新水新价、季节差价、行业差价、基本水价与计量水价等，但要使价格真正起到经济管理的杠杆作用仍然很艰难。此外，由于水资源功用繁多，完整的水资源价格体系还没有形成。正是由于定价太低，价格杠杆动力作用低效或无效，节约用水成为一句空话。建立合理的、有利于节水的收费制度，引导居民节约用水、科学用水。提倡生活用水一水多用，积极采用分质供水，改进用水设备。不断推进工业节水技术改造，改革落后的工艺与设备，采用循环用水与污水再生回用技术措施，建立节水型工业，提高工业用水重复利用率。推广现代化的农业灌溉方法，建立完善的节水灌溉制度。逐步走向节水型社会，是解决21世纪水资源短缺的一项长期战略措施。特别是当人类花费了大量的人力、物力、财力而只能获得少量的可利用量的时候，节水就变得越来越现实、迫切。

第二节 生活节水

一、生活用水的概念

生活用水是人类日常生活及其相关活动用水的总称。生活用水包括城镇生活用水和农村生活用水。城镇生活用水包括居民住宅用水、市政公共用水、环境卫生用水等，常称为城镇大生活用水。城镇居民生活用水是指用来维持居民日常生活的家庭和个人用水，包括饮用、洗涤、卫生、养花等室内用水和洗车、绿化等室外环境用水。农村生活用水包括农村居民用水、牲畜用水。生活用水量一般按人均日用水量计，单位为 L/（人·d）。

生活用水涉及千家万户，与人民的生活关系最为密切。《中华人民共和国水法》规定："开发、利用水资源，应当首先满足城乡居民生活用水。"因此，要把保障人民生活用水放在优先位置。这是生活用水的一个显著特征，即生活用水保证率高，放在所有供水先后顺序中的第一位。也就是说．在供水紧张的情况下优先保证生活用水。

同时，由于生活饮用水直接关系到人们的身体健康，对水质要求也较高，这是生活用水的另一个显著特征。随着经济与城市化进程的不断加快，用水人口不断增加，城市居民生活水平不断提高，公共市政设施范围不断扩大与完善，预计在今后一段时期内城市生活用水量仍将呈增长趋势。因此城市生活节水的核心是在满足人们对水的合理需求的基础上，控制公共建筑、市政和居民住宅用水量的持续增长，使水资源得到有效利用。大力推行生活节水，对于建设节水型社会具有重要意义。

二、生活节水途径

生活节水的主要途径有：实行计划用水和定额管理；进行节水宣传教育，提高节水意识；推广应用节水器具与设备；以及开展城市再生水利用技术等。

（一）实行计划用水和定额管理

我国《城市供水价格管理办法》明确规定："制定城市供水价格应遵循补偿成本、合理收益、节约用水、公平负担的原则"。通过水平衡测试，分类分地区制定科学合理的用水定额，逐步扩大计划用水和定额管理制度的实施范围，对城市居民用水推行计划用水和定额管理制度。

科学合理的水价改革是节水的核心内容。要改变缺水又不惜水、用水浪费无节度的状况，必须用经济手段管水、治水、用水。针对不同类型的用水，实行不同的水价，以价格杠杆促进节约用水和水资源的优化配置，适时、适地、适度调整水价，强化计划用水和定额的管理力度。

所谓分类水价，是根据使用性质将水分为生活用水、工业用水、行政事业用水、经营服务用水、特殊用水五类。各类水价之间的比价关系由所在城市人民政府价格主管部门会同同级城市供水行政主管部门结合当地实际情况确定。

居民住宅用水取消"包费制"，是建立合理的水费体制、实行计量收费的基础。凡是取消"用水包费制"进行计量收费的地方都取得了明显效果。合理地调整水价不仅可强化居民的生活节水意识，而且有助于抑制不必要和不合理的用水，从而有效地控制用水总量的增长。全面实行分户装表，计量收费，逐步采用阶梯式计量水价。

2011 年中央一号文件提出"积极推进水价改革。充分发挥水价的调节作用，兼顾效率和公平，大力促进节约用水和产业结构的调整"，"合理调整城市民生活用水价格，稳定推行阶梯式水价制度"。

若阶梯式水价分为三级，则阶梯式计量水价的计算公式为：

$$P=V_1P_1+V_2P_2+V_3P_3 \qquad (8-1)$$

公式中：P 为阶梯式计量水价；为第一级水量基数；P_1 为第一级水价；V_2 为第二级水量基数；P_2 为第二级水价；为第三级水量基数；P_3 为第三级水价居民生活用水第一级水量基数等于每户平均人口乘以每人每月计划平均消费量。第一级水量基数是根据确保居民基本生活用水的原则制定的；第二级水量基数是根据改善和提高居民生活质量的原则制定的；第三级水量基数是按市场价格满足特殊需要的原则制定的。具体各级水量基数由所在城市人民政府价格主管部门结合本地实际情况确定。全国大中城市中，有部分城市已推行了阶梯式水价制度或进行了阶梯式水价制度的试点。其中，大部分城市实行的阶梯式水价分为三级，少数城市实行两级或四级阶梯水价。但由于阶梯式水价制度实施的时间较短，且没有现成的经验供借鉴，因此，运行中也暴露了一些问题。鉴于此，需要科学制定水价级数和级差，合理确定第一级水数量基数和水价，针对水价构成各部分的特点提出阶梯式价格政策，逐步推行城市居民生活用水阶梯式水价制度。

（二）进行节水宣传教育，提高节水意识

在给定的建筑给排水设备条件下，人们在生活中的用水时间、用水次数、用水强度、用水方式等直接取决于其用水行为和习惯。通常用水行为和习惯是比较稳定的，这就说明为什么在日常生活中一些人或家庭用水较少，而另一些人或家庭用水较多。但是人们的生活行为和习惯往往受某种潜意识的影响。如欲改变某些不良行为或习惯，就必须从加强正确观念入手，克服潜意识的影响，让改变不良行为或习惯成为一种自觉行动。显然，正确观念的形成要依靠宣传和教育，由此可见宣传教育在节约用水中的特殊作用。应该指出宣传和教育均属对人们思想认识的正确引导，教育主要依靠潜移默化的影响，而宣传则是对教育的强化。

据水资源评价的资料显示，全国淡水资源量的80%集中分布在长江流域及其以南地区，这些地区由于水源充足，公民节水意识淡薄，水资源浪费严重。通过宣传教育，增强人们的节水观念，提高人们的节水意识，改变其不良的用水习惯。宣传方式可采用报刊广播、电视等新闻媒体及节水宣传资料、张贴节水宣传画、举办节水知识竞赛等，另外还可在全国范围内树立节水先进典型，评选节水先进城市和节水先进单位等。

因此，通过宣传教育去节约用水，是一种长期行为，不能指望获得"立竿见影"的效果，除非同某些行政手段相结合，并且坚持不懈。如日本的水资源较贫乏，故十分重视节约用水的宣传教育。日本把每年的"六·一"定为全国"节水日"，而

且注意从儿童开始。联合国在1993年作出决定,将每年的3月22日定为"世界水日"。中国水利部将3月22日至28日定为"中国水周"。

（三）推广应用节水器具与设备

推广应用节水器具和设备是城市生活用水的主要节水途径之一。实际上,大部分节水器具和设备是针对生活用水的使用情况和特点而开发生产的。节水器具和设备,对于有意节水的用户而言有助于提高节水效果;对于不注意节水的用户而言,至少可以限制水的浪费。

1. 推广节水型水龙头

为了减少水的不必要浪费,选择节水型的产品也很重要。所谓节水龙头产品,应该是有使用针对性的,能够保障最基本流量（例如洗手盆用0.05L/s,洗涤盆用0.1L/s,淋浴用0.15L/s）、自动减少无用水的消耗（例如加装充气口防飞溅;洗手用喷雾方式,提高水的利用率;经常发生停水的地方选用停水自闭龙头;公用洗手盆安装延时、定量自闭龙头）、耐用且不易损坏（有的产品已能做到60万次开关无故障）的产品。当管网的给水压力静压超过0.4MPa或动压超过0.3MPa时,应该考虑在水龙头前面的干管线上采取减压措施,加装减压阀或孔板等,在水龙头前安装自动限流器也比较理想。

当前除了注意选用节水龙头,还应大力提倡选用绿色环保材料制造的水龙头。绿色环保水龙头除了在一些密封的零件材料表面涂装选用无害的材料（曾经使用的石棉、有害的橡胶、含铅的油漆、镀层等都应该淘汰）外,还要注意控制水龙头阀体材料中的含铅量。制造水龙头阀体,应该选择低铅黄铜、不锈钢等材料,也可以采用在水的流经部位洗铅的方法,达到除铅的目的。

为了防止铁管或镀锌管中的铅对水的二次污染以及接头容易腐蚀的问题,现在不断推广使用新型管材,一类是塑料的,另一类是薄壁不锈钢的。这些管材的刚性远不如钢铁管（镀锌管）,因此给非自身固定式水龙头的安装带来一些不便。在选用水龙头时,除了注意尺寸及安装方向可用以外,还应该在固定水龙头的方法上给予足够重视,否则会因为经常搬动水龙头手柄,造成水龙头和接口的松动。

2. 推广节水型便器系统

卫生间的水主要用于冲洗便器。除利用中水外,采用节水器具仍是当前节水的主要努力方向。节水器具的节水目标是保证冲洗质量,减少用水量。现研究产品有低位冲洗水箱、高位冲洗水箱、延时自闭冲洗阀、自动冲洗装置等。

常见的低位冲洗水箱多用直落上导向球型排水阀。这种排水阀仍有封闭不严漏水、易损坏和开启不便等缺点,导致水的浪费。近些年来逐渐改用翻板式排水阀。这种翻板阀开启方便、复位准确、斜面密封性好。此外,以水压杠杆原理自动进水装置代替普通浮球阀,克服了浮球阀关闭不严导致长期溢水之弊。

高位冲洗水箱提拉虹吸式冲洗水箱的出现,解决了旧式提拉活塞式水箱漏水问题。一般做法是改一次性定量冲洗为"两挡"冲洗或"无级"非定量冲洗,其节水率在 50% 以上。为了避免普通闸阀使用不便、易损坏、水量浪费大以及逆行污染等问题，延时自闭冲洗阀应具备延时、自闭、冲洗水量在一定范围内可调、防污染（加空气隔断）等功能，并应便于安装使用、经久耐用和价格合理等。

自动冲洗装置多用于公共卫生间，可以克服手拉冲洗阀、冲洗水箱、延时自闭冲洗水箱等只能依靠人工操作而引起的弊端。例如，频繁使用或胡乱操作造成装置损坏与水的大量浪费，或疏于操作而造成的卫生问题、医院的交叉感染等。

3. 推广节水型淋浴设施

淋浴时因调节水温和不需水擦拭身体的时间较长，若不及时调节水量会浪费很多水，这种情况在公共浴室尤甚，不关闭阀门或因设备损坏造成"长流水"现象也屡见不鲜。集中浴室应普及使用冷热水混合淋浴装置，推广使用卡式智能、非接触自动控制、延时自闭、脚踏式等淋浴装置；宾馆、饭店、医院等用水量较大的公共建筑推广采用淋浴器的限流装置。

4. 研究生产新型节水器具

研究开发高智能化的用水器具、具有最佳用水量的用水器具和按家庭使用功能分类的水龙头。

（四）发展城市再生水利用技术

再生水是指污水经适当的再生处理后供作回用的水。再生处理一般指二级处理和深度处理。再生水用于建筑物内杂用时，也称为中水。建筑物内洗脸、洗澡、洗衣服等洗涤水、冲洗水等集中后，经过预处理（去污物、油等）、生物处理、过滤处理、消毒灭菌处理甚至活性炭处理，而后流入再生水的蓄水池，作为冲洗厕所、绿化等用水。这种生活污水经处理后，回用于建筑物内部冲洗厕所其他杂用水的方式，称为中水回用。

建筑中水利用是目前实现生活用水重复利用最主要的生活节水措施，该措施包含水处理过程，不仅可以减少生活废水的排放，还能够在一定程度上减少生活废水中污染物的排放。在缺水城市住宅小区设立雨水收集、处理后重复利用的中水系统，利用屋面、路面汇集雨水至蓄水池，经净化消毒后用水泵提升用于绿化浇灌、水景水系补水、洗车等，剩余的水可再收集于池中进行再循环。在符合条件的小区实行中水回用可实现污水资源化达到保护环境、防治水污染、缓解水资源不足的目的。

第三节 工业节水

一、工业用水的概念及分类

工业用水是指工、矿企业的各部门，在业生产过程（或期间）中，制造、加工、冷却、空调、洗涤、锅炉等处使用的水及厂内职工生活用水的总称。目前我国工业增长速度较快，工业生产过程中的用水量也很大。工业生产取用大量的洁净水，排放的工业废水又成为水体污染的主要污染源，增大了城市用水压力，也增加了城市污水处理的负担。与农业用水相比，工业用水一般对水质较高要求，对供水的保证率也有较高要求。因此，在供水方面，需要有较高保证率的、固定的水源和水厂。

在我国，工业用水占整个城市用水的 1/4 左右，因此需不断推行工业节水，减小取水量，降低排放量。我国对工业废水的排放有一定的水质标准要求，要求工业厂矿按照水质标准排放废水，即达标排放。

根据工业用水的不同用途，企业内工业水的分类及定义：

1. 生产用水

生产用水是指直接用于工业生产的水，包括间接冷却水、工艺用水和锅炉用水。

（1）间接冷却水：为保证生产设备能在正常温度下工作，用来吸收或转移生产设备的多余热量所使用的冷却水。

（2）工艺用水：用来制造、加工产品以及与制造、加工工艺过程有关的用水。①产品用水：作为产品生产原料的用水。②洗涤用水：对原材料、物料、半成品进行洗涤处理的用水。③直接冷却水：为满足工艺过程需要，使产品或半成品冷却所用与之直接接触的冷却水，包括调温，调湿使用的直流喷雾水。④其他工艺用水：产品用水、洗涤用水、直接冷却水之外的其他工艺用水。

（3）锅炉用水：为工艺或采暖、发电需要产汽的锅炉用水及锅炉水处理用水。

锅炉给水：直接用于产生工业蒸汽进入锅炉的水成为锅炉给水。

由两部分组成：回收由蒸汽冷却得到的冷凝水、补充的软化水。

锅炉水处理用水：为锅炉制备软化水时，所需要的再生、冲洗等项目用水。

2. 生活用水

生活用水是指厂区和车间内职工生活用水及其他用途的杂用水。

二、工业用水的特点

我国工业用水的特点主要表现为：

1. 工业用水量大

目前，我国工业取水量占总取水量的 1/4 左右，其中高用水行业取水量占工业总取水量 60% 左右。随着工业化、城镇化进程的加快，工业用水量还将继续增长，水资源供需矛盾将更加突出。

2. 工业废水排放是导致水体污染的主要原因

工业废水经一定处理虽可去除大量污染，但仍有不少有毒有害物质进入水体造成水体污染，既影响重复利用水平，又威胁一些城镇集中饮用水水源的水质。

3. 工业用水效率总体水平较低

近年来，我国工业用水效率不断提升，但总体水平较发达国家仍有较大差距。

2009 年，我国万元工业增加值用水量为 116m，远高于发达国家平均水平。

4. 工业用水相对集中

我国工业用水主要集中在电力、纺织、石油化工、造纸、冶金等高耗水行业工业节水潜力巨大。加强工业节水，对加快转变工业发展方式，建设资源节约型、环境友好型社会，增强可持续发展能力具有十分重要的意义。加强工业节水不仅可以缓解我国水资源的供需矛盾，而且还可以减少废水及其污染物的排放，改善水环境，因此也是我国实现水污染减排的重要举措。

三、工业用水量计算

工业用水的相关水量可用工业用水量、工业取水量、万元工业产值取水量、单位产品取水量、万元工业增加值取水量等来描述。

1. 工业用水量

工业用水量是指工业企业完成全部生产过程所需要的各种水量的总和．包括主要生产用水量、辅助生产用水量和附属生产用水量。主要生产用水量是指直接用于工业生产的总水量；辅助生产用水量是指企业厂区内为生产服务的各种生活用水和杂用水的总用水量。

从另外一个角度讲，工业用水量可以定义为工业取水量和重复利用水量之和，只有在没有重复利用水量时，工业用水量才等于工业取水量。

工业生产的重复利用水量是指工业企业内部，循环利用的水量和直接或经处理后回收再利用的水量，也即各企业所有未经处理或处理后重复使用的水量总和，包括循环用水量、串联用水量和回用水量。应特别注意的是，经处理后回收再利用的水量应指企业通过自建污水处理设施，对达标外排污（废）水进行资源化后，回收利用的水量，所以这部分数量仍属于企业的重复用水量。

2. 工业取水量

工业取水量，即为使工业生产正常进行，保证生产过程对水的需要，实际从各种水源（不包括海水、苦咸水、再生水）提取的水量。取水量的范围包括：取自地表水（以净水厂供水计量）、地下水和城镇供水工程的水，以及企业从市场购得的其他水或水的产品（如蒸汽、热水、地热水等），不包括企业自取的海水和苦咸水等，以及企业为外供给市场的水的产品（如蒸汽、热水、地热等）而取得的用水量，是主要生产取水量、辅助生产取水量和附属生产取水量之和。

3. 万元工业产值取水量

万元工业产值取水量，即在一定计量时间（年）内，工业生产中每生产 1 万元的产品需要的取水量。万元工业产值取水量是一项决定综合经济效果的水量指标，它反映了工业用水的宏观水平，可以纵向评价工业用水水平的变化程度（城市、行业、单位当年与上年或历年的对比），从中可看出节约用水水平的提高或降低，在生产工艺相近的同类工业企业范畴内能反映实际节水效率。但由于万元工业产值取水量受产品结构、产业结构、产品价格、工业产值计算方法等因素的影响很大，所以该指标的横向可比性较差，有时难以真实地反映用水效率，不利于科学地评价合理用水程度。

工业行业的万元产值用水量按火电工业和一般工业分别进行统计。火电工业用水指标用单位装机容量用水量（不包括重复利用水量，下同）表示；一般工业用水指标以单位工业总产值用水量或单位工业产值增加值的用水量表示。资料条件好的地区，还应分析主要行业用水的重复利用率、万元产值用水量和单位产品用水量。

4. 单位产品取水量

单位产品取水量是企业生产单位产品需要从各种水源（不包括海水、苦咸水、再生水）提取的水量。单位产品取水量是评价一个工业企业乃至一个行业节水水平高低的最准确指标，它比万元工业产值取水量更能全面地反映企业的节水水平，是一种资源类指标而非经济类指标，能够用于同行业企业的横对比，客观地综合反映企业的技术、生产工艺和管理水平的先进程度。

5. 万元工业增加值取水量

万元工业增加值取水量，即在工业生产中每生产1万元工业增加值需要的取水量。工业增加值已成为考核国民经济各部门生产成果的代表性指标，并作为分析产业结构和计算经济效益指标的重要依据。因此，万元工业增加值取水量可以反映行业用水效率的高低，也能反映出产业结构调整对工业用水和节水的影响。在确定城市应发展什么样的工业，产业结构应如何调整时，万元工业增加值取水量比万元工业产值取水量更有参考价值．更能全面反映水资源投向产品附加值高、技术密集程度高产业的优化配置水平。

四、工业节水的潜力

工业节水是指通过加强管理，采取技术上可行、经济上合理的节水措施，减少工业取水量和用水量，降低工业排水量，提高用水效率和效益，合理利用水资源的工程和方法。

工业节水的水平可以用各种用水量的高低评价，也可以结合工业用水重复利用率的高低来考察。工业用水重复利用率是在一定的计量时间内、生产过程中使用的重复利用水量与总水量之比。它能够综合地反映工业用水的重复利用程度，是评价工业企业用水水平的重要指标。

以北京市为例，其节水工作较有成就，工业用水的重复利用率逐年提高，万元产值取水量逐年降低。北京市很多行业的工业用水重复利用率已大于90%，接近发达国家水平但也有很多行业的重复利用率尚需进一步提高。

我国很多城市的工业用水重复利用率较低，工业节水工作还有很多潜力可挖。提高工业用水重复利用率，降低万元产值取水量，可以从多方面采取措施，主要包括进行生产用水的节水技术改造、开发节水型生产工艺以及将再生水广泛用于生产工艺等。

五、工业节水途径

工业节水途径主要指在工业用水中采用水型的工艺、技术和设备设施。要求对新建和改建的企业实行采用先进合理的用水设和工艺，并与主体工程同时设计、同时施工同时投产的基本原则，严禁采用耗水量大、用水效率低的设备和工艺流程；对其他企业中的高耗水型设备、工艺通过技术改造，实现合理节约用水的目的。主要的节水技术包括如下几个方面：

（一）冷却水的重复利用

工业生产用水中以冷却用水量最多，占工业用水总量的70%左右。从理论和实践中可知，重复循环利用水量越多，冷却用水冷却效率越高，需要补充的新水量就越少，外排废污水量也相应地减少。所以，冷却水重复循环利用，提高其循环利用率，是工业生产用水中一条节水减污的重要途径。

在工厂推行冷却塔和其他制冷技术，可使大量的冷却水得到重复利用，并且投资少见效快。冷却塔和冷却池的作用是将有大量工业生产过程中多余热量的冷却水，迅速降温，并循环重复利用，减少冷却水系统补充低温新水的要求，从而获得既满足设备和工艺对温度条件的控制，又减少了新水的用量的效果。

（二）洗涤节水技术

在工业生产用水中，洗涤用水仅次于冷却水的用量，居工业用水量的第2位，约占工业用水总量的10%～20%。尤其在印染、造纸、电镀等行业中洗涤用水有时占总用水量的一半以上，是工艺节水的重点。主要的节水高效洗涤方法与工艺的描述如下：

1. 逆流洗涤工艺

逆流洗涤节水工艺是最为简便的洗涤方法。在洗涤过程中，新水仅从最后一个水洗槽加入，然后使水依次向前一水洗槽流动，最后从第一水洗槽排出。被加工的产品则从第一水洗槽依次由前向后逆水流方向行进。在逆流洗涤工艺中，除在最后一个水洗槽加入新水外，其余各水洗槽均使用后一级水洗槽用过的洗涤水。水实际上被多次回用，提高了水的重复利用率。

2. 喷淋洗涤法

喷淋洗涤法是指被洗涤物件以一定移动速度通过喷洗槽，同时用按一定速度喷出的射流水喷射洗涤被洗涤物件。一般多采取二、三级喷淋洗涤工艺，用过的水被收集到储水槽中并可以逆流洗涤方式回用。这种喷淋洗涤工艺的节水率可达95%。目前这种洗涤方法已用于电镀件和车辆的洗涤。

3. 气雾喷洗法

气雾喷洗主要由特制的喷射器产生的气雾喷洗待清洗的物件。其原理是：压缩空气通过喷射器气嘴时产生的高速气流在喉管处形成负压，同时吸入清洗水，混合后的雾状气水流——气雾，以高速洗刷待清洗物件。

用气雾喷洗的工艺流程与喷淋洗涤工艺相似，但洗涤效率高于喷淋洗涤工艺，更节省洗涤用水。

（三）物料换热节水技术

在石油化工、化工、制药及某些轻工业产品生产过程中，有许多反应过程是在温度较高的反应器中进行的。进入反应器的原料（进料）通常需要预热到一定温度后再进入反应器参加反应。反应生成物（出料）的温度较高，在离开反应器后需用水冷却到一定温度方可进入下一生产工序。这样，往往用以冷却出料的水量较大并有大量余热未予利用，造成水与热能的浪费。如果用温度较低的进料与温度较高的出料进行热交换，即可达到加热进料与冷却出料的双重目的。这种方式或类似热交换方式称为物料换热节水技术。

采用物料换热技术，可以完全或部分地解决进、出料之间的加热、冷却问题，可以相应地减少用以加热的能源消耗量、锅炉补给水量及冷却水量。

（四）串级联合用水措施

不同行业和生产企业，以及企业内各道生产工序，对用水水质、水温常常有不同的要求，可根据实际生产情况，实行分质供水、串级联合用水等一水多用的循环用水技术。即两个或两个不同的用水环节用直流系统连接起来，有的可用中间的提升或处理工序分开，一般是下一个环节的用水不如上一个环节用水对水质、水温的要求高，从而达到一水多用，节约用水的目的。

串级联合用水的形成，可以是厂内实行循环分质用水，也可以是厂际间实行分质联合用水。厂际间实行分质联合用水，主要是指甲工厂或其某些工序的排水，若符合乙工厂的用水水质要求，可实行串级联合用水，以达到节约用水和降低生产成本的目的。

六、工业用水的科学管理

（一）工业取水定额

工业企业产品取水定额是以生产工业产品的单位产量为核算单元的合，理取水的标准取水量，是指在一定的生产技术和管理条件下，工业企业生产单位产品或创造单位产值所规定的合理用水的标准取水量。

加强定额管理，目的在于将政府对企业节水的监督管理工作重点从对企业生产过程的用水管理转移到取水这一源头的管理上来即通过取水定额的宏观管理，来推动企业生产这一微观过程中的合理用水，最终实现全社会水资源的统一管理，可持续使用。

工业取水定额是依据相应标准规范制定过程而制定的，以促进工业节水和技术进步为原则，考虑定额指标的可操作性并使企业能够因地制宜，达到持续改进的节水效果。如按照国家标准，造纸产品中，1998 年 1 月 1 日起建成（新建、改建、扩建）投产的企业或生产线，其取水定额执行 A 级定额指标，如每吨"印刷书写纸"为 35m³，这样就限定了企业的取水指标，为新、改、扩建企业的合理用水确定了目标。

（二）清洁生产

清洁生产又称废物最小化、无废工艺、污染预防等。在不同国家不同经济发展阶段有着不同的名称，但其内涵基本一致，即指在产品生产过程通过采用预防污染的策略来减少污染物的产生。1996 年，联合国环境规划署这样定义：清洁生产是指将综合预防的环境保护策略持续应用于生产过程和产品中，以期降低其危害人类健康和环境安全的风险。清洁生产从本质上来说，就是对生产过程与产品采取整体预防的环境策略，减少或者消除它们对人类及环境的可能危害，同时充分满足人类需要，使社会经济效益最大化的一种生产模式。这体现了人们思想观念的转变，是环境保护战略由被动反应到主动行动的转变。

1. 清洁生产促进工业节水

清洁生产是一个完整的方法，需要生产工艺各个层面的协调合作，从而保证以经济可行和环境友好的方式进行生产。清洁生虽然并不是单纯为节水而进行的工艺改革，但节水是这一改革中必须要抓好的重要项目之一。为了提高环境效益．清洁生产可以通过产品设计、原材料选择、工艺改革、设备革新、生产过程产物内部循环利用等环境的科学化合理化，大幅度地降低单位产品取水量和提高工业用水重复率，并可减少用水设备，节省工程投资和运行费用与能源，以提高经济效益，而且其节水水平的提高与高新技术的发展是一致的，可见清洁生产与工业节水在水的利用角度上目的是一致的，可谓异曲同工。

2. 清洁生产促进排水量的减少

由于节水与减污之间的密切联系，取水量的减少就意味着排污量的减少，这正是推行清洁生产的目的。清洁生产包含了废物最小化的概念，废物最小化强调的是循环和再利用，实行非污染工艺和有效的出流处理，在节水的同时，达到节能和减少废物的产生，因此节水与节能减排是工业共生关系。而且，清洁生产要求对生产过程采取整体预防性环境战略，强调革新生产工艺，恰符合工艺节水的要求。

推行清洁生产是社会经济实行可持续发展的必由之路，其实现的工业节水效果与工业节水工作追求的目标是一致的。因此，推行工业节水工作的同时，应关注各行业的清洁生产进程，引导工业企业主动地在推行清洁生产的革新中节水，从而使工业节水融入不同行业的清洁生产过程中。

（三）加强企业用水管理，逐步实现节水的法治化

用水管理包括行政管理措施和经济管理措施。采取的主要措施有：制定工业用水节水行政法规，健全节水管理机构，进行节水宣传教育，实行装表计量、计划供水，调整工业用水水价，控制地下水开采，对计划供水单位实行节奖超罚以及贷款或补助节水工程等用水管理对节水的影响非常大，它能调动人们的节水积极性，通过主观努力，使节水设施充分发挥作用；同时可以约束人的行为，减少或避免人为的用水浪费。完善的用水管理制度是节水工作正常开展的保证。

第四节　农业节水

一、农业节水的概念

农业节水是指农业生产过程中在保证生产效益的前提下尽可能节约用水。农业是用水大户，但是在相当一部分发展中国家，农业生产投入低，技术落后，农田灌溉不合理，水量浪费惊人。因此，农业节水以总量多和潜力大成为节水的首要课题。

目前，我国农业用水约占全国总用水量的 60% ～ 70%，农业用水量的 90% 用于种植业灌溉，其余用于林业、牧业、渔业以及农村人畜饮水等。尽管农业用水所占比重近年来明显下降，但农业仍是我国第一用水大户，发展高效节水农业是国家的基本战略。在谈到农业节水时，人们往往只想到节水灌溉，这一方面是由于灌溉用水在农业用水中占有相当大的比例（90% 以上）；另一方面也反映了人们认识上的片面性。实际上，节水灌溉是农业节水中最主要的部分，但不是全部。著名水利专家钱正英指出，农业节水的内容不仅仅是节水灌溉，它主要包括三个层次。第一层次是农业结构的调整，就是农林、牧业结构的配置；第二层次是农业技术的提高，主要是提高植物本身光合作用的效率；第三个层次才是通过节水灌溉，减少输水灌溉中的水量损失。因此应研究各个层次的节约用水，不应当仅限于节水灌溉。

相比于节水灌溉，农业节水的范围更广、更深。它以水为核心，研究如何高效利用农业水资源，保障农业可持续发展。农业节水的最终目标是建设节水高效农业。

除了"农业节水"，还有"节水农业"，两者互有联系，但却是两个概念，内涵和研究重点有差异，不能混淆。节水农业应理解为在农业生产过程中的全面节水，包括充分利用自然降水和节约灌溉两个方面。结合我国实际情况，节水农业包括节水灌溉农业、有限灌溉农业和旱作农业三种。而农业节水，不仅要研究农业生产过程中的节水，还要研究与农业用水有关的水资源开发、优化调配、输水配水过程的节约等。

二、农业节水技术

从水源到形成作物产量要经过以下 4 个环节：通过渠道或管道将水从水源输送到田间，通过灌溉将引至田间的水分配到指定面积上转化为土壤水，经作物吸收将土壤水转化为作物水，通过作物复杂的生理生化过，使作物水参与经济产量的形成。在农田水的 4 次转化过程中，每一环节都有水的损失，都存在节水潜力。前两个环节不与农作物吸收和消耗水分的过

程直接发生联系。但前两个环节中的节水潜力比较大，措施比较明确，是当前

节水灌溉的重点。工程技术节水措施通常指能提高前两个环节中灌溉水利用率的工程性措施，包括渠道防渗技术、管道输水技术、节水型地面灌溉技术、喷灌技术和微灌技术等。

（一）渠道防渗技术

1. 渠道防渗技术的重要性与作用

渠道防渗技术是减少输水渠道透水性或建立不透水防护层的各种技术措施，是灌溉各环节中节水效益最大的一环。目前我国已建渠道防渗工程约 55 万 km，仅占渠道总长的 18%，有 80% 以上的渠道没有防渗，仍是土渠输水，渠系水利用系数平均不到 0.5，也就是说，从渠首到田间的引水有一半以上是在输水过程中损失掉的。因此采取渠道防渗技术对渠床土壤处理或建立不易透水的防护层，如混凝土护面、浆砌块石衬砌、塑料薄膜防渗和混合材料防渗等工程技术措施，可减少输水渗漏损失，加快输水速度，提高灌水效率与土渠相比，浆砌块石防渗可减少渗漏损失 50% ～ 60%，混凝土护面可减少渗漏损失 60% ～ 70%，塑料薄膜防渗可减少渗漏损失 70% ～ 80%。

渠道防渗可提高渠系水利用系数，其原因在于：一是渠道防渗可提高渠道的抗冲能力；二是减少渠道粗糙程度，加大水流速度，增加输水能力，一般输水的时间可缩短 30% ～ 50%；三是减少渗漏对地下水的补给，有利于对地下水位的控制，防治盐碱化发生；四是减少渠道淤积，防止渠道生长杂草，节省维修费用和清淤劳力，降低灌水成本。

2. 渠道防渗主要技术类别

（1）土料防渗技术。土料防渗的技术原理是在渠床表面铺上一层适当厚度的黏性土、黏砂混合土、灰土、三合土和四合土等材料，经夯实或碾压形成一层紧密的土料防渗层，以减少渠道在输水过程中的渗漏损失。适用于气候温暖无冻害、经济条件较差地区，流速较低的小型渠道及农、毛渠等田间渠道。

采取土料防渗一般可减少渗漏量的 60% ～ 90%，并且能就地取材，技术简单，农民易掌握，投资少。因此在今后较长一段间内，仍将是我国中、小型渠道的一种较简便可行的防渗措施。但目前由于我国经济实力增强、防渗新材料和新技术不断问世，应用传统的土料防渗技术正在逐年减少。但是，随着大型碾压机械的应用、土的电化学密实和防渗技术的发展以及新化学材料的研制，也可能会给土料防渗带来生机。

（2）水泥土防渗。水泥土防渗的技术原理是将土料、水泥和水按一定比例配合拌匀后，铺设在渠床表面，经碾压形成一层致密的水泥土防渗层，以减少渠道在输水过程中的渗漏损失。适用于气候温和的无冻害地区。

采取水泥土防渗一般可减少渗漏量的 80% ～ 90%，并且能够就地取材，技术简单，易于推广，在国内外得到广泛应用。但因其早期强度和抗冻性较差，随着效果更优的防渗新材料和新技术不断涌现，水泥土防渗大面积推广应用的前景较差。

（3）砌石防渗。砌石防渗的技术原理是将石料浆砌或干砌勾缝铺设在渠床表面，形成一层不易透水的石料防渗层，以减少渠道在输水过程中的渗漏损失。适用于沿山渠道和石料丰富、劳动力资源丰富的山丘地区。

砌石防渗具有较好的防渗效果，可减少渗漏量 50% 左右。而且具有抗冲流速大、耐磨能力强、抗冻和防冻害能力强和造价低等优点。我国山丘地区所占国土面积很大，石料资源十分丰富，农民群众又有丰富的砌石经验，因此砌石防渗仍有广阔的推广应用前景。但随着劳动力价格的提高，同时浆砌石防渗难以实现机械化施工，且质量不易保证，在劳动力紧缺的地区其应用会受到制约。

（4）混凝土防渗。混凝土防渗的技术原理是将混凝土铺设在渠床表面，形成一层不易透水的混凝土防渗层，以减少渠道在输水过程中的渗漏损失。混凝土防渗对大小渠道、不同工程环境条件都可采用，但缺乏砂、石料地区造价较高。

采取混凝土防渗一般能减少渗漏损失 90%～95% 以上，且耐久性好寿命长（一般混凝土衬砌渠道可运用 50 年以上）；糙率小，可加大渠道流速，缩小断面，节省渠道占地；强度高，防破坏能力强，便于管理。混凝土防渗是我国最主要的一种渠道防渗技术措施。

（5）膜料防渗。膜料防渗的技术原理是用不透水的土工织物（即土工膜）铺设在渠床表面，形成一层不易透水的防渗层，以减少渠道在输水过程中的渗漏损失。适用于交通不便运输困难、当地缺乏其他建筑材料的地区，有侵蚀性水文地质条件及盐碱化的地区以及北方冻胀变形较大的地区。

膜料防渗的防渗效果好，一般能减少渗漏损失 90%～95% 以上。具有适应变形能力强；质轻、用量少、方便运输；施工简便、工期短；耐腐蚀性强；造价低（塑膜防渗造价仅为混凝土防渗的 1/15～1/10）等优点。随着高分子化学工业的发展，新型防渗膜料的不断开发，其抗穿刺能力、摩擦系数及抗老化能力得到提高，膜料防渗推广应用前景十分广阔。

（6）沥青混凝土防渗。沥青混凝土防渗的技术原理是将以沥青为胶结剂，与矿物骨料经过加热、拌和、压实而成的沥青混凝土铺设在渠床表面，形成一层不易透水的防渗层，以减少渠道在输水过程中的渗漏损失。适用于有冻害和沥青资源比较丰富的地区。

采取沥青混凝土防渗一般能减少渗漏损失 90%～95%，并且适应变形能力强、不易老化，对裂缝有自愈能力、容易缝补、造价仅为混凝土防渗的 70%。随着石油化学工业的发展，沥青资源逐渐丰富，沥青混凝土防渗的推广应用前景十分广阔。

（二）管道输水灌溉技术

1. 管道输水灌溉的重要性与作用

管道输水灌溉是以管道代替明渠输水，将灌溉水直接送到田间灌溉作物，以减少水在输送过程中渗漏和蒸发损失的一种工程技术措施。管道输水灌溉比明渠输水灌溉有明显优点，主要表现在四方面：一是节水，井灌区管道系统水分利用系数在 0.95 以上，比土渠输水节水 30% 左右；二是节能，与土渠输水相比，能耗减少 25%

以上，与喷、微灌技术相比，能耗减少 50% 以上；三是减少土渠占地，提高土地利用率，一般在井灌区可减少占地 2% 左右，在扬水灌区减少占地 3% 左右；四是管理方便，有利于适时适量灌溉。

2. 管道输水灌溉的类型

管道输水灌溉按照输配水方式可分为水泵提水输水系统和自压输水系统。水泵提水又分为水泵直送式和蓄水池式，其中水泵直送式多在井灌区，在渠道较高区采用自压输水方式。

按管网形式可分为树状网和环状网。树状网的管网为树枝状，水流从"树干"流向"树枝"，即在干、支和分支管中从上游流向末端，只有分流而无汇流。环状网是通过各节点将管道连成闭合环状。目前国内多采用树状网。

按固定方式分为移动式、半固定式和固定式。移动式的管道和分水设施都可移动，因简便和投资低，多在井灌区临时抗旱用，但劳动强度大，管道易破损；半固定式一般是干管或干、支管固定，由移动软管输水于田间；固定式的各级管道及分水设施均埋在地下，给水栓或分水口直接供水进入田间，其投资较大，但管理方便，灌水均匀。

按管道输水压力可分低压管道系统和非低压管道系统。低压管道系统的最大工作压力一般不超过 0.2MPa，为井灌区多采用；非低压管道系统的工作压力超过 0.2MPa，多在输水量较大或地形高差较大地区应用。

（三）田间灌溉节水技术

田间灌溉节水技术，是指灌溉水（包括降水）进入农田后，通过采用良好的灌溉方法，最大限度地提高灌溉水利用效率灌水技术。良好的灌水方法，不仅能灌水均匀，而且可以节水、节能、省工，保持土壤良好的物理化学性状，提高土壤肥力，获得最佳效益。

田间灌溉节水技术，一般包括改进地面灌水技术，喷灌、微灌等新灌水技术，以及抗旱补灌技术。地面改进灌水技术，包括小畦"三改"灌水技术、长畦分段灌溉、涌流沟灌、膜上沟灌等。新灌水技术包括喷灌、微灌（滴灌、微喷灌、小管出流灌和渗灌等）。因为喷、微灌技术大多通过管道输水，并需一定压力而进行的，故也称为压力灌。

1. 改进地面灌水技术

传统的地面灌有畦灌、沟灌、格田淹灌和灌四种形式。地面灌水方法是世界上最古老的，也是目前应用最广泛的灌水技术。据统计，全世界地面灌占总灌溉面积的 90% 左右，我国 98% 灌溉面积也是采用地面灌，由于传统地面灌溉技术存在灌溉水损失大，需要劳力多，生产效率低，灌水质量差等问题。因此，改进地面灌水技术已引起人们的重视。这里主要介绍几种改进的地面灌水技术。

（1）小畦灌溉技术。在自流灌区运用小畦灌溉技术的时候，畦田宽度应该控制在 2 ～ 3m，畦田长度不超过 75m。机井和高扬程提水灌区的畦田宽度应该控制在

1～2m，畦田长度控制在 30～50m。

（2）长畦短灌技术。长畦短灌又称长畦分段灌水技术，是长畦划分成一个一个的小段，采用地面纵向输水沟或软管分别对这些小段进行灌溉。采用长畦短灌技术的畦田，畦宽应控制在 5～10m 之间，畦长可以控制在 200m 以上，一般在 100～400m 左右。

（3）水平畦灌技术。水平畦灌是将田块整理成方形（或长方形），以较大的流量入畦，使水流迅速灌满全部田间（田块）的一种灌水技术。该技术要求田面比较平整，田面各个方向无坡度，在我国现阶段的水平畦田一般多为 0.3 亩左右，如果与激光控制平地技术结合进行高精度的土地平整，还可以增大灌溉田块的面积。

（4）节水型沟灌。节水型沟灌有短沟灌、细流沟灌、隔沟灌等形式。短沟灌的沟长要求，自流灌区一般不超过 100m，提水灌区和井灌区一般不超过 50m。细流沟灌的灌水沟规格与一般的沟灌相同，只是用小管控制入沟流量，一般流量不大于 0.3L/S，水深不超过沟深的一半。

（5）间歇灌溉技术。间歇灌溉是通过间歇向田块供水，逐段湿润土壤，直到水流推进到灌水末端为止的一种节水型地面灌溉新技术。间歇灌溉设备，由波涌阀、控制器、田间输配水管道等组成。与传统的地面灌水不同，采用间歇灌溉技术向田面供水时，不是一次灌水就推进到末端，而是灌溉水在第一次供水输入田面，达一定距离后，暂停供水，当田面水自然落干后，再继续供水，如此分几次间歇反复地向田面供水直至供水到田面末端。这样降低了灌溉过程中灌溉水的渗漏损失，提高了地面灌水的质量。

（6）改进格田灌。格田的长度宜采取 60～120m，宽度宜取 20～40m；山区和丘陵区可根据地形、土地平整及耕作条件等适当调整。格田与格田之间不允许串灌。

2．喷灌技术

喷灌技术是利用专门的设备（动力机、水泵、管道等）将水加压，或利用水的自然落差将有压水通过压力管道送到田间，再经喷洒器（喷头）喷射到空中形成细小的水滴，均匀地散布在农田上，达到灌溉目的。

喷灌几乎适用于灌溉所有的旱作物，如谷物、蔬菜、果树等。既适用于平原区也适用于山丘区；既可用来灌溉农作物又可用于喷洒肥料、农药、防霜冻和防干热风等。但在多风情况下，喷洒会不均匀，蒸发损失增大。为充分发挥喷灌的节水增产作用，应优先应用于经济价值较高、且连片种植集中管理的植物；地形起伏大、土壤透水性强、采用地面灌溉困难的地方。

3．微灌技术

微灌技术是一种新型的最节水的灌溉工程技术，包括滴灌、微喷灌、涌泉灌和地下渗灌。微灌可根据作物需水要求，通过低压管道系统与安装在末级管道上的灌水器，将水和作物生长所需的养分以很小的流量均匀、准确、适时、适量地直接输送到作物根部附近的土壤表面或土层中进行灌溉，从而使灌溉水的深层渗漏和地表蒸发减少到最低限度。微灌常以少量的水湿润作物根区附近的部分土壤，因此主要用于局部灌溉。

（1）滴灌。是通过安装在毛管上的滴头，将水一滴滴、均匀而又缓慢地滴入作物根区土壤中的灌水方式。灌水时仅滴头下的土壤得到水分，灌后沿作物种植行形成一个一个的湿润圈，其余部分是干燥的。由于滴水流量小，水滴缓慢入渗，仅滴头下的土壤水分处于饱和状态外，其他部位的土壤水分处于非饱和状态。土壤水分主要借助毛管张力作用湿润土壤。

（2）微喷灌。采用低压管道将水送到作物根部附近，通过流量为50～200L/h、工作压力为100～150kPa的微喷头将水喷洒在土壤表面进灌溉。微喷灌一般只湿润作物周围的土地，一般也用于局部灌溉。微喷灌不仅可以湿润土壤，而且可以调节田间小气候。此外，由于微喷头的出水孔径较大，因此比滴灌抗堵塞能力强。

（3）涌泉灌。也称小管出流灌。是通过安装在毛管上的涌水器或微管形成的小股水流．以涌泉方式涌出地面进行灌溉。其灌溉流量比滴灌和微喷灌大，一般都超过土壤渗吸速度。为了防止产生地面径流，需要在涌水器附近的地表外挖小穴坑或绕树环沟暂时储水。由于出水孔径较大，不易堵塞。

（4）地下渗灌。地下渗灌是通过埋在地表下的全部管网和灌水器进行灌水，水在土壤中缓慢地浸润和扩散湿润部分土体，故仍属于局部灌溉。

要实施微灌，必须建设微灌系统。微灌统由水源、首部枢纽、输配水管网和灌水器以及流量、压力控制部件和量测仪表等组成。

选用适宜的水源，江河、渠道、湖泊、水库、井、泉等均可作为微灌水源，但其水质需符合微灌要求。

建立首部枢纽，包括水泵、动力机、肥料和化学药品注入设备、过滤设备、控制阀、进排气阀、压力及流量量测仪等。如果有足够自然水头的地方，可不设置水泵和动力机铺设输水管网，包括干管、支管和毛管三管网，通常采用聚乙烯或聚氯乙烯管材。一般干、支管埋入地面以下一定深度，毛管可埋入地下，也可铺设在地面。

选用安装适合的灌水器，包括滴头、微喷头、滴灌带、涌水器和渗水头，应根据使用条件选用。

根据作物的需水规律和微灌系统的运行要求，开启微灌系统进行灌溉。

微灌适用于所有的地形和土壤，特别适用于干旱缺水地区，我国北方和西北地区是微灌最有发展前途的地区，南方丘陵区的经济作物因常受季节性干旱影响也很适宜采用微灌。微灌系统可分为固定式和半固定式两种，固定式常用于宽行作物，半固定式可用于密植的大田作物及宽行瓜类等。

微灌特别适合灌溉干旱缺水地区的经济作物，如新疆地区的棉花滴灌。微灌也很适宜经济林果灌溉，如北方和西北地区的葡、瓜果等适用滴灌；南方的柑橘、茶叶、胡椒等适用微喷灌；食用菌、苗木、花卉、蔬菜等适用微喷灌。因此，微灌在我国有着广阔的应用前景。

三、农业节水管理

农业节水管理是指根据作物的需水、耗水规律，来控制、调配水源，以最大限度地满足作物对水分的需求，实现区域效益最佳农田水分调控管理。包括节水高效灌溉制度，土壤墒情监测预报技术、灌区量水与输配水调控及水资源政策管理等方面。

（一）节水高效灌溉制度

作物灌溉制度是为了促使农作物获得高产和节约用水而制定的适时、适量的灌水方案。它既是指导农田灌溉的重要依据，也是制定灌溉规划、设计灌溉工程以及编制灌区用水计划的基本依据。作物灌溉制度包括：农作物播种前及全生育期内的灌水次数、灌水时间、灌水定额和灌溉定额等。灌溉次数是指作物生育期内所需灌水的次数。灌溉时期是指每次灌水较适宜的时期。灌水定额是指单位耕地面积上的一次灌水量，而灌溉定额是指单位耕地面积上农作物播种前和全生育期内的总灌水量。灌溉制度的制定，要依赖于灌区内农作物的组成情况和各种农作物的需水量，以及灌区内水源供应情况和农作物生长期内的有效降雨量等因素，通过实验和进行水量平衡计算确定。

节水高效灌溉制度指根据作物需水规律，结合气候、土壤和农业技术条件，把有限的灌溉水在灌区和作物生育期进行优化分配达到高产高效节水的目的。对旱作物可采用非充分灌溉、调亏灌溉、低定额灌溉、储水灌溉等；对水稻可采用浅湿灌溉、控制灌溉等，限制对作物的水分供应，一般可节水 30% ～ 40%，而对产量无明显影响。制定节水高效灌溉制度一般不需要增加投入，只是根据作物生长发育的规律，对灌溉水进行时间上的优化分配，农民易于掌握，是一种投入少、效果显著的管理节水措施。

1. 充分供水条件下的节水高效灌溉制度

充分灌溉是指水源供水充足，能够全部满足作物的需水要求，此时的节水高效灌溉制度应是根据作物需水规律及气象、作物生长发育状况和土壤墒情等对农作物进行适时、适量的灌溉，使其在生长期内不产生水分胁迫情况下获得作物高产的灌水量与灌水时间的合理分配，并且不产生地面径流和深层渗漏，既要确保获得最高产量，又应具有较高的水分生产率。

2. 供水不足条件下的非充分灌溉制度

非充分灌溉的优化灌溉制度是在水源不足或水量有限条件下，把有限的水量在作物间或作物生育期内进行最优分配，确保各种作物水分敏感期的用水，减少对水分非敏感期的供水，此时所寻求的不是单产最高，而是全灌区总产值最大。

（1）非充分灌溉的经济用水灌溉制度。以经济效益最大或水分生产率最高为目标，确定作物的耗水量与灌溉水量。对华北地区主要农作物非充分灌溉的经济需水量试验研究表明，与充分灌溉相比，每公顷可节水 $30 \sim 40\text{m}^3$，而对产量基本没有影响。

（2）调亏灌溉制度。根据作物的遗传和生物学特性，在生长期内的某些阶段，人为地施加一定程度的水分胁迫（亏缺），调整光合产物向不同组织器官的分配，调控作物生长状态，促进生殖生长控制营养生长的灌溉制度。在山西洪洞实验研究表明，冬小麦采用调亏灌溉，湿润年份灌 1 次水，平水年份灌 2 次水，干旱年份灌 3 次水，灌水定额 60mm，产量提高 7% ～ 10%，水分利用效率提高 11% ～ 24%。商丘试验区进行的玉米调亏灌溉试验结果表明，玉米拔节前中度亏水和拔节、抽雄阶段的轻度亏水，光合作用降低不明显，而蒸腾作用降低显著，且复水后，光合作用有超补偿效应，具有节水、增产、提高水分利用效率的生理基础。

（3）根系分区交替隔沟灌溉。每条灌水沟在两次灌水之间对作物根系实行干湿交替，且顺序间隔一条灌水沟供水的灌溉措施。在甘肃武威地区进行了根系分区交替隔沟灌溉的示范推广工作。1998 年在甘肃省民勤大坝乡文二村、田斌村选择了两个示范点，每个示范点面积 2hm^2，连片种植、单井控制，并建立重点示范户 6 户。1999 年分别在民勤小坝口、大坝乡田斌村、文二村进行了试验与示范，面积近 6.67hm^2，玉米次灌水定额 300m^3/hm^2，灌溉定额 2100m^3/hm^2，比常规沟灌节水 33%，籽粒产量 11355kg/hm^2，保持常规沟灌的高产水平，单方水效益 2.93kg，比常规增加 32%。

（4）水稻"浅、薄、湿、晒"灌溉制度。在我国南方及北方的一些水稻灌区推广了水稻节水灌溉技术，包括广西推广的水稻"浅、薄、湿、晒"灌溉技术、北方地区推广的"浅、湿"灌溉技术和浙江等地推广的水稻"薄、露"灌溉技术等。其技术要点为：在水稻全生育期需要灌溉的大部分时间内，田面不设水层或只设浅水层，采取湿润灌溉或薄水灌溉，由于田面不设水层或只设薄水层可大幅度降低稻田的渗漏量和水面蒸发量，从而使稻田用水量降低 20%-50%，而对产量没有影响。

（一）土壤墒情监测预报技术

土壤墒情监测预报技术是指用张力计、中子仪、电阻等监测土壤墒情，数据经分析处理后，配合天气预报，对适宜灌水时间、灌水量进行预报，可以做到适时适量灌溉，有效地控制土壤含水量，达到节水又增产的目的。土壤墒情监测与灌溉预报技术只需购置必要的仪器设备，对基层农民技术员经技术培训后，即可操作运用，也是一种投入较低，效果比较显著的管理节水技术。

1. 烘干法

用取土管插入土中取样，称其重量，置于烘箱中，在 105℃ ～ 110℃ 的温度下，烘干至其重量不再变更时，计算所失去的水分与土样干重量的百分比。此法需有烘箱、取土钻及一定精度的天平，烘干时间最少需 8 ～ 10h。

2. 张力计法

先用负压计测定土壤水分的能量，然后通过土壤水分特征曲线间接求出土壤含水量负压计由陶土头、连通管和压力计三部分组成。压力计可采用机械式真空表、压力传感器、水银或水的 U 形管压力计。陶土头安装在被测土壤中之后，负压计中的水分通过陶土头与周围土壤水分达到平衡，这样就可以通过压力计将土壤水分的势能显示出来。负压计的实际测定范围一般为 0 ～ 8kPa。

3. 中子仪法

通过测定土壤中氢原子的数量而间接求得土壤含水量，它主要由快中子源、慢中子探测器和读数控制系统三部分组成。目前中子仪主要有两种类型，一种用于测定深层（地表 30cm 以下）土壤含水量，另一种用于测表层（小于 30cm）土壤含水量。

4. 时域反射仪（TDR）法

在测定土壤含水量时，主要依赖电缆测试器。时域反射仪通过与土壤中平行电极连接的电缆，传播高频电磁波，信号从波导棒的末端反射到电缆测试器，从而在示波器上显示出信号往返的时间。只要知道传输线和波导棒的长度，就能计算出信号在土壤中传播速度。介电常数与传播速度成反比，而与土壤含水量成正比，即可通过土壤水介质的介电常数，求出土壤的体积含水量。

5. 遥感法

采用遥感技术测定土壤含水量，主要依据于测定从土壤表面反射或散出的电磁能。随着土壤含水量大小而变化的辐射强度主要受土壤介电特性（折射率）或土壤温度的影响遥感技术根据使用放射波的波长不同而有两种方法：一种是热力法或红外热辐射遥测法其波长是 $10 \sim 12m$；另一种是微波法，其波长为 $1 \sim 50m$。微波法一般分为无源微波法和有源微波法，前者是利用放射技术，而后者是利用雷达技术区测定与土壤含水量密切相关的土壤表层介电特性。

（三）灌区量水与输配水调控技术

灌区量水是指采用量水设备对灌区用水量进行量测，实行按量收费，促进节约用水常用的量水设备有量水堰、量水槽、灌区特种量水器和复合断面量水堰等。随着电子技术、计算机技术的发展，半自动或全自动式量水装置，可大大提高灌区的量水效率和量水精度。灌区量水技术主要有以下几种。

1. 利用渠道建筑物量水

利用渠道建筑物量水较为经济简便，但需要事前对不同种类的渠系建筑物逐个进行率定，工作量很大。可用于量水的渠系筑物一般有渠槽、闸、涵、倒虹吸及跌水。

（1）利用渠槽量水。这是一种最简单的量水技术，但精度较差，即选用一般断面尺寸稳定的渠槽，安装水尺，并预先率定水位与渠槽断面积的关系然后用流速仪测定渠道中的稳定流速，即可用断面积乘以流速得出渠道的流量。

（2）利用闸、涵量水。对于具有平面治理启闭式闸门的明渠，可采用其放水的单孔闸、涵量水。根据闸、涵结构及过闸水流状态选用相应公式求得过水流量。

（3）利用渡槽量水。渡槽下游不应有引起槽中壅水或降水的建筑物。测流断面面积及湿周应为渡槽中部进口、出口断面的平均值。水尺应固定在渡槽中部侧壁上，水尺零点应与槽底齐平。过槽流量可利用流量经验公式计算；当渡槽的槽身总长度大于进口前渠道水深的 20 倍时，槽中流量可按均匀流公式计算流量。

（4）利用跌水（或陡坡）量水。跌水分单口跌水与多口跌水，跌水口的形式有矩形、梯形与台堰式。当进口底与上游渠底齐平或台堰顺水流方向宽度为 $0.67 \sim 2$ 倍堰上水头时，按实用堰公式计算。梯形跌水口、多缺口跌水可采用相应公式计算流量。

2. 利用量水堰量水

量水堰量水一般有以下几种形式。

（1）三角形薄壁堰。过水断面为三角形缺口，角顶向下。常用的薄壁三角堰堰顶夹角为45°、90°，适用于小流量（L/s）。堰口与两侧渠坡的距离 T 及角顶与渠底的高度 P，不应小于最大堰水头 H。根据其出流方式是自由式或是淹没出流选用不同公式计算流量。

（2）矩形薄壁堰。矩形薄壁堰分为无侧收缩和有侧收缩两类。当堰顶宽度（b）与行近渠槽（B）等宽时称为无侧收缩矩形薄壁堰，堰顶宽度小于行近渠槽宽度时为有侧收缩的矩形薄壁堰。堰口宽度 bN0.15m。根据有无收缩情况选用不同的公式计算流量。

（3）梯形薄壁堰。梯形薄壁堰结构为上宽下窄的梯形缺口，堰口侧边比应为1：4（横：竖）。根据其出流方式是自由流或是淹没流选用不同公式计算流量。

3. 利用量水槽量水

量水槽应设置于顺直渠段，上游行进渠段壅水高度不应影响进水口的正常引水，长度一般应大于渠宽的 5～15 倍；行近渠内水流佛汝德数 Fr 应小于或等于 0.5。槽体应坚固不渗漏，槽体表面平滑光洁。槽体轴线应与渠道轴线一致。量水槽上游不应淤积，下游不应冲刷。水尺零点应用水准仪确定。常用的量水槽有长喉道量水槽（量水槛）、标准巴歇尔量水槽、矩形无喉段量水槽、抛物线形量水槽等。

4. 利用量水仪表量水

量水仪器仪表主要有以下几种形式：

（1）水位计。水位计可用于标准断面、堰槽、渠系建筑物等量水设备与设施的水位测量。水位计有浮子式、压力式、超声波和遥测水位计等，选用水位计应满足有关标准规定的技术指标与精度要求。

（2）水表。水表用于管道量水。水表分为固定式和移动式两种。移动式水表可用于田间测流，水表的周围空气温度在 0～40℃用于灌溉的水表主要有旋翼式和螺翼式两类。最大流量时，水表压力损失应不超过 0.IMPa，水平螺翼式水表不应超过0.03MPa。水表流量与水头损失关系曲线由厂家提供。水表口径应按照管道设计流量、水头损失要求及产品水表流量一水头损失曲线选择。在渠道或管道上安装固定水表，宜选用湿式水表，并应设水表井等保护设施。螺翼式水表前应保证有 8～10 倍公称直径的直管段，旋翼式水表前后，应不小于 0.3m 的直管段。水表前应设过滤网，滤水网过水面积应大于水表公称直径对应的截面积。

（3）差压式流量计。差压式流量计由节流件、取压装置和节流件前后直管段等组成。根据节流件的不同推荐用于灌溉系统的差压式流量计有：孔板式流量计、文丘里管流量计及圆缺孔板流量计。可选用相应公式计算流量。

（4）电磁流量计。电磁流量计主要由变送器和转换器及流量显示仪表三部分组成。输出电信号可以模拟电流或电压，以及频率信号或数字信号输给显示仪表、记录仪表进行流量显示、记录和计算。

（5）超声波流量计。超声波流量计由超声波换能器、转换器及流量、水量显示三部分构成。

（6）分流水量计。分流水量计以文丘里管作为节流件和过水主管，在喉管处连接一支管，支管上安装水表，支管进口与上游水体连接，出口与喉管连接。分流水量计分为管道式和渠用式两种管道式分流水量计用于有压管道量水；渠用式分流水量计用于明渠量水，可安置在渠首或渠中。渠道流量大时，可选用并联分流水量计。

（7）旋杯式水量计。旋杯式水量计的构造由量水涵洞和量水仪表两部分组成。量水仪表由旋杯式转子、轮轴和计数表三部分组成。计数表分机械型和电子智能型。旋杯式转子安装在涵洞内，计数表安装在量水涵洞的盖板上。

（四）水资源政策管理

水资源政策管理的核心是水费价格。国内外实践证明，合理的水价不仅是发展节水灌溉的动力，也是水资源管理实现良性循环的关键。

目前，我国的水价改革存在的问题有如下几个方面：

（1）价格形成机制的改革成效有待提高，目前还存在重调（价）轻改（革）甚至以调代改的现象。具体表现为水资源费征收不到位，供水成本不合理的问题仍未解决。

（2）水价总体上仍然偏低，工程供水价格低于供水成本。

（3）水价体系不合理。一方面，原水与成品水差价不合理；另一方面，季节差价不明显。

（4）计量收费方式没有得到普及。目前，全国只有14个省（自治区、直辖市）的50多个城市对居民用水实施了阶梯式水价，两部制水价只在极少数灌区农业供水中试行。加快水价改革，构建多类型水价体系，促进节约用水和水资源可持续利用已经成为一项紧迫任务。

针对上述问题，提出如下改革措施：

（1）实行高峰负荷定价。由于用水需求存在季节性波动，为了保证高峰用水，所有供水企业都要在日均供水量的基础上再加上一定的备用能力，而备用设备在非高峰时间是基本闲置的。所以，高峰季节供水的边际成本较高，因为所有的设备都投入紧张的运行；而非高峰季节的边际成本较低，因为只有最高效的设备在运转。负高峰的额外供水费用（主要是折旧等固定成本）应集中在高峰用水期的三四个月内，这样就形成了季节差价。季节性水价的使用使水资源的价格和水商品的价值更加接近。在高峰时段提高水价，而在低谷时段降低水价，通过价格杠杆引导用户转移需求，使需求曲线平稳。

（2）论质水价。不同质量的商品有不同的价格，对一般商品而言，这是人人皆知的规律。水作为一种商品，应按质论价，实行优质优价、劣质低价。在现实生活中，各类用水需求对水质的要求不同，农业灌溉用水、工业用水和居民生活用水对水质的要求依次变高，而现实存在着原水、上水（自来水）、中水（经处理过的废水）和下水（即污水），它们各有用途，并存在一定的替代性。上水、中水、下水三者的用途依次变少，三者的价格弹性也依次变小，如果不同水质的水价构成合理，拉开档次，市场条件成熟，目前以用上水为主的情况必然会有所改变，水资源供求矛盾也会缓解。

（3）阶梯式计量水价。阶梯式计量水价是根据某一标准，如在城镇按家庭人口，在农村按耕地面积，在工业企业按万元产值等核定基本用水量，在本用量内实行基本水价，以保证用户最起码的生存和基本发展用水的需要，又不使其负担过重。当实际用水超过定额后，对超过定额用水部分加价，并使水价随着用水量的变化而分级加价。

在阶梯式水价下，如果用户消耗水量超过一定的数量，就必须支付高额的边际成本，这属于愿意支付的范围，是消费者选择的结果。如果用户不愿意支付高价，就必将节约用水，杜绝浪费。采用这种分段定价结构，将在一定程度上遏制水资源浪费及水资源低效利用现象，有利于水资源的充分利用和保护，同时还可促进节水技术的开发和应用，从而实现高效用水的目标。

（4）两部制水价。两部制水价是指把水价划分为容量水价和计量水价两部分。其中，容量水价是指用水户无论用水与否都要交纳的水费，以保障供水工程所需人工费用和维修养护费用，实现供水生产的连续性。计量水价是指按实际用水量计算的收费，以促进用水户节约用水。

第五节 海水淡化

一、海水利用概述

在沿海缺乏淡水资源的国家和地区，海水资源的开发利用越来越得到重视。海水利用包括直接利用和海水淡化利用两种途径。

1. 国内外海水利用概况

国外沿海国家都十分重视对海水的利用，美国、日本、英国等发达国家都相继建立了专门机构，开发海水的代用及淡化技术。据统计，全球海水淡化总产量已达到日均 6348 万 t，海水冷却水年用量超过 $7000 \times 105 m^3$。美国在 20 世纪 80 年代用于冷却水的海水量就已达到 $720 \times 108 mVa$，目前工业用水的 20%-30% 仍为海水。日本在 20 世纪 30 年代就开始将海水用于工业冷却水。日本每年直接利用海水 $2000 \times 10^3 m^3$。当今海水淡化装置主要分布在两类地区。一是沿海淡水紧缺的地区，如科威特、沙特阿拉伯、阿联酋、美国的圣迭戈市等国家和地区。二是岛屿地区，如美国的佛罗里达群岛和基韦斯特海军基地，中国的西沙群岛等。

目前我国沿海城市发展速度迅速，城市需水量大，淡水资源严重不足，供需矛盾日益突出。沿海城市的海水综合利用开发是解决淡水资源缺乏的重要途径之一。青岛、大连、天津等沿海城市多年来直接利用海水进行工业生产，节约了大量淡水资源。

2. 海水水质特征

海水化学成分十分复杂，主要是含盐量远高于淡水。海水中总含盐量高达 $6000 \sim 50000 \text{mg/L}$，其中氯化物含量最高，约占总含盐量89%左右；硫化物次之，再次为碳酸盐及少量其他盐类。海水中盐类主要是氯化钠，其次是氯化镁、硫酸镁和硫酸钙等。与其他天然水源所不同的一个显著特点是水中各种盐类和离子的质量比例基本恒定。

按照海域的不同使用功能和保护目标，我国将海水水质分成四类：第一类，适用于海洋渔业水域，海上自然保护区和珍稀濒危海洋生物保护区。第二类，适用于水产养殖区，海水浴场，人体直接接触海水的海上运动或娱乐区，以及与人类食用直接有关的工业用水区。第三类，适用于一般工业用水区，滨海风景旅游区。第四类，适用于海洋港口水域，海洋开发作业区。具体分类标准可参考《海水水质标准》（GB3097—1997）。

3. 海水利用途径

海水作为水资源的利用途径有直接利用和海水淡化后综合利用。直接利用指海水经直接或简单处理后作为工业用水或生活杂用水，可用于工业冷却、洗涤、冲渣、冲灰、除尘、印染用水、海产品洗涤、冲厕、消防等用途。海水经淡化除盐后可作为高品质的用水，用于生活饮用，工业生产等，可替代生活饮用水。

直接取用海水作为工业冷却水占海水利用总量的90%左右。使用海水冷却的对象有：火力发电厂冷凝器、油冷器、空气和氨气冷却器等；化工行业的蒸馏塔、炭化塔燃烧炉等；冶金行业气体压缩机、炼钢电炉、制冷机等；食品行业的发酵反应器、酒精分离器等。

二、海水利用技术

（一）海水直接利用技术

1. 工业冷却用水

工业冷却用水占工业用水量的80%左右，工业生产中海水被直接用作冷却水的用量占海水总用量的90%左右。利用海水冷却的方式有间接冷却和直接冷却两种。其中以间接冷却方式为主，它是一种利用海水间接换热的方式达到冷却目的，如冷却装置、发电冷凝、纯碱生产冷却、石油精炼、动力设备冷却等都采用间接冷却方式。直接冷却是指海水与物料接触冷却或直喷降温冷却方式。在工业生产用水系统方面，海水冷却水的利用有直流冷却和循环冷却两种系统。直流冷却效果好，运行简单，但排水量大，对海水污染严重；循环冷却取水量小，排污量小，总运行费用低，有利于保护环境。海水冷却的优点：①水源稳定，水量充足；②水温适宜，全年平均水温 0 ～ 25℃，利于冷却；③动力消耗低，直接近海取水降低输配水管道安装及运行费用；④设备投资较少，水处理成本较低。

2. 海水用于再生树脂还原剂

在采用工业阳离子交换树脂软化水处理技术中，需要用定期对交换树脂床进行再生。用海水替代食盐作为树脂再生剂对失效的树脂进行再生还原，这样既节省盐又节约淡水。

3. 海水作为化盐溶剂

在制碱工业中，利用海水替代自来水溶解食盐，不仅节约淡水，而且利用了海水中的盐分减少了食盐原材用量，降低制碱成本。例如，天津碱厂使用海水溶盐，每吨海水可节约食盐 15kg，仅此一项每年可创效益约 180 万元。

4. 海水用于液压系统用水

海水可以替代液压油用于液压系统，海水水温稳定、黏度较恒定，系统稳定，使用海水作为工作介质的液压系统，构造简单，不需要设冷却系统、回水管路及水箱。海水液压传动系统能够满足一些特殊环境条件下的工作，如潜水器浮力调节、海洋钻井平台及石油机械的液压传动系统。

5. 冲洗用水

海水简单处理后即可用于冲厕。香港从 20 世纪 50 年代末开始使用海水冲厕，通过进行海水、城市再生水和淡水冲厕三种方案的技术经济对比，最终选择海水冲厕方案。我国北方沿海缺水城市，天津、青岛、大连也相继采用海水冲厕技术，节约了淡水资源。

6. 消防用水

海水可以作为消防系统用水，应用时应注意消防系统材料的防腐问题

7. 海产品洗涤

在海产品养殖中，海水用于海带、海鱼、虾、贝壳类等海产品的清洗加工。用于洗涤的海水需要进行简单的预处理，加以澄清以去除悬浮物、菌类，可替代淡水进行加工洗涤，节约大量淡水资源。

8. 印染用水

海水中一些成分是制造染料的中间体，对染整工艺中染色有促进作用。海水可用于印染行业中煮炼、漂白、染色和漂洗等工艺，节约淡水资源和用水量，减少污染物排放量。我国第一家海水印染厂 1986 年建于山东荣成石岛镇，该厂采用海水染色纯棉平纹，比淡水染色工艺节约染料、助剂约 30% ～ 40%；染色牢固度提高两级，节约用水 1/3。

9. 海水脱硫及除尘

海水脱硫工艺是利用海水洗涤烟气，并作为 SO? 吸收剂，无须添加任何化学物质，几乎没有副产物排放的一种湿式烟气脱硫工艺。该工艺具有较高的脱硫效率。海水

脱硫工艺系统由海水输送系统、烟气系统、吸收系统、海水水质恢复系统、烟气及水质监测系统等组成，海水不仅可以进行烟气除尘，还可用于冲灰。国内外很多沿海发电厂采用海水作冲灰水，节约了大量淡水资源。

（二）海水淡化技术

海水淡化是指除去海水中的盐分而获得淡水的工艺过程。海水淡化是实现水资源利用的开源增量技术，可以增加淡水总量，而且不受时空和气候影响，水质好、价格渐趋合理。淡化后海水可以用于生活饮用、生产等各种用水领域。目前，已有100多个国家在应用海水淡化技术，海水淡化日产量 $3775\times10^4m^3$，国内海水淡化实际产水量日均 $24\times10^4m^3$。到 2020 年，海水利用对解决沿海地区缺水问题的贡献率将达 26% ～ 37%。

不同的工业用水对水的纯度要求不同。水的纯度常以含盐量或电阻率表示。含盐量指水中各种阳离子和阴离子总和，单位为 1 MΩ·cm。电阻率指 1cm，体积的水所测得的电阻，单位为欧姆厘米（Ω·cm）。根据工业用水水质不同，将水的纯度分为四种类型。

淡化水，一般指将高含盐量的水如海水，经过除盐处理后成为生活及

生产用的淡水。脱盐水相当于普通蒸馏水。水中强电解质大部分已去除，剩余含盐量约为 1 ～ 5mg/L。25℃时水的电阻率为 0.1 ～ 1.0Ω。

纯水，亦称去离子水。纯水中强电解质的绝大部分已去除，而弱电解质也去除到一定程度，剩余含盐量在 1mg/L 以下，25℃时水的电阻率为 1.0 ～ 10MΩ·cm。

高纯水又称超纯水，水中的电解质几乎已全部去除，而水中胶体微粒微生物溶解气体和有机物也已去除到最低的程度。高纯水的剩余含盐量应在 0.1mg/L 以下，25 七时，水的电阻率在 10MΩ·cm 以上。理论上纯水（即理想纯水）的电阻率应等于 18.3MΩ·cm（25℃时）。

目前，海水淡化方法有蒸馏法、反渗透法、电渗析法和海水冷冻法等。目前，中东和非洲国家的海水淡化设施均以多级闪蒸法为主，其他国家则以反渗透法为主。

1. 蒸馏法

蒸馏法是将海水加热气化，待水蒸气冷凝后获取淡水的方法。蒸馏法依据所用能源、设备及流程的不同，分为多级闪蒸、低温多效和蒸汽压缩蒸馏等，其中以多级闪蒸工艺为主。

2. 反渗透法

反渗透法指在膜的原水一侧施加比溶液渗透压高的外界压力，原水透过半透膜时，只允许水透过，其他物质不能透过而被截留在膜表面的过程。反渗透法是 20 世纪 50 年代美国政府援助开发的净水系统。60 年代用于海水淡化。采用反渗透法制造纯净水的优点是脱盐率高，产水量大，化学试剂消耗少，水质稳定，离子交换树脂和终端过滤器寿命长。由于反渗透法在分离过程中，没有相态变化，无须加热，能耗少，设备简单，易于维护和设备模块化，正在逐渐取代多级闪蒸法。

3. 电渗析法

电渗析法是利用离子交换膜的选择透过性，在外加直流电场的作用下使水中的离子有选择地定向迁移，使溶液中阴阳离子发生分离的一种物理化学过程，属于一种膜分离技术，可以用于海水淡化。海水经过电渗析，所得到的淡化液是脱盐水，浓缩液是卤水。

4. 海水冷冻法

冷冻法是在低温条件下将海水中的水分冻结为冰晶并与浓缩海水分离而获得淡水的一种海水淡化技术。冷冻海水淡化法原理是利用海水三相点平衡原理，即海水汽、液、固三相共存并达到平衡的一个特殊点。若改变压力或温度偏离海水的三相平衡点平衡被破坏，三相会自动趋于一相或两相。真空冷冻法海水淡化技术利用海水的三相点原理，以水自身为制冷剂，使海水同时蒸发与结冰，冰晶再经分离、洗涤而得到淡化水的一种低成本的淡化方法。真空冷冻海水淡化工包括脱气、预冷、蒸发结晶、冰晶洗涤、蒸汽冷凝等步骤。与蒸馏法、膜海水淡化法相比，冷冻海水淡化法腐蚀结垢轻，预处理简单，设备投资小，并可处理高含盐量的海水，是一种较理想的海水淡化技术。海水淡化法工艺的温度和压力是影响海水蒸发与结冰速率的主要因素。冷冻法在淡化水过程中需要消耗较多能源获取的淡水味道不佳，该方法在技术中存在一些问题，影响到其使用和推广。

三、海水利用实例

1. 大亚湾核电站 —— 海水代用冷却水

大亚湾核电站位于广东省深圳市西大亚湾北岸，是我国第一个从国外引进的大型核能建设项目。核电站由两台装机容量为 100×10^8 kW 压水堆机组成，总投资 40 亿美元。自 1994 年投产，年发电量均在 100×10^8 kW-h 以上，运行状况良好。在核电站旁边还建有四台 100×10^4 kW 机组，分别于 2003 年和 2010 年投入运营。大亚湾核电站冷却水流量高达 90m^3/s 以上，利用海水冷却。采用渠道输水，取水口设双层钢索拦网以防止轮船撞击。取水流速与湾内水流接近，以减少生物和其他物质的进入。泵站前避免静水区，减少海藻繁殖和泥沙沉积。

2. 华能玉环电厂海水淡化工程

华能玉环电厂位于浙江东南部。浙江东南部属于温带气候，海水年平均温度 15℃。规划总装机 600 万 kW，现运行有 4 台 100 万 kW 超临界燃煤机组。华能玉环电厂海水利用方式有两种：一种是海水直接利用，另一种是海水淡化利用。

华能玉环电厂直接取原海水作为循环冷却，经过凝汽器后的排水实际水温上升可达 9℃，基本满足反渗透工艺对水温的要求。按 1440m^3/h 淡水制水量计算，若过滤装置回收率以 90% 计，第一级反渗透水回收率以 5% 计，第二级反渗透水回收率以 85% 计，则反渗透淡化工程的原海水取用量 4200m^3/h。

电厂使用的全部淡水，包括工业冷却水、锅炉补给水、生活用水等均通过海水淡化制取。海水淡化系统采用双膜法，即超滤 + 反透工艺，设计制水能力 1440m³/h，每天约产淡水 35000m³，每年节约淡水资源（900-1200）×104m³，并可为当地居民用水提供后备用水。

华能玉环电厂海水淡化系统选用了浸没式超滤膜，其性能介于微滤和超滤之间。原海水经过反应沉淀后进入超滤装置处理，其产水再进入超滤产水箱，为后续反渗透脱盐系统待用。

常规的反渗透系统设计中一般需配置热装置，维持 25℃ 的运行温度，以获得恒定的产水量。该厂取来源于经循环冷却水后已升温的海水，基本满足了反渗透工艺对水温的要求．冷却进水加热器，简化系统设备配置、节省投资，同时采用了可变频运行的高压泵，在冬季水温偏低时，可提高高压泵的出口压力，以弥补因水温而引起的产水量降低的缺陷。

超滤产水箱流出的清洁海水通过升压进入 5m 保安过滤器。通过保安过滤器的原水经高压泵加压后进入第一级反渗透膜堆，该单元为一级一段排列方式，配 7 芯装压力容器，单元回收率 45%，脱盐率大于 99%。产水分成两路，一路直接进入工业用水分配系统。由于产水的 pH 值在 6.0 左右，故需在输送管路上对这部分水加碱，以维持合适的 pH 值，减少对工业水管道的腐蚀。另一路进入一级淡水箱，作为二级反渗透的进水。

一级淡化单元中采用了目前国际上先进 PX 型能量回收装置，将反渗透浓水排放的压力作为动力以推动反渗透装置的进水。此时高压泵的设计流量仅为反渗透膜组件进水流量的 45%，而另 55% 的流量只需通过大流量低扬程的增压泵来完成即可。能量回收效率达 95% 以上。经过能量回收之后排出的浓盐水排至浓水池，作为电解海水制取次氯酸钠系统的原料水，由于这部分浓水是被浓缩了 1.8 ~ 2 倍的海水，提高了电解海水装置的效率。电解产品次氯酸钠被进一步综合利用。

一级淡水箱出水通过高压泵直接进入第二级反渗透膜堆，之间设置管式过滤器以除去大颗粒杂质。该单元为一级二段排列方式，配 6 芯装压力容器，单元回收率 85%，脱盐率大于 97%。二级产水直接进入二级淡水箱，作为化学除盐系统预脱盐水、生活用水。浓水被收集后返回至超滤产水箱回用。

第六节 雨水利用

一、雨水利用概述

雨水利用作为一种古老的传统技术一直在缺水国家和地区广泛应用。随着城镇化进程的推进，造成地面硬化，改变了原地面的水文特性，干预了自然的水温循环。这种干预致使城市降水蒸发、入渗量大大减少，降雨洪峰值增加，汇流时间缩短，进而加重了城市排水系统的负荷，土壤含水量减少，热岛效应及地下水位下降现象加剧。

通过合理的规划和设计，采取相应的工程措施开展雨水利用，既可缓解城市水资源的供需矛盾，又可减少城市雨洪的灾害。雨水利用是水资源综合利用中的一项新的系统工程，具有良好的节水效能和环境生态效应。

1. 雨水利用的基本概念

雨水利用是一种综合考虑雨水径流、污染控制、城市防洪以及生态环境的改善等要求。建立包括屋面雨水集蓄系统、雨水截污与渗透系统、生态小区雨水利用系统等。将雨水用作喷洒路面、灌溉绿地、蓄水冲厕等，城市杂用水的雨水收集利用技术是城市水资源可持续利用的重要措施之一。雨水利用实际上就是雨水入渗、收集回用、调蓄排放等的总称。主要包括三个方面的内容：入渗利用，增加土壤含水量，有时又称间接利用；收集后净化回用，替代自来水，有时又称直接利用；先蓄存后排放，单纯消减雨水高峰流量。

雨水利用的意义可表现在以下四个方面。

第一，节约水资源，缓解用水供需矛盾。将雨水用作中水水源、城市消防用水、浇洒地面和绿地、景观用水、生活杂用等方面，可有效节约城市水资源，缓解用水供需矛盾。

第二，提高排水系统可靠性。通过建立完整的雨水利用系统（即由调蓄水池、坑塘、湿地、绿色水道和下渗系统共同构成），有效削减雨水径流的高峰流量，提高已有排水管道的可靠性，防止城市洪涝，减少合流制管道雨季的溢流污水，改善水体环境，减少排水管道中途提升容量，提高其运行安全可靠性。

第三，改善水循环，减少污染。强化雨水入渗，增加土壤含水量，增加地下水补给量维持地下水平衡，防止海水入侵，缓解由城市过度开采地下水导致的地面沉降现象；减少雨水径流造成的污染物。雨水冲刷屋顶、路面等硬质铺装后，屋面和地面污染物通过径流带入水中，尤其是初期雨水污染比较严重。雨水利用工程通过低洼、湿地和绿化通道等沉淀和净化，再排到雨水管网或河流，起到拦截雨水径流和沉淀悬浮物的作用。

第四，具有经济和生态意义。雨水净化后可作为生活杂用水、工业用水，尤其是一些必须使用软化水的场合。雨水的利用不仅减少自来水的使用量，节约水费，还可以减少软化水的处理费用，雨水渗透还可以节省雨水管道投资；雨水的储留可以加大地面水体的蒸发量创造湿润气候，减少干旱天气，利于植被生长，改善城市生态环境。

2. 国内外雨水利用概况

人类对雨水利用的历史可以追溯到几千年前，古代干旱和半干旱地区的人们就学会将雨水径流贮存在窖里，以供生活和农业生产用水。自20世纪70年代以来，城市雨水利用技术迅速发展。在以色列、非洲、印度、中国西北等许多国家和地区修建了数以千万计的雨水收集利用系统。美国、加拿大、德国、澳大利亚、新西兰、新加坡和日本等许多发达国家也开展了不同规模、不同内容的雨水利用的研究和实施计划。1989 年 8 月在马尼拉举行的第四届国际雨水利用会议上建立了国际雨水利用协会（IRCSA），并且每两年举办一次国际雨水利用大会。

德国是国际上城市雨水利用技术最发达的国家之一。1989 年德国就出台了雨水利用设施标准（DIN1989），到 21 世纪初就已经形成"第三代"雨水利用技术及相关新标准。其主要特征是设备的集成化，从屋面雨水的收集、截留、调蓄、过滤、渗透、提升、回用到控制都有一系列的定型产品和组装式成套设备。德国针对城市不透水地面对地下水资源的负面影响，提出了一项把城市 80% 的地面改为透水地面的计划，并明文规定，新建小区均要设计雨洪利用项目，否则征收雨洪排水设施费和雨洪排放费。德国有大量各种规模和类型的雨水利用工程和成功实例。例如柏林波茨达默广场 Daimlerchrysle 区域城市水体工程就是雨水利用生态系统成功范例。主要措施包括建设绿色屋顶，设置雨水调蓄池储水用于冲洗厕所和浇洒绿地，通过养殖动物、水生植物、微生物等协同净化雨水。该水系统达到了人物、环境的和谐与统一。

日本是亚洲重视雨水利用的典范，十分重视环境、资源的保护和积极倡导可持续发展的理念。日本于 1963 年开始兴建滞洪和储雨水的蓄洪池，许多城市在屋顶修建用雨水浇灌的"空中花园"，在大型建筑物地下建设水池，建设许多小型入渗设施。：1992 年颁布"第二代城市下水总体规划"正式将雨水渗沟、渗塘及透水地面作为城市总体规划的组成部分，要求新建和改建的大型公共建筑群必须设置雨水就地下渗设施。有关部门对东京附近 20 个主要降雨区 22 万 m^2 范围进行长达 5 年的观测和调查后，发现平均降雨量 69.3mm 的地区"雨水利用"后，其平均出流量由原来的 37.95mm 降低 5.48mm，流出率由 51.8% 降低到 5.4%。

我国雨水利用技术历史悠久。在干旱、半干的西北部地区，创造出许多雨水集蓄利用技术，从 20 世纪 50 年代开始利用窖水点浇玉米、蔬菜等。80 年代末，甘肃实施"121 雨水集流工程"，同一时期宁夏实施"窑窖农业"，陕西省实施了"甘露工程"，山西省实施了"123 工程"，内蒙古实施了"112 集雨节水灌溉工程"等一系列雨水利用措施。2010 年颁布的《雨水集蓄利用工程技术规范》（GB5056—2010）为我国雨水利用提供了标准依据。

近年来随着城市建设发展，我国城市人口年增加，城市化速度加快，城市建成区面积在逐年扩大，城市道路、建筑等下垫面同程度的硬化导致城市雨水径流增大，入渗土壤地下的水量减少。一些城市和地区出现水资短缺、洪涝频繁发生现象，雨水利用是解决这些问题的重要措施之一。

3. 雨水水质特征

总体上雨水水质污染主要是由于大气污染，屋面、道路等杂质渗入引起的。城市路面径流雨水的污染常受到汽车尾气、轮胎磨损、燃油和润滑油、路面磨损以及路面沉积污染物的渗入引起，其 COD、SS、TN、P 和部分重金属的初期浓度和加权平均浓度都比屋面高。一般取前期 2～5min 降雨所产生的径流量为初期径流量，机动车道初期径流主要污染物浓度范围如下：COD 约 250～9000mg/L，SS 约

500～25000mg/L，TN 约 20～125mg/L。在弃除污染严重的初期径流后，雨水径流污染物浓度逐渐下降。后期径流中主要污染物浓度范围如下：COD 约 50～900mg/L，SS 约 50～1000mg/L，TN 约 5～20mg/L。居住区内道路径流污染物浓度比市政机动车道路要轻。居住小区道路初期径流主要污染物浓度范围如下：COD 约 120～200mg/L，SS 约 200～5000mg/L，TN 约 5～15mg/L 后期径流主要污染物浓度范围如下：CD 约 60～200mg/L，SS 约 50～200mg/L，TN 约 2～10mg/L。屋顶雨水径流污染物主要来源于降雨对大气污染物的淋洗、雨水径流对屋顶沉积物质的冲洗、屋顶自身材料析出物质等途径。沥青油毡屋顶初期径流中 COD 浓度约 500～1750mg/L、SS 浓度约 300～500mg/L、TN 浓度高达 10～50mg/L，瓦屋顶初期径流中 COD 浓度约 100～1200mg/L、SS 浓度约 200～500mg/LvTN 浓度高达 5～15mg/L。总体而言，瓦屋顶初期径流中污染物浓度明显低于沥青油毡屋顶，屋顶材料类型及新旧程度是影响径流水质的根本原因。后期屋面径流中 COD 浓度约 30～100mg/L、SS 浓度约 20～200mg/L、TN 浓度高达 2～10mg/L。雨水经处理后的水质应根据用途决定，其指标应符合国家相关用水标准。雨水经处理后属于低质水不能用于高质水用途。雨水可用于下列用途：景观、绿化、循环冷却系统补水、洗车、地面和道路冲洗、冲厕和消防等。

二、雨水利用技术

雨水利用可以分为直接利用（回用）、雨水间接利用（渗透）及雨水综合利用等。直接利用技术是通过雨水收集、储存、净化处理后，将雨水转化为产品水供杂用或景观用水，替代清洁的自来水。雨水间接利用技术是用于渗透补充地下水。按规模和集中程度不同分为集中式和分散式，集中式又分为干式及湿式深井回灌，分散式又分为渗透检查井、渗透管（沟）、渗透池（塘）、渗透地面、低势绿地及雨水花园等。雨水综合利用技术是采用因地制宜措施，将回用与渗透相结合，雨水利用与洪涝控制、污染控制相结合，雨水利用与景观改善生态环境相结合等。

（一）雨水径流收集

1. 雨水收集系统分类及组成

雨水收集与传输是指利用人工或天然集雨面将降落在下垫面上的雨水汇集在一起，并通过管、渠等输水设施转移至存储或利用部位。根据雨水收集场地不同，分为屋面集水式和地面集水式两种。

屋面集水式雨水收集系统由屋顶集水场、集槽、落水管、输水管、简易净化装置、储水池和取水设备组成。地面集水式雨水收集系统由地面集水场、汇水渠、简易净化装置、储水池和取水设备组成。

2. 雨水径流计算

雨水设计流量指汇水面上降雨高峰历时内汇集的径流流量，采用推理公式法计算雨水设计流量，应按下式计算。当汇水面积超过 $2km^2$ 时，宜考虑降雨在时空分布的不均匀性和管网汇流过程，采用数学模型法计算雨水设计流量。

$$Q=\phi \times q \times F$$

式中，Q —— 雨水设计流量，L/s；

ϕ —— 径流系数；

q —— 设计暴雨强度，L/（s·hm^2）；

F —— 汇水面积，hm^2。

3. 雨水收集场

雨水收集场可分为屋面收集场和地面收集场。

屋面收集场设于屋顶，通常有平屋面和坡屋面两种形式。屋面雨水收集方式按雨落管的位置分为外排收集系统和内排收集系统。雨落管在建筑墙体外的称为外排收集系统，在外墙以内的称为内排收集系统。

地面集水场包括广场、道路、绿地、坡面等。地面雨水主要通过雨水收集口收集。街道、庭院、广场等地面上的雨水首先经雨水口通过连接管留入排水管渠。雨水口的设置，应能保证迅速有效地收集地面雨水。雨水口及连接管的设计应参照《室外排水设计规范》（GB50014—2006）（2014年）执行。

4. 初期雨水弃流

由于径流初期雨污染严重，因此雨水利用时应先弃除初期雨水，再进行处理利用。初期雨水弃流量因下垫面情况而异，可按下式计算：

$$W_q=10 \times \delta \times F \tag{8-2}$$

式中 W_q —— 设计初期径流弃流量，m^3；

δ —— 初期径流厚度，mm. 一般屋面取 2 ～ 3mm，地面取 3 ～ 5mm；

F —— 汇水面积，hm^2。

（二）雨水入渗

雨水入渗是通过人工措施将雨水集中并渗入补给地下水的方法。其主要功能可以归纳为以下方面：补给地下水维持区域水资源平衡；滞留降雨洪峰有利于城市防洪；减少雨水地面径流时造成的水体污染；雨水储流后强化水的蒸发，改善气候条件，提高空气质量。

1. 雨水入渗方式和渗透设施

雨水入渗可采用绿地入渗、透水铺装地面入渗、浅沟入渗、洼地入渗、浅沟渗渠组合人渗、渗透管沟、入渗井、入渗池、渗透管排放组合等方式。在选择雨水渗透设施时，应首先选择绿地、透水铺装地面、渗透管沟、入渗井等入渗方式。

2. 雨水入渗量计算

设计渗透量与降雨历时之间呈线性关系。渗透设施在降雨历时 t 时段内设计的渗透量 Ws 按下式计算：

$$W_s=\alpha \cdot K \cdot J \cdot An \cdot t$$

式中 W_s——降雨历时 t 时段内的设计渗透量，m^3；

α——综合安全系数，一般取 $0.5 \sim 0.8$；

K——土壤渗透系数，m/s；

J——水力坡降，若地下水位较深，远低于渗透装置底面时，一般可取 J=1.0；

An——有效渗透面积，m^2；

T——渗透时间，s。

4. 雨水渗透装置的设置

雨水渗透装置分为浅层土壤入渗和深层入渗。浅层土壤入渗的方法主要包括：地表直接入渗、地面蓄水入渗和利用透水铺装地板入渗等。雨水深层入渗是指城市雨水引入地下较深的土壤或砂、砾层入渗回补地下水。深层入渗可采用砂石坑入渗、大口井入渗、辐射井入渗及深井回灌等方式。

雨水入渗系统设置具有一定限制性，在下列场所不得采用雨水入渗系统：

① 在易发生陡坡坍塌、滑坡灾害的危险场所；

② 对居住环境和自然环境造成危害的场所；

③ 自重湿陷性黄土、膨胀土和高含盐土等特殊土壤地质场所。

（三）雨水储留设施

雨水利用或雨水作为再生水的补充水源时，需要设置储水设施进行水量调节。储水形式可分为城市集中储水和分散储水。

1. 城市集中储水

城市集中储水是指通过工程设施将城市雨水径流集中储存，以备处理后回用于城市杂用或消防用水等，具有节水和环保双重功效。

储留设施由截留坝和调节池组成。截留坝用于拦截雨水，受地理位置和自然条件限制难以在城市大量使用。调节池具有调节水量和储水功能。德国从 20 世纪 80 年代后期修建大量雨水调节池，用于调节、储存、处理和利用雨水，有效降低了雨水对城市污水厂的冲击负荷和对水体的污染。

2. 分散储水

分散储水指通过修建小型水库、塘坝、储水池、水窖、蓄水罐等工程设施将集流场收集的雨水储存，以备利用。其中水库、塘坝等储水设施易于蒸发下渗，储水效率较低。储水池、蓄水罐或水窖储水效率高，是常用的储水设施，如混凝土薄壳水窖储水保存率达 97%，储水成本为 0.41 元 $/（m^3 \cdot a）$，使用寿命长。

雨水储水池一般设在室外地下，采用耐腐蚀、无污染、易清洁材料制作，储水池中应设置溢流系统，多余的雨水能够顺利排除，储水池容积可以按照径流量曲线求得。径流曲线计算方法是绘制某设计重现期条件下不同降雨历时流入储水池的径流曲线，对曲线下面积求和，该值即为储水池的有效容积。在无资料情况下储水容积也可以按照经验值估算。

4. 雨水处理技术

雨水处理应根据水质情况、用途和水质标准确定，通常采用物理法、化学法等工艺组合。雨水处理可分为常规处理和深度处理。常规处理是指经济适用、应用广泛的处理工艺，主要有混凝、沉淀、过滤、消毒等净化技术；非常规处理则是指一些效果好但费用较高的处理工艺，如活性炭吸附、高级氧化、电渗析、膜技术等。

雨水水质好，杂质少，含盐量低，属高品质的再生水资源，雨水收集后经适当净化处理可以用于城市绿化、补充景观水体、城市浇洒道路、生活杂用水、工业用水、空调循环冷却水等多种用途。雨水处理装置的设计计算可参考《给水排水设计手册》。

三、雨水利用实例

1. 常德市江北区水系生态治理，穿紫河船码头段综合治理工程

该工程由德国汉诺威水协与鼎蓝水务公司设计实施。穿紫河是常德市内最重要的河流之流经整个市区，但是由于部分河段不加管理地排放污水及倾倒垃圾，导致水质恶劣，同时缺乏与其他河流的连通，没有干净的水源补充，导致生态状态恶劣，影响了市民的居住环境及其生活质量。

该工程设计中雨水处理系统介绍：使用雨水调蓄池和蓄水型生态滤池联合处理污染雨水，让调蓄池设计融入城市景观，减少排入穿紫河的被污染的雨水量。通过地面过滤系统净化被污染的雨水水体，在不溢流的情况下安全地疏导暴雨径流，旱季、雨季及暴雨期间在径流中进行固体物分离，建造封闭式和开放式调蓄池各一处，在穿紫河回水区建造一处蓄水型生态滤池，在非降雨的情况下，对径流进行机械处理（至少 300L/s），即沉淀及采用格栅同时/或者自动送往污水处理厂。一般降雨情况下，对来水进行调蓄，通过生态滤池处理然后再排到穿紫河，暴雨时，污水处理厂、调蓄池及蓄水型生态滤池均无法再接纳的来水直接排入穿紫河，通过 KOSIM 模拟程序对必要的调蓄池容积及水泵功率等进行计算。

2. 伦敦世纪圆顶的雨水收集利用系统

为了研究不同规模的水循环方案，英国泰晤士河水公司设计了 2000 年的展示建筑世纪圆顶示范工程。该建筑设计了 $500m^3/d$ 的回用水工程，其中 $100m^3$ 为屋顶收集的雨水初期雨水以及溢流水直接通过地表水排放管道排入泰晤士河。收集储存的雨水利用芦苇床（高度耐盐性的芦苇，其种植密度为 4 株 $/m^2$）进行处理。处理工艺包括过滤系统、两个芦苇床（每个表面积为 $250m^2$）和一个塘（容积为 $300m^3$）。雨水在芦苇床中通过物理、化学、生物及植物根系吸收等多种机理协同净化作用，达到回用水质的要求。此外，芦苇床也容易纳入圆顶的景观设计中，取得了建筑与环境的协调统一。

第七节 城市污水回用

城市污水回用是指城市污水经处理后再用于农业、工业、景观娱乐、补充地表水与地下水，或工业废水经处理后再用于工厂内部，以及工业用水的循环使用等。

一、污水回用的意义

1. 污水回用可缓解水资源的供需矛盾

中国水资源总量为 28000 亿 m^3，人均水资源量 2220m^3，预测 2030 年人口增至 16 亿时，人均水源量将降到 1760m^3。按国际一般标准，人均水资源量少于 1700m^3 为用水紧张国家。因此，我国未来水资源形势是非常严峻的。水已成为制约国民经济发展和人民生活水平提高的重要因素。

一方面城市缺水十分严重，一方面大量的城市污水白白流失，既浪费了资源，又污染了环境，与城市供水量几乎相等的城市污水中，仅有 0.1% 的污染物质，比海水 3.5% 的污染物少得多，其余绝大部分是可再利用的清水。当今世界各国解决缺水问题时，城市污水被选为可靠的第二水源，在未被充分利用之前，禁止随意排到自然水体中去。

将城市污水经处理后回用于水质要求较低的场合，体现了水的"优质优用，低质低用"原则，增加了城市的可用水资源量。

2. 污水回用可提高城市水资源利用的综合经济效益

城市污水和工业废水水质相对稳定，不受气候等自然条件的影响，且可就近获得，易于收集，其处理利用成本比海水淡化成本低廉，处理技术也比较成熟，基建投资比跨流域调水经济得多。

除实行排污收费外，污水回用所收取的水费可以使污水处理获得有力的财政支持，使水污染防治得到可靠的经济保证。同时，污水回用减少了污水排放量，减轻了对水体的污染，相应降低取自该水源的水处理费用。

除上述增加可用水量、减少投资和运行费用、回用水水费收入、减少给水处理费用外，污水回用至少还有下列间接效益。

因减少污水（废水）排放而节省的排水工程投资和相应的运行管理费用；因改善环境而产生的社会经济和生态效益，如发展旅游业、水产养殖业、农林牧业所增加的效益；因改善环境，增进人体健康，减少疾病特别是癌、致畸、致基因突变危害所产生的种种近远期效益；因回收废水中的"废物"取得的效益和因增进供水量而避免的经济损失或分摊的各种生产经济效益。

二、污水回用的途径

污水再生利用的途径主要有以下几个方面：

1. 工业用水

在工业生产过程中，首先要循环利用生产过程产生的废水，如造纸厂排出的白水，所受污染较轻，可作洗涤水回用。如煤气发生站排出的含酚废水，虽有少量污染，但如果适当处理即能供闭路循环使用。各种设备的冷却水都可以循环使用，因此应充分加以利用并减少补充水量。在某些情况下，根据工艺对供水水质的需求关系，作一水多用的适当安排，顺序使用废水，就可以大量减少废水排出。

2. 城市杂用水

城市杂用水是指用于冲厕、道路清扫、消防、城市绿化、车辆冲洗、建筑施工等的非饮用水。不同的原水特性、不同的使用目的对处理工艺提出了不同的要求。如果再生利用的原水是城市污水处理厂的二级出水时，只要经过较为简单的混凝、沉淀、过滤、消毒就能达到绝大多数城市杂用的要求。但是当原水为建筑物排水或生活小区排水，尤其包含粪便污水时，必须考虑生物处理，还应注意消毒工艺的选择。

3. 景观水体

随着城市用水量的逐步增大，原有的城市河流湖泊常出现缺水、断流现象，大大影响城市景观及居民生活。污水再生利用于景观水体可弥补水源的不足。回用过程应特别注意再生水的氮磷含量，在氮磷含量较高时应通过控制水体的停留时间和投加化学药剂保证其景观功能的实现。同时应关注再生水中的病原微生物和持久性有机污染物对人体健康和生态环境的危害。

4. 农业灌溉

污水再生利用于农业灌溉已在世界范围内广泛重视。目前世界上约有 1/10 的人口食用利用污水（或再生水）灌溉的农产品。美国建有 200 多个污水再生利用工程，其利用率已达 70%，其中约 2/3 用于灌溉，灌溉用污水水量占总灌溉水量的 1/5。突尼斯 2000 年再生水灌溉量达 1.25 亿 m^3。约旦大多数城市处理后污水再生利用于农业，灌溉面积近 1.07 万 hm^2。

我国目前的污水再生回用于农业灌溉面积已超过 2000 万亩（133.3 万 hm^2）。污水中含有大量氮、磷等营养物，再生水灌溉农田可充分利用这些营养物。据推算，全国每年排放污水中含有氮、磷相当于 24 亿 kg 硫胺和 8 亿 kg 过磷酸钙。

5. 地下回灌

再生水经过土壤的渗滤作用回注至地下称为地下回灌。其主要目的是补充地下水，防止海水入侵，防止因过量开采地下水造成的地面沉降。污水再生利用于地下回灌后可重新提取用于灌溉或生活饮用水。

污水再生利用于地下回灌具有许多优点，例如能增加地下水蓄水量，改善地下水水质，恢复被海水污染的地下水蓄水层，节约优质地表水。同时地下水库还可减少蒸发，把生物污染减少至最小。

三、城市污水回用的水处理流程

城市污水回用是以污水进行一、二级处理为基础的。当污水的一、二级出水水质不符合某种回用水水质标准要求时，应按实际情况采取相应的附加处理措施。这种以污水回收、再用为目的，在常规处理之外所增加的处理工艺流程称为污水深度处理。下面首先介绍污水一级处理与二级处理。

1. 一级处理

主要应用格栅、沉砂池和一级沉淀池，分离截留较大的悬浮物。污水经一级处理后，悬浮固体的去除率为70% ～ 80%，而BOD5只去除30%左右，一般达不到排放标准，还必须进行二级处理。被分离截留的污泥应进行污泥消化或其他处置。

2. 二级处理（生物处理）

在一级处理的基础上应用生物曝气池（或其他生物处理装置）和二次沉淀池去除废水、污水中呈胶体和溶解状态的有机污染物，去除率可达90%以上，水中的BOD含量可降至20 ～ 30mg/L，其出水水质一般已具备排放水体的标准。二级处理通常采用生物法作为主体工艺。

在进行二级处理前，一级处理经常是必要的，故一级处理又被称为预处理。一级和二级处理法，是城市污水经常采用的处理方法，所以又叫常规处理法。

3. 深度处理

污水深度处理的目的是除去常规二级处理过程中未被去除和去除不够的污染物，以使出水在排放时符合受纳水体的水质标准，而在再用时符合具体用途的水质标准。深度处理要达到的处理程度和出水水质，取决于出水的具体用途。

四、阻碍城市污水回用的因素

城市污水量稳定集中，不受季节和干旱的影响，经过处理后再生回用既能减少水环境污染，又可以缓解水资源紧缺矛盾，是贯彻可持续发展战略的重要措施。但是目前污水在普通范围上的应用还是不容乐观的，除了污水灌溉外，在城市回用方面还未广泛应用。其原因主要有以下几个方面：

1. 再生水系统未列入城市总体规划

城市污水处理后作为工业冷却、农田灌溉和河湖景观、绿化、冲厕等用水在水处理技术上已不成问题，但是由于可使用再生污水的用户比较分散，用水量都不大，处理的再生水输送管道系统是当前需重点解决的问题。没有输送再生水的管道，任何再生水回用的研究、规划都无法真正落实。为了保证将处理后的再生水能输送到各用户，必须尽快编制再生水专业规划，确定污水深度处理规模、位置、再生水管道系统的布局，以指导再生水处理厂和再生水管道的建设和管理。

2. 缺乏必要的法规条令强制进行污水处理与回用

目前城市供水价格普遍较低，使用处理后的再生水比使用自来水特别是工业自备井水在经济上没有多大的效益。如某城市污水处理厂规模 16 万 t/d，污水主要来自附近几家大型国有企业，这些企业生活杂用水和循环冷却水均采用地下自备水源井供水，造成水资源的极大浪费，利用污水资源应该说是非常适合的。但是由于没有必要的法规强制推行而且污水再生回用处理费用又略高于自备井水资源费，导致多次协商均告失败，污水资源被白白地浪费。因此，推行污水再生回灌必须配套强制性法规来保证。

3. 再生水价格不明确

目前，由于污水再生水价格不明确，导致污水再生水生产者不能保证经济效益，污水再生水受纳者对再生水水质要求得不到满足，形成一对矛盾。因此，确定一个合理的污水回用价格，明确再生水应达到的水质标准，保证污水再生水生产者与受纳者的责、权利，是促进污水回用的重要前提。

五、推进城市污水回用的对策

1. 城市污水处理统一规划，为城市污水资源化提供前提

世界各大中城市保护水资源环境的近百年经验归结一点，就是建设系统的污水收集系统和成规模的污水处理厂。

城市污水处理厂的建设必须合理规划，国内外对城市污水是集中处理还是分散处理的问题已经形成共识，即污水的集中处理（大型化）应是城市污水处理厂建设的长期规划目标。结合不同的城市布局、发展规划、地理水文等具体情况，对城市污水厂的建设进行合理规划、集中处理，不仅能保证建设资金的有效使用率、降低处理消耗，而且有利于区域和流域水污染的协调管理及水体自净容量的充分利用。

城市生活污水、工业废水要统一规划，工厂废水要进入城市污水处理厂统一处理。因为各工厂工业废水的水质水量差别大，技术水平参差不齐，千百家工厂都自建污水处理厂会造成巨大的人力、物力、财力的浪费。统一规划和处理，做到专业管理，可以免除各大小厂家管理上的麻烦，保障处理程度，各工厂只要交纳水费就可以了。政府环保部门的任务是制定水体的排放标准并对污水处理企业进行监督。

城市污水处理系统是容纳生活污水与城市区域内绝大多数工业废水的大系统（特殊水质如放射性废水除外）。但各企业排入城市下水道的废水应满足排放标准，不符合标准的个别企业和车间须经局部除害处理后方能排入下水道。局部除害废水的水量有限，技术上也很成熟，只要管理跟上是没有问题的。这样才能保证污水处理统一规划和实施，使之有序健康地发展，并走上产业化、专业化的道路。

2. 尽快出台污水再生回用的强制性政策，以确保水资源可持续利用

城市污水经深度处理后可回用于工业作为间接冷却水、景观河道补充水以及居住区内的生活杂用水。

对于集中的居民居住小区和具备使用再生水条件的单位，采取强制措施，要求必须建设并使用中水和再生水。对于按照规定应该建设中水或污水处理装置的单位，

如果因特殊原因不能建设的，必须交纳一定的费用和建设相应的管道设施，保证使用城市污水处理厂的再生水。

对于可以使用再生水而不使用的，要按其用水量核减新水指标，超计划用水加价。对使用再生水的单位，其新水量的使用权在一定程度上予以保留，鼓励其发展生产不增加新水。

对于积极建设工业废水和生活杂用水处理回用设施并进行回用的，要酌情减、免征收污水排放费。

3. 多方面利用资金，加快污水处理和再生回用工程建设

城市污水处理厂普遍采用由政府出资建设（或由政府出面借款或贷款），隶属于政府的事业性单位负责运行的模式。这种模式具有以下缺点：财政负担过重，筹资困难，建设周期长，不利于环境保护等。如果将污水处理厂的建设与运行委托给具有相应资金和技术实力的环保市政企业，由企业独立或与业主合作筹资建设与运行，企业通过运行收费回收投资。通过这种模式，市政污水处理和回用率有望在今后几年得到大幅度的提高。政府投资、企业贷款，完善排污收费的制度，逐步实现污水处理厂和再生水厂企业化生产。

4. 城市自来水厂与污水处理厂统一经营，建立给水排水公司

世界现代经济发展的 200 多年历程和我国 50 年经济发展的教训表明，偏废污水处理，就要伤害自然水的大循环，危害子循环、断了人类用水的可持续发展之路。给水排水发展到当今，建立给水排水统筹管理的水工业体系，按工业企业来运行是必由之路。

既然由给水排水公司从水体中取水供给城市，就应将城市排水处理到水体自净能力可接纳的程度后排入水体，全面完成人类向大自然"借用"和"归还"可再生水的循环过程。使其构成良性循环，保证良好水环境和水资源的可持续利用。

5. 调整水价体系，制定再生水的价格

长期以来执行的低水价政策，提供了错的用水导向，节水投资大大超过水费，严重影响了节水积极性。因此，在制定水价时，除合理调整自来水、自备井的水价外，还应制定再生水或工业水的水价，逐步做到取消政府补贴，利用水价这一经济杠杆，促进再生水的有效利用。

六、实例分析

生活节水实例

怎样在日常生活中将节水"进行到底"？下面介绍一些节约家庭生活用水的小妙招。

1. 洗衣节水

手洗比机洗省水。手洗衣服时，如果用洗衣盆洗、清衣服，则每次洗、清衣服比开着水龙头洗要节水 200L；机洗衣服时最好满桶再洗，若分开两次洗，则多耗

水 40L。配合衣料种类适当调整洗涤时间：毛、化学纤维物约 5min；木棉、麻类约 10min；较脏污衣物约 12mino 洗少量衣服时，水位不要定得太高。

2. 洗澡节水

淋浴时如果关掉水龙头擦香皂，洗一次澡可以节水 30L；洗澡改盆浴为淋浴，安装低流量莲蓬头，将全转式水龙头改换新式 1/4 转、陶瓷阀芯水龙头。

3. 厕所节水

房屋装修时最好采用节水型马桶。抽水量大的马桶可以放入装满水的矿泉水瓶或加装二段式冲水配件；收集洗衣、洗漱后的水用于冲洗厕所；将卫生间里水箱的浮球向下调整 2cm，可根据水箱大小，放 2～4 个 1L 容量的水瓶子，每次冲洗可节省水 1L；水箱漏水问题最多，要及时更换进出水口橡胶。

4. 洗菜节水

一盆一盆地洗，不要开着水龙头冲，一餐饭可节水 5L；淘米水可用于洗菜；刷碗时可先用纸将油污擦去，再用水刷洗。

5. 洗车节水

用水桶盛水洗车，尽量使用洗涤水、洗衣水洗车，不要用水管直接冲洗，洗车时使用海绵与水桶取代水管，可节省 1/2 的用水量；使用节水喷雾水枪冲洗。利用机械自动洗车，洗车水处理循环地使用。

6. 生活习惯

刷牙、取洗手液、抹肥皂时要及时关掉水龙头；不要用抽水马桶冲掉烟头和碎细废物；在水压较高的地区，居民可调整自来水阀门控制水压；家中应预备一个收集废水的大桶，收集洗衣、洗菜后的家庭废水冲厕所。

7. 使用节水器具

饭前便后要洗手，洗手的过程也是节水的过程。节水器具种类繁多，有节水型水箱节水龙头、节水马桶等。用新型感应式水龙头可节水。当手离开时，水阀会自动关闭。现在家居用的水龙头，一般都是陶瓷阀芯代以前的铸铁阀，这样的水龙头在短期内不会因阀门磨损而产生跑冒滴漏现象，防止了因漏水而带来的浪费。新型感应式水龙头能做到用水自如，与常规水龙头相比，可节水 35%～50%。

与浪费水有关的习惯很多。比如：用抽水马桶冲掉烟头和零碎废物；为了接一杯凉水，而白白放掉许多水；先洗土豆、胡萝卜后削皮，或冲洗之后再摘蔬菜；用水时的间断（开门接客人、接电话、改变电视机频道时），未关水龙头；停水期间，忘记关水龙头；洗手、洗脸、刷牙时，让水总是流着；睡觉之前、出门之前，不检查水龙头；设备漏水，不及时修好。据分析，家庭只要注意改掉不良的习惯，就能节水 70% 左右。

第八节 取水工程

取水工程是由人工取水设施或构筑物从各类水体取得水源，通过输水泵站和管路系统供给各种用水。取水工程是给水系统的重要组成部分，其任务是按一定的可靠度要求从水源取水井将水送至给水处理厂或者用户。由于水源类型、数量及分布情况对给水工程系统组成布置、建设、运行管理、经济效益及可靠性有着较大的影响，因此取水工程在给水工程中占有相当重要的地位。

一、水资源供水特征与水源选择

（一）地表水源的供水特征

地表水资源在供水中占据十分重要的地位。地表水作为供水水源，其特点主要表现为：

（1）水量大，总溶解固体含量较低，硬度一般较小，适合于作为大型企业大量用水的供水水源；

（2）时空分布不均，受季节影响大；

（3）保护能力差，容易受污染；

（4）泥沙和悬浮物含量较高，常需净化处理后才能使用；

（5）取水条件及取水构筑物一般比较复杂。

（二）水源地选择原则

1. 水源选择前，必须进行水源的勘察

为了保证取水工程建成后有充足的水量，必须先对水源进行详细勘察和可靠性综合评价。对于河流水资源，应确定可利用的水资源量，避免与工农业用水及环境用水发生矛盾；兴建水库作为水源时，应对水库的汇水面积进行勘察，确定水库的蓄水量。

2. 水源的选用应通过技术经济比较后综合考虑确定

水源选择必须在对各种水源进行全面分析研究，掌握其基本特征的基础上，综合考虑各方面因素，并经过技术经济比较后确定。确保水源水量可靠和水质符合要求是水源选择的首要条件。水量除满足当前的生产、生活需要外，还应考虑到未来发展对水量的需求。作为生活饮用水的水源应符合《生活饮用水卫生标准》中关于水源的若干规定；国民经济各部门的其他用水，应满足其工艺要求随着国民经济的发展，用水量逐年上升，不少地区和城市，特别是水资源缺乏的北方干旱地区，生活用水与工业用水、工业用水与农业用水、工农业用水与生态环境用水的矛盾日益突出。因此，确定水源时，要统一规划，合理分配，综合利用。此外，选择水源时，还需考虑基建投资、运行费用以及施工条件施工方法，例如施工期间是否影响航行，陆上交通是否方便等。

3. 选用地表水设定枯水流量的保证率

用地表水作为城市供水水源时，其设计枯水流量的保证率，应根据城市规模和工业大用水户的重要性选定，一般可采用 90% ～ 97%。

用地表水作为工业企业供水水源时，其设计枯水流量的保证率，应视工业企业性质及用水特点，按各有关部门的规定执行。

4. 地下水与地表水联合使用

如果一个地区和城市具有地表和地下两种水源，可以对不同的用户，根据其需水要求，分别采用地下水和地表水作为各自的水源；也可以对各种用户的水源采用两种水源交替使用，在河流枯水期地表水取水困难和洪水期河水泥沙含量高难以使用时，改用抽取地下水作为供水水源。国内外的实践证明，这种地下水和地表水联合使用的供水方式不仅可以同时发挥各种水源的供水能力，而且能够降低整个给水系统的投资，提高供水系统的安全可靠性。

确定水源、取水地点和取水量等，应取得水资源管理机构以及卫生防疫等有关部门的书面同意。对于水源卫生防护应积极取得环保等有关部门的支持配合。

二、地表水取水工程

地表水取水工程的任务是从地表水水源取出合格的水送至水厂。地表水水源一般是指江河、湖泊等天然的水体，运河、渠道、水库等人工建造的淡水水体，水量充沛，多用于城市供水。

地表水污水工程直接与地表水水源相联系，地表水水源的种类、水量、水质在各种自然或人为条件下所发生的变化，对地表水取水工程的正常运行及安全性产生影响。为使取水构筑物能够从地表水中按需要的水质、水量安全可靠地取水，了解影响地表水取水的主要因素是十分必要的。

（一）影响地表水取水的主要因素

地表水取水构筑物与河流相互作用、相互影响。一方面，河流的径流变化、泥沙运动河床演变、冰冻情况、水质、河床地质与地形等影响因素影响着取水构筑物的正常工作及安全取水；另一方面，取水构筑物的修建引起河流自然状况的变化，对河流的生态环境、净流量等产生影响。因此，全面综合地考虑地表水取水的影响因素。对取水构筑物位置选择、形式确定、施工和运行管理，都具有重要意义。

地表水水源影响地表水取水构筑物运行主要因素有：水中漂浮物的情况、径流变化河流演变及泥沙运动等。

1. 河流中漂浮物

河流中的漂浮物包括：水草、树枝、树、废弃物、泥沙、冰块甚至山区河流中所排放的木排等。泥沙、水草等杂物会使取水头部淤积堵塞，阻断水流；水中冰絮、冰凌在取水口处冻结会堵塞取水口；冰块、木排等会撞损取构筑物，甚至造成停水。河流中的漂浮杂质，一般汛期较平时更多。这些杂质不仅分布在水面，而且同样存在于深水层中。河流中的含沙量一般随季节的变化而变化，绝大部分河流汛期的含沙量高于平时的含沙量。含沙量在河流断面上的分布是不均匀的：一般情况下，沿水深分布，靠近河底的含沙量最大；沿河宽分布，靠近主流的含沙量最大。含沙量与河流流速的分布有着密切的关系。河心流速大，相应含沙量就大；两侧流速小，含沙量相应小些。处于洪水流量时，相应的最高水位可能高于取水构筑物使其淹没而无法运行；处于枯水流量时，相应的最低水位可能导致取水构筑物无法取水。因此，河流历年来的径流资料及其统计分析数据是设计取水构筑物的重要依据。

2. 取水河段的水位、流量、流速等径流特征

由于影响河流径流的因素很多，如气候、地质、地形及流域面积、形状等，上述径流特征具有随机性。因此，应根据河道径流的长期观测资料，计算河流在一定保证率下的各种径流特征值，为取水构筑物的设计提供依据。取水河段的径流特征值包括：①河流历年的最小流量和最低水位；②河流历年的最大流量和最高水位；③河流历年的月平均流量、月平均水位以及年平均流量和年平均水位；④河流历年春秋两季流冰期的最大、最小流量和最高、最低水位；⑤其他情况下，如潮汐、形成冰坝冰塞时的最高水位及相应流量；⑥上述相应情况下河流的最大、最小和平均水流速度及其在河流中的分布情况。

3. 河流的泥沙运动与河床演变

河流泥沙运动引起河床演变的主要原因是水流对河床的冲刷及挟沙的沉积。长期的冲刷和淤积．轻者使河床变形，严重者将使河流改道，如果

河流取水构筑物位置选择不当，泥沙的淤积会使取水构筑物取水能力下降，严重的会使整个取水构筑物完全报废。因此，泥沙运动和河床演变是影响地表水取水的重要因素。

（1）泥沙运动。

河流泥沙是指所有在河流中运动及静止的粗细泥沙、大小石砾以及组成河床的泥沙。随水流运动的泥沙也称为固体径流，它是重要的水文现象之一。根据泥沙在水中的运动状态可将泥沙分为床沙、推移质及悬移质三类，决定泥沙运动状态的因素除泥沙粒径外，还有水流速度。

对于推移质运动，与取水最为密切的问题是泥沙的启动。在一定的水流作用下，静止的泥沙开始由静止状态转变为运动状态，叫作"启动"，这时的水流速度称为启动流速。泥沙的启动意味着河床冲刷的开始，即启动流速是河床不受冲刷的最大流速，因此在河渠设计中应使设计流速小于启动流速值。

对于悬移质运动，与取水最为密切的问题是含沙量沿水深的分布和水流的挟沙

能力。由于河流中各处水流脉动强度不同，河中含沙量的分布亦不均匀。为了取得含沙量较少的水需要了解河流中含沙量的分布情况。

（2）河床演变。

河流的径流情况和水力条件随时间和空间不断地变化，因此河流的挟沙能力也在不断变化，在各个时期和河流的不同地点产生冲刷和淤积，从而引起河床形状的变化，即引起河床演变。这种河床外形的变化往往对取水构筑物的正常运行有着重要的影响。

河床演变是水流和河床共同作用的结果。河流中水流的运动包括纵向水流运动和环流运动。二者交织在一起，沿着流程变化，并不断与河床接触、作用；在此同时，也伴随着泥沙的运动，使河床发生冲刷和淤积，不仅影响河流含沙量，而且使河床形态发生变化。河床演变一般表现为纵向变形、横向变形、单向变形和往复变形。这些变化总是错综复杂地交织在一起，发生纵向变形的同时往往发生横向变形，发生单向变形的同时，往往发生往复变形为了取得较好的水质，防止泥沙对取水筑物及管道形成危害，并避免河道变迁造成取水脱流，必须了解河段泥沙运动状态和分布规律，观测和推断河床演变的规律和可能出现的不利因素。

4. 河床和岸坡的稳定性

从江河中取水的构筑物有的建在岸边，有的延伸到河床中。因此，河床与岸坡的稳定性对取水构筑物的位置选择有重要的影响。此外，河床和岸坡的稳定性也是影响河床演变的重要因素。河床的地质条件不同，其抵御水流冲刷的能力不同，因而受水流侵蚀影响所发生的变形程度也不同。对于不稳定的河段，一方面河流水力冲刷会引起河岸崩塌，导致取水构筑物倾覆和沿岸滑坡，尤其河床土质疏松的地区常常会发生大面积的河岸崩塌；另一方面，还可能出现河道淤塞、堵塞取水口等现象。因此，取水构筑物的位置应选在河岸稳定、岩石露头、未风化的基岩上或地质条件较好的河床处。当地区条件达不到一定的要求时，要采取可靠的工程措施。在地震区，还要按照防震要求进行设计。

5. 河流冰冻过程

北方地区冬季，当温度降至零摄氏度以下时，河水开始结冰。若河流流速较小（如小于 $0.4\sim0.5\text{m/s}$），河面很快形成冰盖；若流速较大（如大于 $0.4\sim0.5\text{m/s}$），河面不能很快形成冰盖。由于水流的紊动作用，整个河水受到过度冷却，水中出现细小的冰晶，冰晶在热交换条件良好的情况下极易结成海绵状的屑、冰絮，即水内冰。冰晶也极易附着在河底的沙粒或其他固体物上聚集成块，形成底冰。水内冰及底冰越接近水面越多。这些随水漂流的冰屑、冰絮及漂浮起来的底冰，以及由它们聚集成的冰块统称为流冰。流冰易在水流缓慢的河湾和浅滩处堆积，以后随着河面冰块数量增多，冰块不断聚集和冻结，最后形成冰盖，河流冻结。有的河段流速特别大，不能形成冰盖，即产生冰穴。在这种河段下游水内冰较多，有时水内冰会在冰盖下形成冰塞，上游流冰在解冻较迟的河段聚集，春季河流解冻时，通常因春汛引起的河水上涨时冰盖破裂，形成春季流冰。

冬季流冰期，悬浮在水中的冰晶及初冰极易附着在取水口的格栅上，增加水头损失甚至堵塞取水口，故需考虑防冻措施，河流在封冻期能形成较厚的冰盖层，由于温度的变化、冰盖膨胀所产生的巨大压力，易使取水构筑物遭到破坏。冰盖的厚度在河段中的分布并不均匀，此外冰盖会随河水下降而塌陷，设计取水构筑物时，应视具体情况确定取水口的位置。春季流冰期冰块的冲击、挤压作用往往较强，对取水构筑物的影响很大；有时冰块堆积在取水口附近，可能堵塞取水口。

为了研究冰冻过程对河流正常情况的影响，正确地确定水工程设施情况，需了解下列冰情资料：①每年冬季流冰期出现和延续的时间，水内冰和底冰的组成、大小、黏结性、上浮速度及其在河流中的分布，流冰期气温及河水温度变化情况；②每年河流的封冻时间封冻情况、冰层厚度及其在河段上的分布情况；③每年春季流冰期出现和延续的时间，流冰在河流中的分布运动情况，最大冰块面积、厚度及运动情况；④其他特殊冰情。

6. 人类活动

废弃的垃圾抛入河流可能导致取水构筑物水口的堵塞；漂浮的木排可能撞坏取水构筑物；从江河中大量取水用于工农业生产和生活、修建水库调蓄水量、围堤造田、水土保持设置护岸、疏导河流等人为因素，都将影响河流的径流变化规律与河床变迁的趋势。河道中修建的各种水工构筑物和存在的天然障碍物，会引起河流水力条件的变化，可能引起河床沉积、冲刷、变形，并影响水。因此，在选择取水口位置时，应避开水工构筑物和天然障碍物的影响范围，否则应采取必要的措施。所以在选择取水构筑物位置时，必须对已有的水工构筑物和天然障碍物进行研究，通过实地调查估计河床形态的发展趋势，分析拟建构筑物将对河道水流及河床产生的影响。

7. 取水构筑物位置选择

如应有足够的施工场地、便利的运输条；尽可能减少土石方量；尽可能少设或不设人工设施，用以保证取水条件；尽可能减少水下施工作业量等。

（二）地表水取水类别

由于地表水源的种类、性质和取水条件的差异，地表水取水构筑物有多种类型和分法，按地表水的种类可分为江河取水构筑物湖泊取水构筑物、水库取水构筑物、山溪取水构筑物、海水取水构筑物。按取水构筑物的构造可分为固定式取水构筑物和移动式取水构筑物。固定式取水构筑物适用于各种取水量和各种地表水源，移动式取水构筑物适用于中小取水量，多用于江河、水库和湖泊取水。

1. 河流取水

河流取水工程若按取水构筑物的构造形式划分，则有固定式取水构筑物、活动式取水构筑物两类。固定式取水构筑物又分为岸边式、河床式、斗槽式三种，活动式取水构筑物又分为浮船式、缆车式两种；在山区河流上，则有带低坝的取水构筑物和底栏栅取水构筑物。

2. 水库取水

根据水库的位置与形态，其类型一般可分为：

（1）山谷水库用拦河坝横断河谷，拦截然河道径流．抬高水位而成。绝大部分水库属于这一类型。

（2）平原水库在平原地区的河道、湖泊、洼地的湖口处修建闸、坝，抬高水位形成必要时还应在库周围筑围堤，如当地水源不足还可以从邻近的河流引水入库。

（3）地下水库在干旱地区的透水地层，建筑地下截水墙，截蓄地下水或潜流而形成地下水库。

水库的总容积称为库容，然而不是所有的库容都可以进行径流量调节。水库的库容可以分为死库容、有效库容（调蓄库容、兴利库容）、防洪库容。

水库主要的特征水位有：

（1）正常蓄水位指水库在正常运用情况下，允许为兴利蓄水的上限水位。它是水库最重要的特征水位，决定着水库的规模与效益，也在很大程度上决定着水工建筑物的尺寸。

（2）死水位指水库在正常运用情况下，允许消落到的最低水位。

（3）防洪限制水位指水库在汛期允许兴利蓄水的上限水位，通常多根据流域洪水特性及防洪要求分期拟定。

（4）防洪高水位指下游防护区遭遇设计洪水时，水库（坝前）达到的最高洪水位。

（5）设计洪水位指大坝遭遇设计洪水时，水库（坝前）达到的最高洪水位。

（6）校核洪水位指大坝遭遇校核洪水时，水库（坝前）达到的最高洪水位。水库工程一般由水坝、取水构筑物、泄水构筑物等组成。水坝是挡水构筑物用于拦截水流、调蓄洪水、抬高水位形成蓄水库；泄水构筑物用于下泄水库多余水量，以保证水坝安全，主要有河岸溢洪道、泄水孔、溢流坝等形式；取水构筑物是从水库取水，水库常用取水构筑物有隧洞式取水构筑物、明渠取水、分层取水构筑物、自流管式取水构筑物。

由于水库的水质随水深及季节等因素而变化，因此大多采用分层取水方式，以取得最优水质的水。水库取水构筑物可与坝、泄水口合建或分建。与坝、泄水口合建的取水构筑物一般采用取水塔取水，塔身上一般设置 3～4 层喇叭管进水口，每层进水口高差约 4～8m，以便分层取水。单独设立的水库取水构筑物与江河取水构筑物类似，可采用岸边式、河床式浮船式，也可采用取水塔。

3. 海水取水

我国海岸线漫长，沿海地区的工业生在国民经济中占很大比重，随着沿海地区的开放、工农业生产的发展及用水量的增长，淡水资源已经远不能满足要求，利用海水的意义也日渐重要。因此，了解海水取水的特点、取水方式和存在的问题是十分必要的。

（1）海水取水的条件。

由于海水的特殊性，海水取水设备会受到腐蚀、海生物堵塞以及海潮侵袭等问题，因此在海水取水时要加以注意。主要包括：

①海水对金属材料的腐蚀及防护。海水中溶解有 NaCl 等多种盐分，会对金属材料造成严重腐蚀。海水的含盐量、海水流过金属材料的表面相对速度以及金属设备的使用环境都会对金属的腐蚀速度造成影响。预防腐蚀主要采用提高金属材料的耐腐蚀能力、降低海水通过金属设备时的相对速度以及将海水与金属材料以耐腐蚀材料相隔离等方法。具体措施如：

A. 选择海水淡化设备材料时要在进行经济比较的基础上尽量选择耐腐蚀的金属材料，比如不锈钢、合金钢、铜合金等。

B. 尽量降低海水与金属材料之间的过流速度，比如使用低转速的水泵。

C. 在金属表面刷防腐保护层，比如钢管内外表面涂红丹两道、船底漆一道。

D. 采用外加电源的阴极保护法或牺牲阳极的阴极保护法等电化学防腐保护。

E. 在水中投加化学药剂消除原水对金属材料的腐蚀性或在金属管道内形成保护性薄膜等方法进行防腐。

②海生物的影响及防护。海洋生物，如紫贻贝、牡蛎、海藻等会进入吸水管或随水泵进入水处理系统，减少过水断面、堵塞管道、增加水处理单元处理负荷。为了减轻或避免海生物对管道等设施的危害，需要采用过滤法将海生物截留在水处理设施之外，或者采用化学法将海生物杀灭，抑制其繁殖。目前，我国用以防治和清除海洋生物的方法有：加氯、加碱、加热、机械刮除、密封窒息、含毒涂料、电极保护等。其中，以加氯法采用得最多，效果较好。一般将水中余氯控制在 0.5mg/L 左右，可以抑制海洋生物的繁殖。为了提高取水的安全性，一般至少设两条取水管道，并且在海水淡化厂运行期间，要定期对格栅、滤网、大口径管道进行清洗。

③潮汐等海水运动的影响。潮汐等海水运动对取水构筑物有重要影响，如构筑物的挡水部位及所开孔洞的位置设计、构筑物的强度稳定计算、构筑物的施工等。因此在取水工程的建设时要加以充分注意。比如，将取水构筑物尽量建在海湾内风浪较小的地方，合理选择利用天然地形，防止海潮的袭击；将取水构筑物建在坚硬的原土层和基岩上，增加构筑物的稳定性等。

④泥沙淤积。海滨地区，特别是淤泥滩涂地带，在潮汐及异重流的作用下常会形成泥沙淤积。因此取水口应该避免设置于此地带，最好设置在岩石海岸、海湾或防波堤内。

⑤地形、地质条件。取水构筑物的形式，在很大程度上同地形和地质条件有关，而地形和地质条件又与海岸线的位置和所在的港湾条件有关。基岩海岸线与沙质海岸线、淤泥沉积海岸线的情况截然不同。前者条件比较有利，地质条件好，岸坡稳定，水质较清澈。

此外，海水取水还要考虑到赤潮、风暴潮、海冰、暴雪、冰雹、冻土等自然灾害对取水设施可能引起的影响，在选择取水点和进行取水构筑物设计、建设时要予以充分的注意。

（2）海水取水方式。海水取水方式有多种，大致可分为海滩井取水、深海取水、浅海取水三大类。通常，海滩井取水水质最好，深海取水次之，而浅海取水则有着建设投资少、适用性广的特点。

①海滩井取水。海滩井取水是在海岸线边上建设取水井，从井里取出经海床渗滤过的海水，作为海水淡化厂的水源。通过这种方式取得的源水由于经过了天然海滩的过滤，海水中的颗粒物被海滩截留，浊度低，水质好。

能否采用这种取水方式的关键是海岸构造的渗水性、海岸沉积物厚度以及海水对岸边海底的冲刷作用。适合的地质构造为有渗水性的砂质构造，一般认为渗水率至少要达到1000m³／（d•m），沉积物厚度至少达到15m。当海水经过海岸过滤，颗粒物被截留在海底，彼浪、海流、潮汐等海水运动的冲刷作用能将截留的颗粒物冲回大海，保持海岸良好的渗水性；如果被截留的颗粒物不能被及时冲回大海，则会降低海滩的渗水能力，导致海滩井供水能力下降此外，还要考虑到海滩井取水系统是否会污染地下水或被地下水污染，海水对海岸的腐蚀作用是否会对取水构筑物的寿命造成影响，取水井的建设对海岸的自然生态环境的影响等因素–海滩井取水的不足之处主要在于建设占面积较大、所取原水中可能含有铁锰以及溶解氧较低等问题。

②深海取水。深海取水是通过修建管道，将外海的深层海水引导到岸边，进行取水。一般情况下，在海面以下1～6m取水会含有沙、小鱼、水草、海藻、水母及其他微生物，水质较差，而当取水位大于海面下35m时，这些物质的量会减少20倍，水温更低，水质较好。

这种取水方式适合海床比较陡峭，最好在离海岸50m内，海水深度能够达到35m的地区。如果在离海岸500m外才能达到35深海水的地区，采用这种取水方式投资巨大，除非是由于特殊要求，需要取到浅海取不到的低温优质海水，否则不宜采用这种取水方式。由于投资较大等因素，这种取水方式一般不适用于较大规模取水工程。

③浅海取水。浅海取水是最常见的取水方式，虽然水质较差，但由于投资少、适应范围广、应用经验丰富等优势仍被广泛采用。一般常见的浅海取水形式有：海岸式、海岛式、海床式、引水渠式、潮汐式等。

A. 海岸式取水。海岸式取水多用于海岸陡、海水含泥沙量少、淤积不严重、高低潮位差值不大、低潮位时近岸水深度〉1.0m，且取水量较少的情况。这种取水方式的取水系统简单，工程投资较低，水泵直接从海边取，运行管理集中。缺点是易受海潮特殊变化的侵袭，受海生物危害较严重，泵房会受到海浪的冲击。为了克服取水安全可靠性差的缺点，一般一台水泵单独设置一条吸水管，至少设计两套引水管线，并在引水管上设置闸阀。为了避免海浪的冲击，可将泵房设在距海岸10～20m的位置。

B. 海岛式取水。海岛式取水适用于海平缓，低潮位离海岸很远处的海边取水工程建设。要求建设海岛取水构筑物处周围低潮位时水深N1.5～2.0m，海底为石质或沙质且有天然或港湾的人工防波堤保护，受潮水袭击可能性小。可修建长堤或栈桥将取水构筑物与海岸联系起来。这种取水方式的供水系统比较简单，管理比较方便，而且取水量大，在海滩地形不利的情况下可保证供水。缺点是施工有一定难度，取水构筑物如果受到潮汐突变威胁，供水安全性较差。

C. 海床式取水。海床式取水适用于取水量较大、海岸较为平坦、深水区离海岸较远或者潮差大、低潮位离海岸远以及海湾条件恶劣（如风大、浪高、流急）的地区。这种取水方式将取水主体部分（自流干管或隧道）埋入海底，将泵房与集水井建于海岸，可使泵房免受海浪的冲击，取水比较安全，且经常能够取到水质变化幅度小的低温海水。缺点是自流管（隧道）容易积聚海生物或泥沙，清除比困难；施工技术要求较高，造价昂贵。

D. 引水渠式取水。引水渠式取水适用于海岸陡峻，引水口处海水较深，高低潮位差值较小，淤积不严重的石质海岸或港口、码头地区。这种取水方式一般自深水区开挖引水渠至泵房取水，在进水端设防浪堤，引水渠两侧筑堤坝。其特点是取水量不受限制，引水渠有一定的沉淀澄清作用，引水渠内设置的格栅、滤网等能截留较大的海生物。缺点是工程量大易受海潮变化的影响。设计时，引水渠入口必须低于工程所要求的保证率潮位以下至少 0.5m，设计取水量需按照一定的引水渠淤积速度和清理周期选择恰当的安全系数。引水渠的清淤方式可以采用机械清淤或引水渠泄流清淤，或者同时采用两种清淤方式，设计泄流清淤时需要引水渠底坡向取水口。

E. 潮汐式取水。潮汐式取水适用于海岸较平坦、深水区较远、岸边建有调节水库的地区。在潮汐调节水库上安装自动逆止闸板门，高潮时闸板门开启，海水流入水库蓄水，低潮时闸板门关闭，取用水库水。这种取水方式利用了潮涨落的规律，供水安全可靠，泵房可远离海岸，不受海潮威胁，蓄水池本身有一定的净化作用，取水水质较好，尤其适用于潮位涨落差很大，具备可利用天然的洼地、海滩修建水库的地区。这种取水方式的主要不足是退潮停止进水的时间较长时，水库蓄水量大，占地多，投资高。另外，海生物的滋生会导致逆止闸门关闭不严的问题，设计时需考虑用机械设备清除闸板门处滋生的海生物。在条件合适的情况下，也可以采用引水渠和潮汐调节水库综合取水方式。高潮时调节水库的自动逆止闸板门开启蓄水，调节水库由引水渠通往取水泵房的闸门关闭，海水直接由引水渠通往取水泵房；低潮时关闭引水渠进水闸门，开启调节水库与引水渠相通的闸门，由蓄水池供水。这种取水方式同时具备引水渠和潮汐调节库两种取水方式的优点，避免了两者的缺点

三、地下水取水工程

地下水取水是给水工程的重要组成部分之一。它的任务是从地下水水源中取出合格的地下水，并送至水厂或用户。地下水取水工程研究的主要内容为地下水水源和地下水取水构筑物。地下水取水构筑物位置的选择主要取决于水文地质条件和用水要求，应选择在水质良好，不易受污染的富水地段；应尽可能靠近主要用水区；应有良好的卫生条件防护，为避免污染，城市生活饮用水的取水点应设在地下水的上游；应考虑施工、运行、维护管理的方便，不占或少占农田；应注意地下水的综

合开发利用，并与城市总体规划相适应。

　　由于地下水类型、埋藏条件、含水层的质等各不相同，开采和集取地下水的方法以及地下水取水构筑物的形式也各不相同。地水取水构筑物按取水形式主要分为两类：垂直取水构筑物井；水平取水构筑物渠。井可用于开采浅层地下水，也可用于开采深层地下水，但主要用于开采较深层的地下水；渠主要依靠其较大的长度来集取浅层地下水。在我国利用井集取地下水更为广泛。

　　井的主要形式有管井、大口井、辐射井、复合井等，其中以管井和大口井最为常见，渠的主要形式为渗渠。各种取水构筑物适用的条件各异。正确设计取水构筑物，能最大限度地截取补给量、提高出水量、改善水质、降低工程造价。管井主要用于开采深层地下水，适用于含水层厚度大于 4m，底板埋藏深度大于 8m 的地层，管井深度一般在 200m 以内，但最大深度也可达 1000m 以上。大口井广泛应用于集取浅层地下水，适用于含水层厚度在 5m 左右，地板埋藏深度小于 15m 的地层。渗渠适用于含水层厚度小于 5m，渠底埋藏深度小于 6m 的地层，主要集取地下水埋深小于 2m 的浅层地下水，也可集取河床地下水或地表渗透水，渗渠在我国东北和西北地区应用较多。辐射井由集水井和若干水平铺设的辐射形集水管组成，一般用于集取含水层厚度较薄而不能采用大口井的地下水。含水层厚度薄、埋深大不能用渗渠开采的，也可采用辐射井取地下水，故辐射井适应性较强，但施工较困难。复合井是大口井与管井的组合，上部为大口井，下部为管井，复合井适用于地下水位较高、厚度较大的含水层，常常用于同时集取上部空隙潜水和下部厚层基岩高水位的承压水。在已建大口井中再打入管井称为复合井，以增加井的出水量和改善水质，复合井在一些需水量不大的小城镇和不连续供水的铁路给水站中应用较多。

　　我国地域辽阔，水资源状况和施工条件各异，取水构筑物的选择必须因地制宜，根据水文地质条件，通过经济技术比较确定取水构筑物的形式。

第九章 居民幸福背景下的水资源管理模式创新思考

生态需水管理既是现行可持续水资源管理的核心内容，也是幸福导向的水资源管理框架下环境福利管理的基本要求。在当前水资源日益稀缺、人类需水严重挤占生态用水的背景下，生态需水管理的关键是如何优化水资源在生态系统与人类社会经济系统之间的配置。从本质和终极意义上看，人类行为和社会经济发展的终极目的是满足人类基本生存发展需求和提高人们的主观幸福感。因此，作为基础性自然资源和战略性经济资源的水资源，其配置的最终价值导向理应发生转变和提升飞在保证人类基本生存需求和生态环境可持续的前提下更好地提高人们的幸福水平。可见，判断水资源在"生态－经济"部门间的配置优劣的最终标准，既不是最大化经济产出，亦非一味地增加绿地面积，而是在保证人类可持续发展的前提下，通过改善人类外在的客观社会、经济与环境福利条件，使人类主观幸福最大化。为此，本章将重点探讨幸福最大化导向下的生态需水管理，即"生态－经济"配置的机制与方法问题。

第一节 生态福利下的水资源配置管理价值取向

水资源优化配置是一种基于特定原则和目标，将流域或区域水资源在不同子区域、不同水用途、不同时期进行合理配置，以发挥水资源对人类的最大效用的水资源管理行为。水资源优化配置通常有着明确的价值目标，因而是个规范问题，即水资源的配置根据价值目标的实现程度有着明确的优劣判断标准。

一、传统水资源管理价值取向与困境

国内外不同时期水资源配置都有着特定的指导思想与目标，并总体呈现出由关注单一经济目标向关注社会、经济、环境效用多重目标的演化特征：水资源配置的指导思想经历了"依需定供""依供定需""基于宏观经济""面向可持续发展"的发展过程；而配置目标则从单方面追求经济效益发展到追求人口、资源、环境和经济的协调可持续发展。

当前，可持续发展原则指导下的区域水资源优化配置通常有三大目标和价值取向：经济高效益、社会公平以及生态环境可持续发展目标。无疑，这些目标的实现均可以改善区域居民的客观福利水平，但问题是这些目标之间相对独立，甚至相互矛盾：为了保护区域环境、恢复生态，减少了经济用水；为了使区域水资源利用的经济效益最大化，又挤占了生态用水和损害了社会公平，为了用水公平，不得不闲弃部分生产力。当前水资源配置这种最终目标的多样性和目标间的不可协调性，使得当前生态效益、经济效益、社会公平兼顾的水资源配置理论上不存在最优解，即无法在不降低其他目标已达到水平的情况下使某一目标水平提高。这也是当前水资源优化配置面临的重要困境。为此，以可持续发展原则为指导，生态经济学的理论方法试图从目标的优先排序上解决这个问题。

根据生态经济学的观点，可持续发展原则下的水资源配置应优先考虑环境效益，将水资源优先配置于生态环境，人类对水资源的利用应被限制在自然资源和环境可承受能力范围之内；其次是考虑社会公平性，即强调在保证生态环境可持续发展的前提下，应将水资源公平地分配于各水利益主体；最后才考虑水资源经济效益问题，即借助市场机制让水资源流向利用效率与效益最高的部门，以实现人类物质财富生产最大化。这种生态经济学视角下的水资源配置管理，以促进水资源可持续利用为原则，侧重三种目标的协调，但并未解决水资源配置目标的统一问题，其配置模式仍面临着难以最优化之困。

二、居民幸福背景下的水资源配置优势

然而，水资源配置的目标并非没有统一的出路。人类活动和人类社会发展的本质，有着共同的终极目的，即人的幸福，为物、为人、为自然，最终都是为了人的幸福快乐。判断人类各项社会经济政策和各项活动效果的标准，是看在满足人类生存发展需要的基础上，能否实现人类幸福的最大化。水资源优化配置是实现人类幸福的一种手段，当前水资源优化配置追求的经济效益、社会公平和生态环境可持续发展的目标都是实现人类幸福。将实现水资源对人类幸福效用的最大化作为水资源优化配置的统一目标，不但符合当前以人为本、将国民幸福作为公共政策制定根本出发点的人类社会发展趋势，也为水资源配置取得最优解提供了一种可能的出路。

国民幸福是社会经济发展的终极目标，经济增长、政治民主与环境改善等都只是实现这一目标的中间手段，均服务于这一终极目标。当前，基于对经济利益导向

的传统发展模式弊端的反思，越来越多的国家开始更多地关注民生幸福。我国政府21世纪初先后提出了以人为本的科学发展观与和谐社会建设，其根本目的也在于促进国民幸福。因此，实施幸福导向的水资源管理，符合人类社会发展的本质要求和必然趋势，也是在自然资源开发管理领域落实我国以人为本的科学发展观和建设社会主义和谐社会发展战略的必然要求。

第二节 居民幸福背景下的水资源诱导因素及应对措施

一、城市水资源管理体制创新的诱导因素分析

我国过渡进入水资源开发和管理的新时期后，为适应和解决日渐激化的水资源供需矛盾及其引发的与生态环境保护之间的矛盾，水资源的开发和管理体制已经不能满足于现状，即防洪安全和水资源、流量调节分配。新的时期必须树立以经济社会的持续发展为总目标，综合社会经济的发展、公众的生存安全和健康福利、生态环境的质量水平等多方面需求，创新城市水资源管理体制。

（一）城市经济发展离不开水

城市发展的规模和速度要与水资源承载能力相协调，城市的各种建设和居民生活都离不开水，城市的水资源管理不当，将引发难以想象的后顾之忧，进而导致城市的经济发展滞后。长期以来，人们基于对"水资源是无限的"认识，对其开发利用采取"以需定供"的方针，最终造成河流断流，地下水超采，城市供水陷入困境。要努力建设节水型城市，实行"量水而行"的经济发展战略，优化产业结构，必须做到以水定产业，以水定发展规模，严格控制高耗水项目的建设。因而需要创新城市水资源管理体制，实行"需求管理"，约束人类对水资源无限制的需求，对有限的水资源进行合理配置和科学管理，以水资源可持续利用来保障国民经济的可持续发展。

（二）城市的发展不能以牺牲水环境为代价

城市发展千万不能走先污染、后治理的老路。如果继续长期沿袭低投入、高消耗、重污染的经济发展模式，忽略水污染治理使其严重滞后，将使城市排污量超出了城市水环境的承载能力，导致河流普遍受到严重污染，守着江河没水喝，不仅严重影响城市经济发展，而且直接危及人民生命安全。实践证明：靠传统的水资源分割管理体制，无法实现对全社会涉水事务的统一管理，因此，必须进行体制改革。

（三）建立城乡一体化管理体制

现代城市水利建设是一项综合性治理工程，承担防洪除涝、供水排水、治污排污、污水回用、生态、保护、景观建设等多项任务，涉及多个部门和多个领域，切块管理，各自为政，必定引起工程建设上的浪费和管理上的混乱。城乡一体化管理体制是将来城市发展的必然趋势，必将全面推进城市水利现代化建设。同时，现代化的水利也将更有力地支撑现代城市经济的可持续发展。两者相辅相成的关系，需要一种新的城市水资源管理体制保障其共同利益。

二、创新我国城市水资源管理体制的基本对策

为了应付日益严重的水资源危机，我国亟须建立一个科学、高效、合理的水资源管理体制。水资源管理部门提出，解决我国水问题的关键是改变城市水资源管理体制。人类可持续发展模式的倡导，为城市水资源管理提出了更高的要求和严峻的挑战，也暴露了现有管理中存在的一些问题，主要有：在管理范围上，城市水资源管理往往仅局限于城市的行政范围，破坏了流域水资源系统各部分的相互关联性；在管理机构组织与制度上，权利分散化现象较为突出，各个部门在各自的管辖范围内各自为政，互不考虑其他部门的影响，管理效力在相互制约中大大削弱；缺乏全面、综合的水资源评价与规划；规划与管理的决策与实施过程缺少公众的广泛参与。

上述问题反映出城市水资源管理体制改革是实现水资源可持续利用的关键，具体的创新对策主要有：加强城市水资源评价与规划；完善城市水资源需求管理；控制城市污水排放量，加大污水处理力度；健全水资源的执法监督机制，明确机构组织责任；深化城市居民水资源教育；组织技术力量，寻找并开发新的非传统水资源。

（一）加强城市水资源评价规划

从市场机制的特点看，市场虽然可以指示水资源的流向，但它不可能准确地指示社会和企业所需投入的水资源量，即使计划用水管理手段"失效"。市场这种固有的盲目性和滞后性，容易使城市水资源的配置失控，造成社会用水供需紧张和供需矛盾，因而需要城市管理者利用行政手段和技术力量加强城市水资源的评价与规划，以利于城市水资源需求管理的完善。

水资源动态变化的多样性和随机性，水资源、工程的多目标性和多任务性，河川径流和地下水的相互转化，水质和水量相互联系的密切性，使水资源问题更趋复杂化。城市水资源的合理利用要充分考虑城市水资源的承受能力，依据本地区水资源状况、水环境容量和城市功能，来确定城市规模和考虑城市化的推进速度，调整优化城市经济结构和产业布局。

首先，在全面调查、测定、汇总城市淡水储量后，结合城市地区水文地质特征和开采的技术装置水平，分析确定城市淡水的可采量。其次，调查目前城市用水量，并根据其调查结果，做出水量平衡分析，为了制定水资源开采和分配计划提供依据。再次，依据城市的经济社会发展战略，预测城市耗水量。最后，根据城市水资源供

需平衡分析，制定水资源开发计划。

在对水资源系统分析过程中要注重系统分析的整体性和系统性。一个成功的城市水资源评价结果必须依赖两个重要的条件：一是要采用统一的数据收集与测量系统，保证数据的可靠性，合理性和一致性；二是要有共同的评价标准。评价过程应注重地表水地下水的统一，水量与水质并重，流域上下游关系等，并做到全面评价与重点区域评价相结合，定性与定量相结合，使结果能清楚地反映城市水资源的自然状况和开发利用现状，水资源与水环境的承载力，水资源可利用量等。因而可以逐步建立城市水资源的科学数据和情报，建立了一系列环境资源数据库，包括流域边界、水流、水质、土壤、土地利用、交通运输及动植物种类分布等数据。这些数据全部储存在计算机内，不仅可以很快查询和使用，且许多数据可用地理信息系统直接显示。政府组织专业技术力量核实数据质量，然后可以适量收取费用实现网络上的数据分享，这样可以减少花费，避免重复，使城市中的各个水资源管理部门能得到科学数据和情报，并将其应用在水资源管理决策上，使城市水量既能满足生产、生活活动所需，又能节约用水，保证采、供、需水量的平衡。对水资源有计划地开采，实现可持续城市水资源管理。

（二）完善城市水资源需求管理

城市水资源的需求管理是基于社会和行为科学的管理，其重要手段包括水权与水价。水权管理使水权有明确的归属，在水权分配上，城市水资源的生活需求和生态系统需求应优先考虑，然后再对多样化的经济用水需求进行分配。水资源作为一种公共资源，长期无偿或低价使用，造成了水资源的不合理使用和浪费。需求管理强调把水作为一种稀缺的经济资源看待。价格手段就是要通过建立合理的、可变的水价体系，使水价真正能起到经济杠杆的作用，从而抑制用水增长，缓解水资源供需矛盾。

水权主要指水资源所有权、使用权、水产品与服务经营权、转让权等与水资源有关的一组权利的总称。广义水权则是水资源的所有权和使用权。依据《水法》《取水许可制度实施办法》，水资源的权利主体是国家，国家行使占有权，水资源的处分权只属于国务院水行政主管部门。水权的明晰，能够增强各级政府、各个企业、团体乃至个人对水资源有限性和水权财产性的认识。我国水资源虽然属于国家和集体所有．但国家、集体所有权代理人缺位，造成产权不清晰，不但水资源的所有权和经营权界定不清，而且水资源的使用权本身也非常模糊。水资源的政治商品属性决定了水价不可能完全由市场决定。目前条件下，由于政府直接介入市场交易关系，造成政府与企业角色的严重错位。政府既热衷于充当企业投资主体，又热衷于成为企业经营管理主体，陷入企业的债务、融资管理甚至产品的生产与销售等具体的微观事物之中，政府偏离经济服务行为越来越远，导致了水资源利用的市场失灵，水资源水价大大低于生产成本，价格不能起到调节供求的杠杆作用，致使用水粗放增长，浪费严重。城市水资源管理体制中创新应该考虑在《水法》的指导下，制定一部适合我国实际情况的《水权法》，详细规定水资源的分配、使用、转让。产权制度是水资源、管理的重中之重，水资源管理其他工作如水市场建立都是建立在这一基础上的。所以在水资源产权管理上，有赖于建立符合现代产权制度的水市场，考虑水资源、特点，至少应建立以流域为基础的水权分配与交易的一级水市场，和以地区内水权分配与交易的二级水市场，实现水量使用权的有偿转让和水交易，中上游用水主体在保证其农作物灌溉用水外，将节余水的使用权出售给下游需要用水的单位，获取其节水的剩余索取权，下游经济主体在其购买水的收益大于成本时会考虑购买水的使用权，对购买的水他们肯定会节约使用。

这种通过市场机制对水量的调节，可在流域地区之间行政部门的指导下进行，以达到城市水资源使用价值总和趋于最大化。

目前我国城市水价普遍低，既没有反映水资源的供水成本，也没有反映使用水资源的机会成本，其背后的原因不仅在于没有按供水成本制定水价，更重要的则在于水价是直接由各级政府行政措施制定的。所谓的供水成本主要包括工程水价、污水处理费和水资源费等，低廉的水价既不能激励城市居民和企事业单位去节水，又不能制止他们大肆浪费以及保证渠系维护、清理与维修。然而，实际要提高水价很难，其原因主要在于诸如根深蒂固的无偿用水意识思想观念等非正式制度安排的阻碍，因此水价的调节又不太可能一步到位。城市政府首先要针对具体的存量水资源考虑到城市产业用水，生活用水不同，而分行业，分用途所制订的区别价格，对于那些用水量大、排污严重的单位要通过制定高价的策略来限制其对水资源的利用，促进其节水积极性的提高。其次，对于城市居民生活用水，政府必须在保证其基本用水的前提下，把水资源费、取水费、上水处理费、输水费、排水费、污水处理费等统筹考虑，制定合理的水价，提高其对于城市水资源的认识。再次，为促进节约用水，对超额用水实行累进加价的办法，逐步推行基本水价和计量水价相结合的两部制水价，此外还可以借鉴新加坡、以色列等国的经验，实行水价分段递增的政策，即对超过基本用水定额的那部分水实行高水价，超过得越多水价越高。

总之，及时制定科学合理的水价政策，是控制城市用水量增长最有效的手段。现行水价标准与其真实价值严重不符，既难以维持供、排水企业的正常运行，又阻碍了节水工作的进一步开展。要充分利用价格这个经济杠杆的作用，大力开展城市节约用水工作。

各个城市应当按照国家已经颁布的《城市供水价格管理办法》，密切结合本地区实际，积极组织制订城市供水价格管理办法实施细则，尽快建立符合市场经济要求的水价形成机制，科学地规范城市水价管理。

（三）控制城市污水排放量，加大污水处理力度

城市水资源，无论是地下水或地表水，一旦被污染，需花费巨大的人力物力来治理，且效果很不稳定。为了有效地防治水源污染，必须采取综合措施，除了通过节水控制排污量以外，还要加大处理污水的力度。当前我国城市正处于体制的转型期，流域环境保护管理体制与机制尚未适应需要，有限的公共资源没有得到优化配置，体制改革需付出成本，有限的财政资金，不可能大量投到水污染防治工作中。加之

城市化进程不断加快，使本来就很薄弱的城市基础设施更加捉襟见肘，不堪重负，水资源环保受到严重的挑战。针对城市污水的特点，我国城市应该建立对工业和城市水源污染的许可证体系，同时增加政府在废水处理工程上的财政预算。毫无疑问，我国大多数城市存在着严峻的资金短缺和技术设备国产化开发问题，致使一大批规划中的城市污水处理不能正常运行，预期的水环境目标无法实现。自筹资金建设污水治理工程是最好的办法之一，在政府的统一组织下由多方进行筹措，同时从城市建设资金、污水处理费和超标罚款等方面集资，以保障城市污水处理的正常进行，这个方法应该在我国的中小城市更为适宜。另外城市政府部门也应该转变工作重点，由重污水治理转为重预防污染，与其花费巨额治理污染，不如把资金花费在研究对环境无危害的新产品、新技术上。对于那些研究此类产品、技术的企业，政府应该提供优惠政策，比如提供研究补贴和减少税收，以促进其他企业的环保意识，达到全社会共同保护水资源环境，预防水资源污染。

在控制污染的同时，我们要从其源头控制污水排放量，即从控制人类活动着手，控制危害水质和生态系统的外部污染物的过量输入。对工业污染的防治，必须逐步调整偏重末端治理的现状，从源头抓起，调整城市经济结构、工业产业结构、产品结构，提倡清洁生产。对城市生活污水进行妥善收集、处理和排放，应强化一级处理，条件具备时再实施二级处理。对具备污水深海排放条件的城市，仅强化一级处理即可。应降低污水中营养物质的浓度，控制水体富营养化水平；同时减少有机物质输入量，控制有机污染。

（四）健全水资源的执法监督机制，明确机构组织责任

城市水资源管理体制也应该适应形势发展的要求，把握行政执法体制改革的趋势，按照"精简、高效、统一"的原则，实行行政处罚权、行政征收权、行政许可权三权统一，将执法职能集中起来，整合执法力量，改多头执法为综合执法，建立一支统一高效的执法队伍。围绕建立防范行政自由裁量权被滥用的制度，科学合理地设定内部执法部门的职能。同时通过合理划分职能，实现了制定政策、审查审批等职能与监督检查、实施处罚等职能相对分开，监督处罚职能与技术检验职能相对分开，建立起了既相互协作又相互制约的运行机制。通过有奖举报、定时巡查、区域排查等多种手段，及时查办非法取水和盗用城市供水行为，对餐饮、洗浴、洗车等行业的用水行为深化管理，城市管网覆盖区内一律不再审批新井；对地热水、矿泉水统一管理，实行取水许可制度，并征收污水处理费；对建筑业和水产养殖业的临时取水行为进行规范，征收水资源费和污水处理费。

加强执法队伍建设方面，从深化能力建设入手，围绕"依法行政、依法治水、增强素质、强化效能、保驾护航、创新局面"这一目标，不断深化能力建设活动，进一步强化水利执法，不断提高执法能力和执法水平，重点提高水政监察人员的执法技能和综合素质，增大执法装备投入，增强执法机动能力，真正做到秉公办案，执法为民，为水资源管理保驾护航。目前，我国水行政执法活力持续涌现，能力逐步提升。水利部推行行政执法责任制工作取得积极进展，水利部和七大流域管理机

构行政许可、行政处罚、行政征收和行政强制四个方面的执法职权全部受到理清，所以城市也应该趁此良机，完善执法机制，创新执法手段，建立健全综合执法机构，为城市水资源管理体制的创新提供坚实的法制基础。

（五）深化城市居民水资源教育

水资源的禀赋和可供给量不同，会以各种方式影响居民生活用水需求和节约用水。一般来说，水资源短缺所引起的供水减少会导致水的消费量也较低。水资源禀赋越好的城市，其居民用水量较多，一般不注意节约用水，而水短缺严重地区居民的节水意识相对会较高，因而会主动减少对水的消费量。水资源保护和管理的成功与否不仅取决于有效的政策和法律，更取决于公众的参与和行为的改变。所以必须经常进行节水宣传教育，使节水观念深入居民日常生活用水的每一个环节，以消除不同城市之间节水效果的差异城市。

我国城市可以考虑利用正规和非正规两种途径进行水资源教育。正规教育指在小学、中学及大学设置环境和水资源课程，教育学生从小做起，从我做起，热爱环境、保护环境，并组织学生参加清理城市及公路垃圾和加入资源回收再利用等活动，必要时可以组织学生利用假期参与无水情况下生活的夏令营或者冬令营，让他们切实体会到没水所带来的种种不便，了解到通过节水可以保证正常的生活用水不被消耗，加深他们的节水观念，并通过他们的感受影响他们的父母和周围的亲人，以达到全社会都有节水意识。正规教育中关键要使节水课程进师范院校，师范院校是培养未来人才的"母机"，师范学生对节水具有"播种机"的作用，既然节约水资源是一个社会问题，就要发动全社会的力量。节水课程进入师范院校，这些未来的人民教师在走上讲台前就会牢固地树立起节水意识，养成节水的习惯，更重要的是在今后的教育活动中引导学生节水。另外水资源的正规教育也包括党校中对领导干部的教育。领导干部具有"领头雁"的作用，他们明白了节水的意义，就会收到事半功倍的效果，领导干部必须明确节约用水并不是单纯主张少用水，更不是为了少用水而减慢城市发展速度，甚至不发展，而是指提高用水效率，减少水的浪费，利用较少的水资源支持持续健康的城市发展。非正规教育指利用电视、报纸、广播、节目、聚会、讲座、传单等形式向公众讲授水资源保护的重要性。为了取得更好实效，宣传教育要经常化，不能仅靠每年一两次的集中突击宣传，而应以不同的形式体现在日常生活中。宣传的主要载体应该是电视和网络。实践证明，节水宣传的标语口号收效甚微，应该借鉴国外经验，大量采用电视节目，将节水的重要性排成"广而告之"，进行形象、生动、具体的节水宣传。

城市周围的农村居民节水的观念更为淡泊，受其教育程度的限制，电视宣传不易深入人心，可以考虑利用计算机图像技术模拟地下水的流动、污染及保护，拍成录像带，派专人经常去农村播放，向农民朋友介绍地下水的利用与保护的重要性。

普及公众水资源教育的同时，还要讲清楚为什么要节约用水，让大众知道在具体生活中如何节水。具体方法做法有：随手关水龙头，在家里放一个存水桶，用淘米的水洗碗和浇花，用洗脸和洗衣的水洗拖把，领养一棵树，去增加城市蓄水，等等。综上，节约用水不仅可以解决城市水资源短缺的问题，还可以减少排污量，减轻城市水资源污染。因而增强城市水资源教育，是水资源管理体制创新的第一要策，是从根本上树立城市居民节水观念，建设节约型社会的关键所在。

（六）组织技术力量，寻找并开发新的非传统水资源

解决城市水资源短缺的传统方法是无节制地开发地表水，江河流量不够就筑水坝修水库，其结果导致上游的城市用水得到了保证，而下游的城市用水因此更困难。当地表水不足的时候，人们又把视线转移到地下水的身上，造成城市地下水位的普遍下降、水质退化、城市地面塌陷和沿海城市海水入侵等后果。这种情况下，只能通过跨流域调水来缓解。但是随着事态的发展，调水的距离将越来越远，工程会越来越复杂，投资也会越来越高，最后的结果则是城市水资源自给能力越来越低，受制于他人或受制于天。总之，我国城市要解决水资源短缺问题，一定要重视多渠道开发利用传统水资源，这才是可持续的城市水资源利用模式。

现阶段，我们所指的非传统水资源主要是指雨水、再生处理的废水、海水以及利用气候条件的人工增雨，等等。雨水对于北方干旱和半干旱等水资源十分匮乏的地区是重要的资源储备量，政府部门可以组织技术力量对其进行合理的利用。可以收集雨水用于浇灌、冲厕、洗衣等，通过屋顶绿化调节建筑温度和美化城市环境，可作为雨水集蓄利用和渗透的预处理措施。

总的来看，我国在雨水利用方面还是十分落后的，应该提高认识，加强研究，把它列入城市水资源开发利用的议事日程。城市废水是不受季节、降雨量影响的稳定的非传统水资源，目前我国大多数城市处理废水的能力不足，对于废水的回用也未重视，同时也缺少必要的法规政策和经济激励措施促进废水的再次利用，因而需要开发因地制宜的经济适用技术。城市居民的生活废水主要有三大类：厨房产生的废水，其成分为泥、淀粉和食用油；洗漱和美化环境产生的废水，其成分为汗渍、皂液、污土；冲洗厕所产生的废水，其成分为粪便。这三种污水中，前两类均有回收利用价值，也是一种比较重要的城市非传统水资源。利用这些生活废水，要在技术上下功夫，好多城市的单管给排水体系必须改成双管给排水，实行分类供水，分类排水，严格控制污水净化标准，使其得到安全的再利用。适当的时候，还可以考虑用污水充当工业生产上的冷却水，循环往复，在必要的环节再补充一定量的净水，这样既缓解城市水资源短缺的矛盾，又减轻了对城市水环境的污染。当然，沿海的一些城市还可以考虑用海水作冲洗厕所之用，如果必要，还可以将其淡化用作生活饮用水。另外，在适当的气候条件下可以进行人工增雨，将空中的水资源化作人间的水资源，这也将是开发非传统水资源的一条有效途径。

第三节　居民幸福背景下的水资源管理创新策略探究

本研究以人本主义幸福论为指导，以幸福的本质内涵的辨析为切入点，以人类需要与水资源福利为纽带，深入分析了幸福与水资源管理关系，并提出了幸福导向的水资源管理框架。在此框架下，实现国民可持续幸福十分关键，这也是当前集成水资源管理研究中十分重要的问题——生态需水管理保障（"经济—生态"水资源优化配置问题）、水资源经济效率管理用（提高水资源、经济效率与效益问题）、增进水资源公平管理（水资源管理组织形式问题）借助经济学分析法，进行了重点探讨。此外，研究也对实现水资源可持续开发利用不可忽视的传统水文化福利开发管理问题进行了定性研究。在上述研究基础上，幸福导向的水资源管理模式可总结如下。

一、需对水资源及其管理概念从人本视角重新阐释

在当今水资源与水环境日渐成为制约人类发展的稀缺品及人类对水的生存发展需要日趋多样化的时代背景下，应对水资源及其管理概念从人本视角重新阐释，以实现有限约束下水资源对人类福利功能的最大化与可持续。由此，应立足于"可资人类利用的资源"这一水资源的本质内涵来理解水资源概念，由此树立一种广义水资源的观念，即将水资源定义为"在人类现有或未来可预见的认知能力和技术水平下能够满足人类某种或多种生存发展需要的各种水体存在形式"：既包括液态水，也包含固态和气态水；既包括人类直接用水，也包括间接用水；既包括物质层面用水，也包括精神层面的用水。鉴于水资源对人类基本生存发展需要的不可替代性、基础性、多适宜性以及自身的有限性、整体性和脆弱性，水资源的开发利用应坚持公平性、综合性、高效性、保护性和整体性原则。当今，水资源问题的根源主要是人类自身能力的历史局限性，水资源问题本质上是人的问题；因此水资源问题的解决关键在人，即管控好人的发展欲望，提高人的理性，发展人的能力——提高人类管控自身人口与经济规模的能力，提高对水资源与环境的利用效率的能力，协调人类内部各层次各类用水关系的能力。

二、将居民幸福作为水资源管理的终极价值取向

基于马克思唯物史观全面深化认识幸福的内涵与终极价值意义，树立水资源管理的居民幸福取向，是构建幸福导向的水资源管理模式的前提和基础。基于人多层

面生存和发展需要满足这一完整意义的幸福是人类行为的根本目的与人类社会发展的终极目标。幸福是人作为完整意义上的人的良好的综合存在状态，而非仅仅是快乐或精神愉悦。人拥有的良好的外部客观生存状态或条件可称为福利或福祉，如丰裕的物质生活、和谐的社会关系、开明民主的政治制度等；而良好的内在多维度存在，则构成幸福的实质内容，包括强健的身体、健全的心理与自由的精神及由此带来的主观满意感。其中，客观福利是居民幸福产生的物质基础，人良好的多维存在（幸福）是客观福利存在的根本价值和意义，而对人良好的主观存在状态的主观反映的幸福感则是衡量国民幸福的综合指标。尽管幸福感具有主观性和不确定性，但无疑是测量社会经济发展水平与人的全面发展状态无可替代的尺度。人的幸福是人类行为与社会经济发展终极目标，具有完备的客观现实基础与严密科学的学理基础。现实表明，人类各项行为包括其直接目标和间接目的最终均可统一到人类幸福；而理论上，幸福目标最终协调着人类各项行为，构成人类各项事业能够得以协调发展的根基。尽管幸福具有个性特征，但由于人的类存在性和实践性的社会特征，个人幸福应与他人及社会群体幸福一致。"实现共同幸福"是人类最伟大的目标，政府应将居民共同幸福作为公共政策制定的根本出发点与和落脚点。因此，幸福导向的水资源管理要求水管理的决策者树立"以人为本"的理念，将增进人的多维福祉和实现居民的多维幸福作为水资源开发与管理的根本出发点。

三、将满足居民多层需要作为幸福水管理的关键

人类多层生存发展需要是联系外在客观福利条件与人类幸福的纽带，人类多层面生存发展需要得到一定程度持续稳定满足，是使人类完整意义上产生幸福感的关键。水管理者应通过研究人类生存发展需要，明确居民客观福利的基本内容；通过分析水资源及其开发管理与人类普遍福利之间的关系，辨明幸福导向的水资源管理关键与核心内容。这是建立幸福导向的水资源管理政策体系基础。不难发现，以居民幸福为导向，以满足居民多层面各项生存发展需要为直接目标，水资源管理的关键是要保障国民基本生产生活的水资源供应，防治威胁居民生产生活安全的干旱洪涝灾害，确保生态环境需水以维持生态环境可持续性，建立公正的水权制度与民主参与水管理制度，形成各类用水主体稳定和谐的社会关系，构建完善的水资源市场体系，提高用水效率，增加用水经济机会，积极开展水文化教育，形成爱水、护水、科学用水的社会文化氛围。这些方面政策措施的制定和实施，可分别满足国民生理存在与精神存在需要即作为完整意义上人的基本生存发展需要，进而最大限度地发挥水资源及其管理对人类的福利功能，增进人类幸福感。

四、实现生态优先的"经济－环境"用水幸福均衡

将新古典经济学效用的概念扩展至人类幸福感，即广义效用，那么能够给人类带来幸福感效用的所谓消费品的范畴可由传统经济产品扩展到满足人类生存发展需要的一切经济与自然产品。这为协调人类经济活动与保护自然环境提供了理论基石，

也为以居民幸福为最终目标，以幸福感为统一标准，找寻水资源有限约束下优化水资源"经济-环境"部门配置最优解提供了可能。可拓展运用经济学消费者均衡分析法，以水资源总量约束替代收入约束，用水资源生产能力即单位经济产出耗水量和单位生态林草地耗水量分别替代收入购买力（商品价格），用人们对经济收入和环境物品的广义偏好替代狭义的商品偏好，建立幸福效用函数和基于无差异曲线分析法建立的幸福导向的水资源优化配置模型，从而实现居民可持续幸福最大化导向的水资源"经济-环境"用水优化配置。本研究认为区域居民幸福导向的水资源"生态-经济"需水配置受制于人们对环境、经济产品与服务需要的偏好、水资源利用的技术水平、人口规模、区域自然资源、环境等多种人文、自然要素。

五、通过价格调控实现消费者经济剩余最大化

作为一类基础性自然资源，水资源、为人类生活生产所必须，且具有不可替代性。作为经济资源，水资源使用时具有拥堵性、排他性、相对稀缺性、日益突出的商品属性，以及满足基本需求时的弱价格弹性。因此，水资源福利经济管理的基本原则包括：满足公众水资源基本需求；激励节水，提高水资源的利用效率；等等。在水资源管理中，价格管理是核心。根据福利经济学剩余经济理论，不同水资源价格管理政策下的经济剩余分析表明，理想状态下（实施水资源免费足量供应时），水资源的经济剩余（社会总福利）最大，任何高于零价格的水资源供应都会削减水资源总社会经济剩余的社会总幸福效用。供水价格越高，生产者剩余愈大，消费者剩余、经济剩余及幸福感都会减少；而提高水价，以回收供水成本，为补偿消费者经济剩余损失补贴用水户，优于补贴供水者，有利于激励节水。在提高水价，激励用水户节约用水，提高用水效率时，采取阶梯水价制优于单一水价制，可潜在激励节水，又在一定程度上减少因提价而造成消费者经济剩余（幸福感）损失。

六、构建政府主导下"多元共治"水资源治理模式

过程效用理论表明，政治决策的结果及其过程均有福利价值，会产生幸福效用。决策过程是决策者表达自我、发挥才能的过程。在这一过程中，决策者能够获得尊重，实现自我价值。因此，采用公众广泛参与的形式，不但能集思广益、协调相互关系，使决策更科学，更有有群众基础，而且可使公众意愿得到表达，才智得到发挥，获得自我价值实现感，从而有利于提升公众幸福感。这为幸福导向下水资源管理组织形式的选择提供了理论基础。在水资源管理决策与实施过程中，应尽可能地调动公众特别是利益相关群体的参与积极性，而非单一政府部门自上而下行政命令式决策管理形式，即要建立政府部门主导下"多元共治"的现代水资源治理模式。以甘州区农民用水户协会参与式水资源管理为例的实证研究表明，参与式水资源管理确实存在明显的结果与过程幸福感效用，充分参与水资源管理过程的用水户比普通用水户能够获得更多的幸福感，通过赋予参与权并让其充分参与管理活动可提高用水户的生活满意度（幸福感）。因此，水资源管理采取广泛参与的方式，即实现"多元共治"，

符合幸福导向的水资源管理的原则，有利于增进居民幸福。

七、传承发展与共创共享传统与当代水文化

　　水除了作为一种物质资源直接满足人类生存基本发展需要外，作为一种客观存在的景观要素还具有满足人类审美需要、寄托人类情感、启迪人类智慧、陶冶人类情操等高层次文化价值功能。在当前物质日益丰裕而精神匮乏的时代，充分开发和利用水的这些精神文化功能，对提升居民幸福感具有重要的现实意义。在长期的人水互动过程中形成和积淀的水文化十分丰富，包括精神、行为、制度、物态多个方面。这些水文化对于丰富当今人类对水的认识、协调人水关系、规范人类用水行为，进而实现水资源的可持续利用具有积极的借鉴意义。为建立和谐的人水关系，实现人类永续幸福，有必要挖掘、传承、发展好水文化。为更好地发挥水与水文化的福利功能，增进居民幸福，关键是要在保护的基础上传承、活化、发展水文化，并实现水文化的大众共创共享。当前，水文化福利管理的急迫任务主要有保护、发掘与整理传统水文化，总结和利用好当代水文化，强化水文化的理论研究，加强水文化的宣传教育与交流，实现水文化的共建共享。

参考文献

[1] 张占贵，李春光，王磊．水文与水资源基本理论与方法 [M]．沈阳：辽宁大学出版社，2020.01.

[2] 徐静，张静萍，路远．环境保护与水环境治理 [M]．长春：吉林人民出版社，2021.07.

[3] 李泰儒．水资源保护与管理研究 [M]．长春：吉林大学出版社，2019.05.

[4] 杨波著．水环境水资源保护及水污染治理技术研究 [M]．北京：中国大地出版社，2019.03.

[5] 曹俊启．印度水资源开发 [M]．武汉：长江出版社，2020.04.

[6] 翻开科学编委会．翻开科学 水的奥秘 [M]．中国环境出版集团，2020.07.

[7] 环境保护部科技标准司，中国环境科学学会．水环境保护知识问答 [M]．中国环境出版社，2018.01.

[8] 侯晓虹，张聪璐．水资源利用与水环境保护工程 [M]．北京：中国建材工业出版社，2015.04.

[9] 左其亭，王亚迪，纪璎芯，王鑫．水安全保障的市场机制与管理模式 [M]．长沙：湖南科学技术出版社，2019.04.

[10] 英爱文，章树安，孙龙，刘庆涛．水文水资源监测与评价应用技术论文集 [M]．南京：河海大学出版社，2020.04.

[11] 宋中华．地下水水文找水技术 [M]．郑州：黄河水利出版社，2020.09.

[12] 张人权，梁杏，靳孟贵，万力，于青春著．水文地质学基础 第 7 版 [M]．北京：地质出版社，2018.07.

[13] 毛春梅．水资源管理与水价制度 [M]．南京：河海大学出版社，2012.11

[14] 陶涛，信昆仑，颜合想．水文学与水文地质 [M]．上海：同济大学出版社，2017.06.

[15] 王殿武．现代水文水资源研究 [M]．北京：中国水利水电出版社，2008.01.

[16] 张孝军，李才宝．可持续的水资源管理 [M]．郑州：黄河水利出版社，2005.12.